Singapore

1 THEME BOOK | 테마북

박상미·양인화·전상현 지음

무작정 따라하기 싱가포르

The Cakewalk Series-Singapore

초판 발행 · 2015년 9월 21일
초판 6쇄 발행 · 2016년 8월 30일
개정판 발행 · 2017년 3월 10일
개정판 5쇄 발행 · 2018년 8월 20일
개정 2판 발행 · 2018년 9월 28일
개정 2판 2쇄 발행 · 2019년 4월 19일
개정 3판 발행 · 2019년 8월 20일
개정 3판 2쇄 발행 · 2019년 10월 25일
개정 4판 발행 · 2023년 10월 16일

지은이 · 박상미 · 양인화 · 전상현
발행인 · 이종원
발행처 · (주)도서출판 길벗
출판사 등록일 · 1990년 12월 24일
주소 · 서울시 마포구 월드컵로 10길 56(서교동)
대표전화 · 02)332-0931 | **팩스** · 02)323-0586
홈페이지 · www.gilbut.co.kr | **이메일** · gilbut@gilbut.co.kr

편집팀장 · 민보람 | **기획 및 책임편집** · 서랑례(rangrye@gilbut.co.kr) | **취미실용 책임 디자인** · 강은경 | **제작** · 이준호, 김우식
영업마케팅 · 한준희 | **웹마케팅** · 류효정, 김선영 | **영업관리** · 김명자 | **독자지원** · 윤정아

개정판 진행 · 김소영 | **디자인** · 별디자인 | **지도** · 팀맵핑 | **교정교열** · 한인숙
CTP 출력 · **인쇄** · **제본** · 상지사 피앤비

ISBN 979-11-407-0663-1(13980)
(길벗 도서번호 020236)

정가 21,000원

“

독자의 1초를 아껴주는 정성!

세상이 아무리 바쁘게 돌아가더라도

책까지 아무렇게나 빨리 만들 수는 없습니다.

인스턴트식품 같은 책보다는

오래 익힌 술이나 장맛이 밴 책을 만들고 싶습니다.

땀 흘리며 일하는 당신을 위해

한 권 한 권 마음을 다해 만들겠습니다.

마지막 페이지에서 만날 새로운 당신을 위해

더 나은 길을 준비하겠습니다.

독자의 1초를 아껴주는 정성을 만나보십시오.

”

INSTRUCTIONS

무작정 따라하기 일러두기

**이 책은 전문 여행작가 세 명이 2년 동안 싱가포르를 누비며 찾아낸 인기 명소와 함께,
독자 여러분의 소중한 여행이 완성될 수 있도록 테마별, 지역별 다양한 코스와 지역 정보를 소개합니다.
이 책에 수록된 관광지, 맛집, 숙소, 교통 등의 여행 정보는 2023년 9월 기준이며 최대한 정확한 정보를 싣고자 노력했습니다.
하지만 출판 후 또는 독자의 여행 시점과 동선, 현지 상황에 따라 변동될 수 있으므로 주의하실 필요가 있습니다.**

1권 미리 보는 테마북

1권은 싱가포르의 다양한 여행 주제를 소개합니다. 자신의 취향에 맞는 테마를 체크한 후 기본정보 맨 마지막에 있는 2권 페이지 연동 표시를 참고, 2권의 관련 지역과 지도에 체크하여 여행 계획을 짜실 때 참고하세요.

1권은 싱가포르의 다양한 여행 주제를 볼거리, 음식, 쇼핑, 체험으로 소개합니다.

볼거리

음식

쇼핑

체험

찾아가기 교통편은 각 교통 기관의 공식 사이트에서 제공한 정보를 기준으로 작성되었습니다. 도보 소요 시간의 경우 최단 거리를 기준으로 작성되었습니다.

전화, 시간, 휴무, 가격, 홈페이지 등 해당 사항이 없을 경우에도, 독자가 다시 찾아보는 번거로움을 없애기 위해 해당 항목을 삭제하지 않고 '없음'으로 표시했습니다.

가격 모든 가격은 싱가포르 달러로 표시했습니다. 음식점 가격은 금액 끝에 "~"로 표시하였습니다. 부가세 7%와 봉사료10%가 부과되는 경우가 있습니다.

홈페이지 해당 장소 지역의 공식 홈페이지를 기준으로 합니다.

MAP 2권에서 해당 되는 지역의 메인 지도 페이지입니다. 그곳이 어느 지역, 어디에 자리하는지 체크하세요!

1권/2권 1권일 경우 2권에서 해당되는 페이지를 표시. 여행 동선을 짤 때 참고하세요! 2권일 경우 1권에서 소개되는 페이지를 표시했습니다.

2권 가서 보는 코스북

2권은 싱가포르를 세부적으로 나눠 지도, 코스와 함께 소개합니다. 종일, 한나절 코스 등 일정별, 테마별 코스를 지역별로 다양하게 제시합니다. 1권 어떤 테마에 소개된 곳인지 페이지 연동 표시가 되어 있으니, 참고해서 알찬 여행 계획을 세우세요.

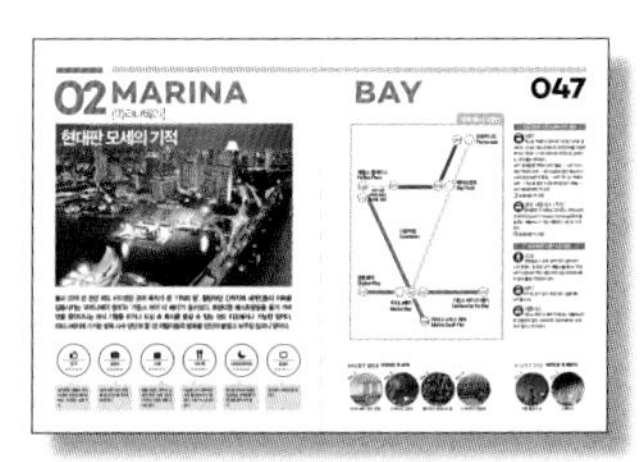

지역마다 식도락, 쇼핑, 문화 유적 등 어떤 특징이 있는지 별점으로 재미있게 보여줍니다.

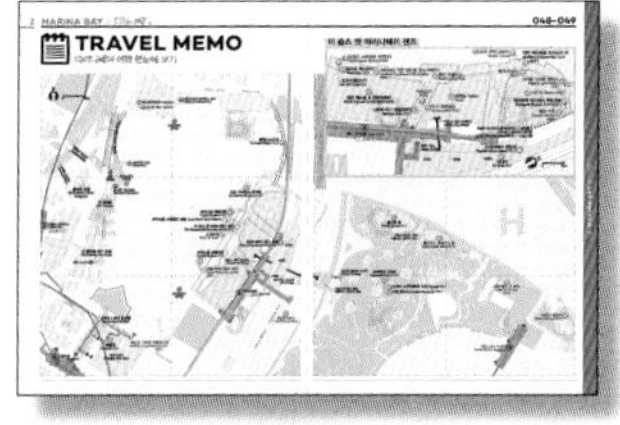

교통편 한눈에 보기

세부 지역별로 주요 장소에서 그곳으로 가는 교통편을 소요 시간, 비용과 함께 자세하게 소개합니다. 해당 지역 안에서 도보 이동이 가능한지, 그곳의 MRT 출구가 단일 출구인지 등 생생한 팁을 제공합니다.

여행 한눈에 보기

세부 지역별로 소개하는 볼거리, 음식점, 쇼핑점, 체험 장소 위치를 실측 지도로 자세하게 소개합니다. 지도에는 영문표기와 관련 책 페이지 표시가 함께 구성되어 현지에서 길 찾기가 조금 더 편리할 수 있도록 도와줍니다.

코스 무작정 따라하기

그 지역을 하루 동안 완벽하게 돌아볼 수 있는 종일 코스를 기준으로 한나절 또는 지역 대표 테마 코스를 지도와 함께 소개합니다.

① 모든 코스는 대표 역이나 정류장에서부터 시작합니다.
② 주요 스폿별로 그다음 장소를 찾아가는 방법과 소요 시간을 알려줍니다.
③ 주요 스폿은 기본적으로 영업시간과 간단한 소개글로 설명합니다.
④ 스폿별로 머물기 적당한 소요 시간을 추천, 표시했습니다.
⑤ 코스별로 사용한 교통비, 입장료 등을 영수증 형식으로 소개해 일일이 찾아봐야 하는 번거로움을 최소화했으며 쇼핑 비용은 개인 취향에 따라 다르므로 지출 명세에서 제외했습니다.

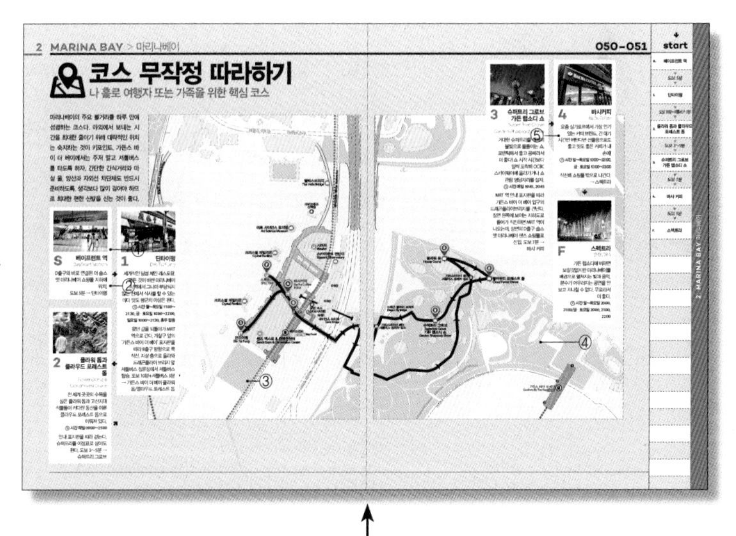

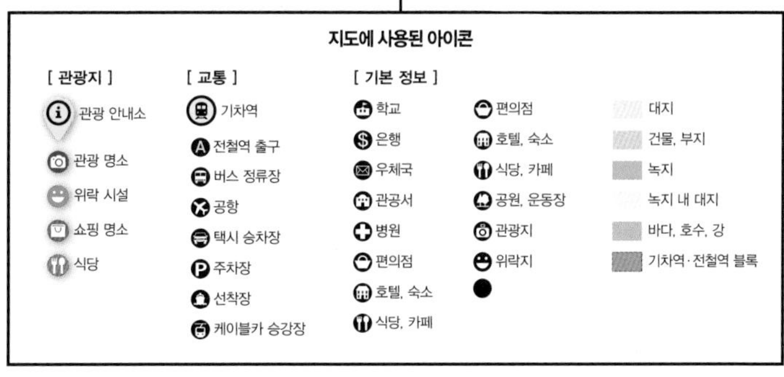

CONTENTS

1권 미리 보는 테마북

INTRO

STORY

Part. 1
SIGHTSEEING

Part. 2

EATING

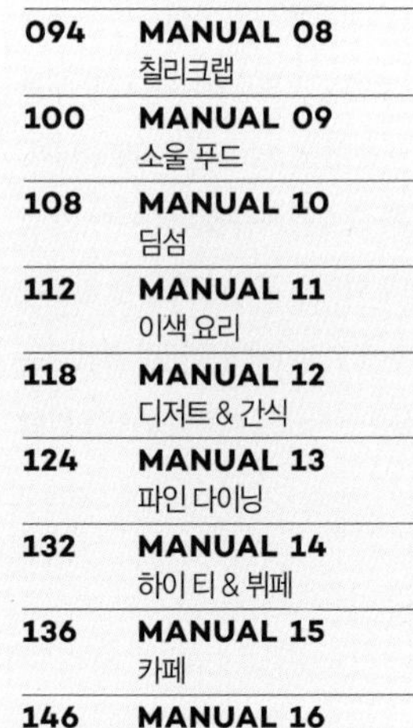

Part. 3

SHOPPING

Part. 4

EXPERIENCE

PROLOGUE
저자의 말

밝은 기운을 담아오는 여행...

- 박상미

전문 여행가가 아닌 아마추어 여행가로서, 우연한 기회에 여행 가이드북을 쓰게 되었습니다. 모든 과정을 무사히 마치게 되어 다행이라고 생각합니다. 직장 생활로 시작해 20년에 걸친 싱가포르와의 인연이 이 책을 통해 2막이 시작되었습니다. 책이 나오기까지 많은 도움을 준 현지 친구들에게 고마운 마음을 전합니다. 물심양면으로 지원해준 가족들, 기초 작업을 위한 취재 여행을 무사히 마칠 수 있도록 도움을 준 친구 카칭과 그의 가족, 현지에 있는 후배 수정이에게 특별히 고맙다는 말을 전하고 싶습니다. 이 책과 함께 다시 가고 싶은 싱가포르 여행이 되기를 바랍니다.

Special Thanks to

Kah Ching, Keen Hong & W.K.,
Marcus & Evelyn, Maureen & Adrian,
Aska, Hwee Cheng, Maisy

이 책이 어디로 데려갈까요?

- 양인화

싱가포르는 스키장 대신 선택한 저의 첫 해외여행지였습니다. 시간이 지나 이렇게 가이드북을 쓰게 된 것을 보면 인연은 사람 사이에만 있는 건 아닌 것 같습니다. 이번에 더 많이 배우고 알게 되어 싱가포르가 더 좋아졌습니다. 책이 나오기까지 도와주신 모든 분들과 격려해주신 분들께 감사드립니다. 특히 기회를 주신 최준란 선생님, 함께 고생하신 서랑례 과장님 그리고 저희와 함께 정말 애쓰신 전상현 저자님께 감사드립니다. 부족한 부분을 도와준 윤모, 2년에 걸쳐 각종 현지 정보를 제공해 준 김유경. 수고 많았고 정말 고맙습니다. 이 글을 읽고 계신 독자분! 가장 중요한 분들인 만큼 여행 기간 동안 즐거운 경험되시길 바랍니다.

첫 여행의 설렘이고 싶습니다.

– 전상현

이십 대 초반 군인 시절. 가만히 앉아 타자기만 열나게(?) 두드리던 행정병이었던 내게 매일 주어진 '전담 임무'가 있었다. 아침마다 행정실로 배달되는 신문에서 여행 코너만 따로 오려 선임병에게 가져다주는 것이었다. 전역을 다섯 달쯤 앞둔 병장이던 그의 특이한 취미 덕분에 여행에는 쥐꼬리만큼도 관심 없던 나까지 어느 순간 여행에 관심을 갖게 됐다. 군대가 사람을 바꿔놓는다더니 적어도 내겐 '뜻밖의 방랑벽'을 선물해줬다. 전역하자마자 떠날 요량이었는데…. 한없이 높아 보이던 군부대 담벼락보다 세상의 벽이 훨씬 높게만 느껴졌다. 군인 신분으로 모은 돈으로는 제주도도 못 갈 판이었다. 일단은 여행 경비부터 마련해야겠다 싶어 주말 야간 아르바이트를 시작했다.

그렇게 모은 돈으로 처음 떠난 곳이 싱가포르였다. 싱가포르에 대한 애정이 남다를 수 밖에 없는 것도, 여행작가로서의 첫발을 떼는 일종의 '데뷔작'을 싱가포르로 정한 이유이기도 하다. 적어도 싱가포르만큼 내게 많은 설렘과 감동을 준 여행지는 지금까지, 앞으로도 없을 것이라는 생각에서다. 오직 이 책 한 권을 위해 네 달 가까운 시간 동안 싱가포르에 체류했다. 양 저자님과 박 저자님이 싱가포르에 머문 날을 더하면 최소 1년은 넘는 시간이다. 다른 가이드북에는 단 한 번도 소개된 적 없는 '숨은 여행지'를 찾기 위해 안 가본 곳이 없다. 정글이나 산은 물론이고, 하물며 낯선 섬까지 돌아다녔다. 책에 소개하는 여행지를 직접 겪어보자는 생각에 온갖 테마파크를 홀로 누비고 다녔으며 심지어는 취재 핑계를 대고 뷔페나 분위기 좋은 레스토랑, 워터파크에 혼자 가기도 했다. 당연히 취재 한 번 나갔다 하면 땀에 푹 절인 파김치가 되어 돌아오기 일쑤였지만 방에 들어오는 순간 얼굴을 때리는 에어컨 바람이 내 소소한 행복이었고, 2000원 남짓한 돈으로 끝내주는 음식을 먹을 수 있는 곳이 싱가포르이기에 진심으로 행복하고 놀랍도록 짜릿한 순간들이었다. 끝없이 먹느라 불어난 15kg의 체중만큼 많은 것을 주었던 여행서 집필 작업이 끝이라고 생각하니 감회가 새롭다. 배불러 자식을 낳은 어머니 마음이 이런 것일까 싶을 정도다. 싱가포르가 내게 준 모든 설렘과 행복함이 이 책을 읽는 독자들에게도 온전히 전달되었으면 한다. 싱가포르를 첫 해외여행지로 정한 사람에게는 설렘을, 휴양 여행을 생각하는 사람에게는 쉼과 휴식을 줄 수 있는 책이 되면 좋겠다. 무엇보다 이 책을 읽는 당신의 여행도 뜨겁게 빛났으면 하는 바람이다.

Special Thanks to

우리 집 천장보다 남의 집 천장을 보고 잠드는 일이 잦은 나를 이해해 주는 우리 가족, 싱가포르를 취재하는 동안 가족이었으며 기대어 쉴 수 있는 쉼터 같았던 헤리티지 호스텔의 이경록, 김경수 님과 모든 직원분들. 정말 감사할 따름입니다. 무려 한 달이라는 시간, 오로지 나를 위해 함께 여행했던 알고 보면 숨은(?) 저자 재훈이 형, 적지 않은 도움과 용기를 준 두경아 누나, 이 책을 위해 함께 고생한 양인화 저자님과 박상미 저자님, 부상 투혼도 불사한 길벗출판사 서랑례 에디터님, 정말 고생 많으셨습니다! 마지막으로 이 책을 구입해주신 모든 독자분들께 감사의 말씀 전합니다.

INTRO 미리 알아보기

국가 정보

위치와 면적
서울 면적보다 조금 더 넓은 728km². 작은 나라지만, 인도네시아 등지에서 모래를 사 와서 간척 사업을 통해 면적을 넓히고 있다.

국가명
싱가포르 공화국

SINGAPORE

국기
빨간색은 우호와 평등을, 흰색은 순수와 미덕을 상징한다. 5개 별은 민주, 평화, 진보, 정의, 평등의 5대 원칙을 표시한 것이고, 초승달은 나라의 발전을 나타낸다.

거리와 시차

직항을 탈 경우 6시간 30분 정도 소요되며 싱가포르가 우리나라보다 1시간 느리다.

인터넷 사용
한국만큼 무료로 와이파이를 사용하기 어렵다.

비자 & 여권
비자는 별도로 필요하지 않고 최대 체류 기간은 90일이다.

언어
공용어인 영어를 기본으로, 중국어 · 말레이어 · 타밀어가 쓰인다.

교통수단
MRT(지하철)가 가장 편리해 대부분의 관광지는 MRT를 이용해 갈 수 있다.

전압
싱가포르 전압은 240V이며 우리나라와는 다른 3핀이다. 대부분의 호스텔에는 3핀 어댑터가 설치되어 있다.

인구
6,014,727명

(세계 113위, 2023년 기준) 외국인이 156만 명이다.

종교
국교로 정해진 종교는 없다. 아시아 최고의 이민 국가답게 불교, 이슬람교, 기독교, 힌두교, 도교 등 모든 종교를 존중하고 있다.

화폐
1SGD = 976.5원
(2023년 9월 기준)

싱가포르 달러(SGD)를 사용한다. 지폐는 $10000, $1000도 있는데 주로 $50, $10, $5, $2가 있고 동전은 $1, ¢50, ¢10, ¢5가 있다.

그 외 싱가포르 국가 정보
[정치] 총리가 전권을 행사하는 의원내각제. 대통령은 외교적 역할을 담당한다.
[소득] 1인당 GDP $7만 2794(세계 7위, 아시아 1위 /2023년 기준) – 한국($3만 4983)보다 약 2배 더 높다.
[인종] 아시아 최대의 다민족국가답게 인종과 민족이 다양하다. 중국계 74.3%, 말레이계 13.4%, 인도계 9.1%, 기타 3.2%.

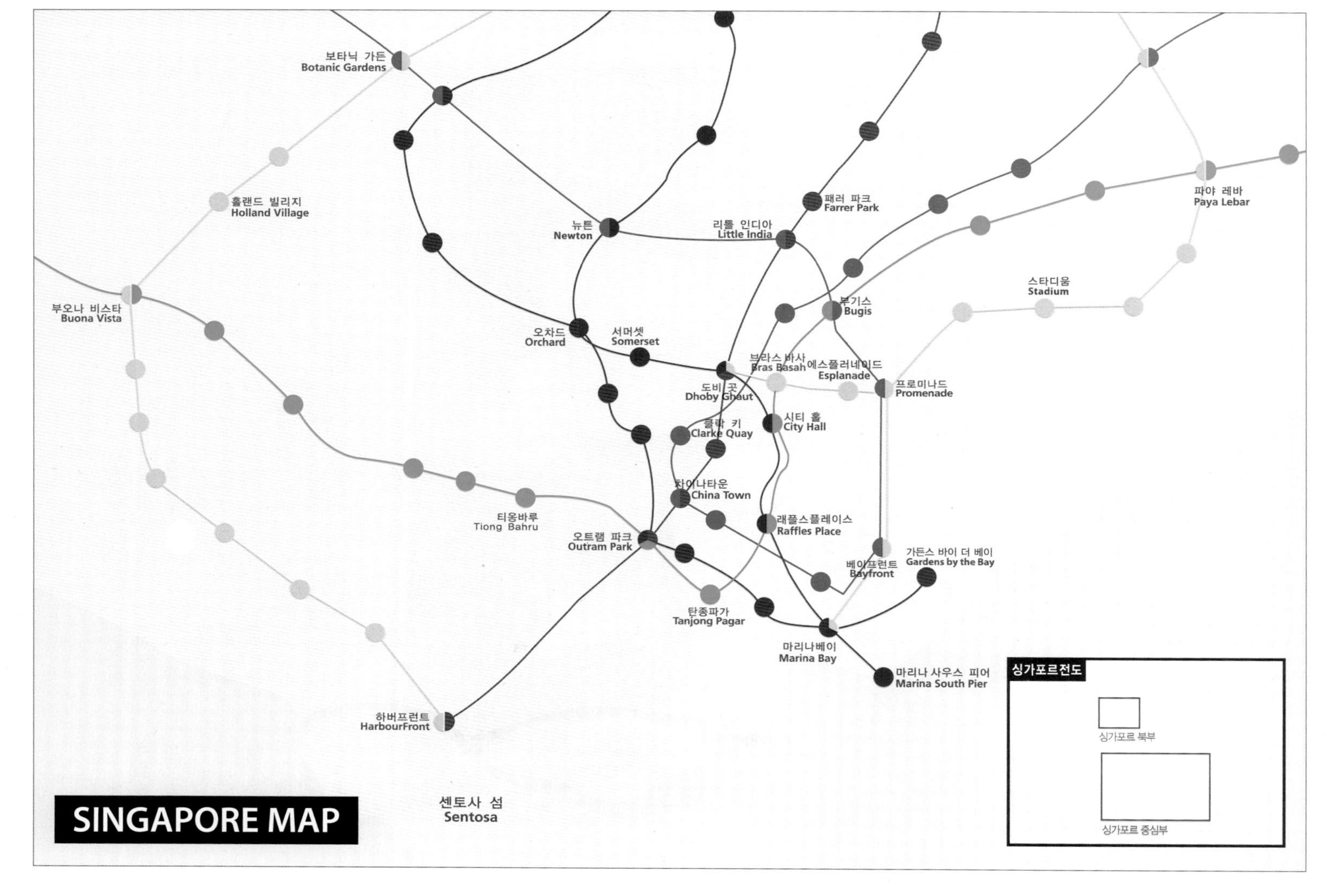

SINGAPORE MAP
보타닉 가든
Botanic Gardens
홀랜드 빌리지
Holland Village
부오나 비스타
Buona Vista
뉴튼
Newton
리틀 인디아
Little India
패러 파크
Farrer Park
파야 레바
Paya Lebar
스타디움
Stadium
부기스
Bugis
오차드
Orchard
서머셋
Somerset
브라스 바사
Bras Basah
에스플러네이드
Esplanade
프로미나드
Promenade
도비 곳
Dhoby Ghaut
시티 홀
City Hall
클락 키
Clarke Quay
차이나타운
China Town
래플스플레이스
Raffles Place
티옹바루
Tiong Bahru
오트램 파크
Outram Park
베이프런트
Bayfront
가든스 바이 더 베이
Gardens by the Bay
탄종파가
Tanjong Pagar
마리나베이
Marina Bay
마리나 사우스 피어
Marina South Pier
하버프런트
HarbourFront
센토사 섬
Sentosa
싱가포르전도
싱가포르 북부
싱가포르 중심부

INTRO 무작정 따라하기 싱가포르 지역 한눈에 보기

SINGAPORE 싱가포르

한국에서 가는 시간	약 6시간 30분
대표 공항	창이 국제공항(Changi International Airport)
베스트 스폿	가든스 바이 더 베이, 마리나베이 샌즈 호텔, 유니버설 스튜디오, 멀라이언 파크
식도락 리스트	칠리크랩, 치킨라이스, 락사, 커리 피시헤드, 카야 토스트
대표 축제	**음력 1월 1일 설날** 각양각색의 등이 장관을 이루는 축제
	5~7월 그레이트 싱가포르 세일(GSS) 대형 쇼핑몰이 일제히 30~70% 세일하는 기간
	8월 9일 독립기념일 시가지 행진과 대규모 불꽃놀이와 행사가 열리는 독립기념 축제

지역	테마	특징	예상 소요 시간
마리나베이	식도락, 관광, 건축, 유흥	관광객에게 가장 인기 있는 지역	6h/1DAY
센토사	관광, 체험, 휴양	온갖 즐길 거리와 테마파크가 모여 있는 신세계	1/2DAY
도심	식도락, 관광, 역사, 건축	도시국가의 면모를 볼 수 있는 곳	4h
차이나타운	식도락, 관광, 역사	맛있고 멋있는 지역	4h
부기스	식도락, 관광	이슬람 정취를 느끼기 좋은 곳	3h
오차드	식도락, 쇼핑	쇼핑으로 시작해 쇼핑으로 끝나는 곳	6h
리버사이드	유흥	강 따라 흐르는 흥	3h
리틀 인디아	식도락, 관광	인도 음식과 볼거리	3h
북부	관광, 체험	자연과 동물	6h

STORY
무작정 따라하기 **싱가포르 스토리**

1. 역사 HISTORY

1 뺏고 뺏기는 역사

싱가포르는 100년에 한 번씩 나라의 주인이 바뀌는 등, 부침 많고 설움 많은 역사의 피해자였다. 16세기에는 포르투갈의 지배를, 17세기부터는 네덜란드의 지배를 받게 된 것. 해상무역업이 번성하기 시작하던 18세기에도 상황은 크게 달라지지 않아 1867년에 대영제국의 식민지에 완전히 편입되었다가 제2차 세계대전 때에는 일제의 식민지로, 종전 후에는 다시 영국의 직할 식민지가 되었다. 1959년 리콴유 초대 총리가 취임해 자치 정부를 구성했지만, 국민투표로 2년간 말레이시아 연방에 속해 있다가 1965년 8월 9일 분리 독립했다.

2 명칭으로 보는 싱가포르 역사

3세기

풀라우 우종 Pulau Ujong
말레이어 → 섬 끝의 땅

파라주 Pu Luo Chung, 婆罗洲
(중국어) '풀라우 우종'의 음을 그대로 차용한 것

1365년

테마섹 Temasek
자바어 → 항구도시
싱가포르 최대의 국영기업 테마섹 홀딩스(Temasek Holdings)의 어원

13세기 후반

싱가푸라 Singapura
산스크리트어 → 사자의 도시
현재 '싱가포르'의 어원. 자바 섬의 스리위자야 왕국 왕자가 싱가포르 주변을 표류하다 발견한 짐승을 사자라고 착각해서 지어진 이름. 당시 싱가포르에는 사자가 살지 않았다고.

3 건국 50주년을 맞은 싱가포르

참으로 굴곡 많던 피지배의 역사가 남겨놓은 것은 빈곤과 혼란뿐이었다. 게다가 자원도, 인프라도 없었기에 전 세계 언론은 작은 섬나라가 생존하지 못할 것이라고 내다봤다. 하지만 모든 기업과 투자자에게 법인세를 면제해주고, 공용어를 영어로 채택하는 등 국가적 차원에서 경제성장에 총력을 기울인 결과, 현재의 작지만 부유한 싱가포르가 될 수 있었다. 2015년, 싱가포르는 50번째 생일을 맞았다. 녹록지 않던 역사 속에서 일궈낸 성장. 싱가포르 정부로서도, 국민들로서도 건국 50주년은 특별할 수밖에 없다.

2. 숫자로 보는 싱가포르 NUMBER

0

• 상품소비세(GST) 7%와 서비스 차지 10%가 총지출 금액에 합산되기 때문에 굳이 팁을 줄 필요가 없다.

1

• **글로벌 교육 순위 1위**
(한국 11위 / 2016 OECD)

• **세계 최고의 해운 · 항만도시 1위**
(부산 12위 / 2019 발틱 해운거래소)

2

• **국제 재능 경쟁력 지수 (개인 경쟁력 지수) 2위**
(한국 27위 / 2022 MBA인사이드)
• **가장 안전한 도시 2위**(서울 8위 / 2019 이코노미스트)
• **국가 혁신 지수 2위** (한국 1위 / 2021 블룸버그)
• **물가가 가장 비싼 도시 2위**
(서울 12위 / 2021 영국 이코노미스트 인텔리전스)

3

• **국제회의를 가장 많이 개최하는 도시 3위**
(서울 1위 / 2022 글로벌 트래블러)

4

• **국가 경쟁력 4위**
(한국 28위 /
2023 스위스 국제경영개발 대학원)

5

• **국가 청렴도 5위(아시아 1위)**
(한국 31위 / 2023 국제투명성위원회)

3. 별칭으로 보는 싱가포르

초고속 성장의 빛과 그림자

✔ 치열한 경쟁 사회

우리나라보다 국민소득이 2배 더 높지만, 여전히 국민의 26%가 가난하다. 싱가포르 일반 직장인들의 평균 소득은 300만 원이 채 되지 않고, 그중 10% 이상은 소득이 $1000(약 110만 원)도 안 된다. 외국인 노동자들은 최저임금에도 미치지 못하는 60만 원의 저임금을 받는다. 또, 전국민의 80%가 임대 아파트에 살고 있다.한국(23위)보다 억만장자가 많다는 통계(19위)와 무척 대조적인 셈. 초등학교 때부터 우열반을 가려, 공부에 소질이 없으면 직업학교로 진학하도록 되어 있어 사실상 어렸을 때 진로가 결정된다. 이 때문에 엄청난 경쟁에 내몰리고 있으며, 사교육열도 우리나라 못지않다.

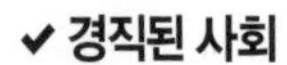

✔ 경직된 사회

여당(인민행동당)이 의석의 90% 이상 차지. 전 세계 175개국 중 150위의 언론자유 수준. 인구 대비 사형 집행 1위, 국민 행복지수 149위. 악명 높은 국가보안법과 검열, 집회 및 노조 파업 불가. 행정부는 국정감사나 예산심의를 할 수 없고, 법안 통과만 하게끔 되어 있어 사실상 허수아비에 불과.

✔ Fine City

쓰레기를 버리거나 껌을 씹는 등의 행위에 대해 엄청난 벌금을 부과하는 '엄벌주의'로, 쓰레기 하나 찾아볼 수 없는 깨끗한 도시.

✔ '잘'사는 국가

총리의 연봉이 20억 원 이상이며, 싱텔(싱가포르 최대 통신사), 테마섹 홀딩스(국부펀드 운용사) 등 굵직굵직한 공기업은 모두 총리 일가가 실질적 소유로 알려져 있다.

4. 언어 · 문화 LANGUAGE · CULTURE

싱가포르식 영어, 싱글리시 Singlish

'아니 이게 도대체 무슨 말이야!'

충격이었다. 뜻을 알아듣는 것은 고사하고 도무지 무슨 언어인지도 모르겠다. 영어인 것은 확실한데, 독특한 억양과 악센트는 당혹스럽게 하기에 충분했다. "싱글리시에 적응하려면 시간 좀 걸릴 거야."라고 못 박아 얘기하던 친구의 말이 딱 맞았다.

한국에 콩글리시가 있듯 싱가포르에는 싱글리시가 있다. 100년 가까이 영국의 식민 지배를 받아 영국식 영어를 쓰게 됐는데, 중국과 말레이시아 등에서 건너온 이민자들에게 남아 있던 언어 습관이 더해져 세상에 둘도 없는 영어가 된 것이다. 대표적인 예가 중국어의 말끝에 붙이는 어미조사 了(le)와 비슷한 'lah'다. 예를 들어 '미안해요'의 영어식 표현이 'I' m sorry'라면, 싱글리시로는 'Sorry lah'가 되는 식. 중국어 어순을 영어에 적용하는 경우도 많다. '어디 가세요?'라는 뜻의 'Where are you going?'은 중국어의 '你(너)去(가다)哪儿(어디)'를 그대로 적용해 'You go where'(유 고 웨어)라고 해버리니, 당연히 어리둥절할 수밖에. 여기에 중국 남쪽 지방과 말레이어 특유의 억양까지 더해져 더더욱 알아듣기 힘들어지는 것. 오죽했으면 싱가포르 정부 차원에서 '올바른 영어 쓰기 캠페인'까지 시행할 정도였다.

나이가 많은 사람일수록 싱글리시가 심한 편이고, 젊은 사람들은 일반 영어 표현을 많이 써서 의사소통에 큰 장애물이 되지 않는다.

공공질서를 지키자

예전에 비해 규제가 유연해졌다고는 하지만 오랜 시간 교육된 덕분인지 싱가포리언들은 일상생활에서 공공질서를 잘 지키는 편이다. 예를 들면 지하철에서 내린 다음 탑승을 한다거나, 한 줄 서기 같은 기본적인 것은 거의 완벽하게 지킨다.(간혹 안 지키는 사람이 있는데 대부분이 이민자나 여행자들인 경우가 많다.)

또, 사람 사이에 거리를 유지해서 사람을 치는 일이 없도록 해야 한다. 우리나라 지하철에서는 본의 아니게 사람을 치는 경우 미안하다는 말 한마디 없이 지나치는 경우가 많지만 싱가포르에서는 반드시 사과해야 한다. 아이들이 귀엽다고 해서 머리를 쓰다듬거나 먹을 것을 주는 것도 조심해야 하며, 인물 사진을 찍기 전에 반드시 촬영 동의를 얻도록 하자.

5. 싱가포르 여행 팁 BEST 10

1 에스컬레이터 탈때는 항상 조심!

한국 대비 에스컬레이터 속도가 1.5배 이상 빠른 편입니다. 자칫 안전사고가 날 수 있으니 각별히 주의하세요. 유모차는 에스컬레이터 이용 금지. 가까운 엘리베이터를 이용하거나 접어야 합니다.

2 밤에는 술을 살 수 없어요!

최근 개정된 법으로 밤 10시 30분부터 아침 7시까지 주류를 구입할 수 없어요. 호텔 방에서 술을 마실 예정이라면 미리미리 사 두는 것이 좋은데요. 술값을 조금 아끼려면 창이공항에서 미리 사 갖고 오는 것을 추천해요.

3 입국카드는 잘 보관하세요

승객 보관용 입국카드는 잘 갖고 있어야 해요. 싱가포르 출국 시 반드시 필요하기 때문에 자칫 곤란할 수 있거든요. 잃어버릴 것 같으면 애초에 테이프로 보관용 입국카드를 여권에 붙여놓는 방법도 있어요.

4 음식가격에 표기된 +, ++는 세금이 추가된다는 의미

음식점 메뉴판에 표기된 +와 ++표시는 각각 GST와 서비스 차지(Service Charge)를 의미합니다. 다시 말해 추가적으로 붙는 세금인 것이죠. +가 하나 붙은 것은 7%나 10%가 가산된다는 의미고요. ++로 표시된 것은 17%가 가산된다는 의미입니다. 고급 레스토랑은 대부분 ++, 캐주얼 레스토랑도 세금이 붙는 경우가 많습니다. 워낙 세율이 높은 덕(?)에 팁 문화가 없다는 점은 그나마 안심입니다.

5 대체공휴일을 체크해보세요

싱가포르에는 '대체 공휴일' 제도가 있어서 공휴일이 일요일과 겹치면 그다음 날인 월요일이 공휴일이 되는데요. 여행 계획을 짤 때 유의해야 합니다. 특히 센토사나 유니버설 스튜디오 등의 테마 파크는 공휴일 전날에 사람이 가장 많거든요.

6 창이공항이 생각보다 커요

창이공항이 꽤 넓습니다. 조금만 뭉그적거리거나 헤맸다가는 비행기를 놓치기 십상이라서 귀국 날 창이공항에 최소 3시간 전에 도착하는 것이 안전합니다. 특히 타야 할 비행기가 어느 터미널인지를 반드시 확인해야 하는데, 항공편 조회는 창이공항 홈페이지에서 가능하니 출국 전날 미리 체크해보세요.

7 담배와 껌 반입에 주의

담배 반입은 본인 소비를 위한 것이라도 19개비 이상을 반입할 경우 입국 시 반드시 세관 신고 후 세금을 내야 합니다. 신고 없이 입국했다가 적발당했을 경우 한 갑당 약 200싱달러의 어마어마한 벌금이 부과됩니다. 면세담배는 아예 반입 금지. 한 사람당 이미 포장을 뜯어 소지한 담배 한 갑은 세관 신고 없이 통과할 수 있지만, 이 역시 관행적으로 눈감아 주는 것일 뿐. 원래는 불법입니다. 전자담배도 반입 금지라니 이참에 금연 어떠세요?

PLUS INFO 껌의 반입도 불가능. 술은 1리터까지만 반입 가능하니 애초에 안 갖고 가는 것이 좋습니다.

8 입국심사가 까다로워졌어요

최근 전 세계적인 테러와 불법체류 등의 문제로 입국 심사가 한층 까다로워졌습니다. 체류 기간이 일주일을 넘지 않는 일반 여행자라면 무리 없이 입국 심사대를 통과할 수 있지만 체류 기간이 길거나 요근래 싱가포르를 자주 왕래한 사람, 제3국을 통해 입국하는 여행자는 방문 목적과 기간, 숙소 등에 대한 질문을 받을 수 있습니다. 잔뜩 겁먹을 필요는 전혀 없고요. 영어를 못하더라도 자신감을 갖고 답변을 하면 됩니다.

9 싱가포르에도 우범지대가 있다?

싱가포르라고 100% 안전한 것은 아닙니다. 역시 사람 사는 곳이기에 환락가도 있고, 우범지대까지는 아니지만 다른 지역에 비해 경범죄가 많이 발생하는 지역 또한 있습니다. 그 대표적인 곳이 겔랑(Geylang). 일반 여행자들이 이곳을 갈 일은 거의 없겠지만 만약 알주니드(Aljunied)역, 겔랑로드(Geylang Road) 등에 간다면 주의할 필요는 있습니다. 특히 밤에는 더더욱요.

10 시간과 요일 체크를 잘하자

싱가포르의 음식점들은 요일별로 영업시간이 제각각입니다. 특히 카페나 바의 경우 오전에는 브런치, 오후에는 카페와 런치, 저녁에는 디너와 바, 펍으로 시간에 따라 각기 다른 음식들을 판매하는 곳이 많기 때문에 시간 확인은 필수.

6. 싱가포르를 뜨겁게 달구는 3 KEYWORDS

아무런 배경지식 없이 여행하는 것보다는 뭐라도 알고 보는 것이 훨씬 낫다. 교과서에나 나올 법한 '딱딱한 지식'을 말하는 것은 아니다. 당신의 여행을 더 깊고 진하게 해줄 '싱가포르 핫 토픽'을 소개해볼까 한다.

1) 마이스(MICE)산업

전 세계에서 국제회의를 가장 많이 개최하는 도시는? 뉴욕? 런던? 도쿄? 다 틀렸다. 정답은 싱가포르다. 연평균 900회, 하루 2~3개의 회의가 열리는 셈이다. 내세울 만한 국제기구 본부라고 해봐야 'APEC'이 전부지만, 잘 갖춰진 인프라와 시장 환경을 앞세워 세계 최고의 '컨벤션 도시'가 된 것. 회의(Meeting), 포상관광(Incentives), 컨벤션(Convention), 이벤트와 전시(Events & Exhibition)의 머리글자를 딴 이른바 마이스(MICE)산업으로 제2의 전성기를 맞고 있다. 방법은 간단했다. 회의나 컨벤션 참석차 온 외국인들이 돈을 쓸 수밖에 없게끔 만드는 것. 없는 것 빼고 다 있는 복합리조트-마리나베이 샌즈(MBS)와 월드리조트 센토사(WRS)를 차례로 개장하며, 관광객 수는 2배, 관광 수입은 무려 27배 증가했다. 특히 전체 관광 수입 중 30%를 이 두 곳에서 벌어들인다고. 최근에는 한국 정부도 싱가포르의 성공 사례를 벤치마킹해 MICE산업에 뛰어들었다.

관련 여행지 마리나베이 샌즈 호텔, 더 숍스 앳 마리나베이 샌즈, 리조트 월드 센토사 카지노

2) 가든 시티(Garden City) 정책

싱가포르에 처음 온 사람들이 가장 놀라는 것 중 하나는 지도에 초록색 비율이 많다는 점이다. 싱가포르 정부가 공을 들이고 있는 '가든 시티' 정책 덕분이다. 전 국민의 집 앞 400m 안에 공원이나 산책로 등의 녹지를 조성하겠다는 포부로 시작한 지 20년이 다 되어가지만 여전히 진행 중인 상태. 도심 곳곳에 공원을 만들고, 그 사이를 산책로로 연결해 근사한 트레킹 코스로 탈바꿈했고, 금싸라기 같은 매립지 위에 초대형 정원을 만드는, 정원 속 도시로의 변신은 현재 진행형이다.

관련 여행지 가든스 바이 더 베이, 마운트 페이버

3) 시티노믹스와 르네상스시티 프로젝트

2010년대부터는 도시 경쟁력 강화가 국가 경쟁력을 강화한다는 이론인 '시티노믹스'가 자리 잡기 10년 전부터 정부 주도로 복합 문화·공연시설인 '에스플러네이드'를 짓는 '르네상스시티 프로젝트'가 진행 중이었다. 프로젝트의 궁극적 목표는 싱가포르를 세계 최고의 문화예술도시로 탈바꿈하는 것. 결론부터 말하자면 대성공이었다. 총 2만 6000개가 넘는 일자리를 만들었으며, 800만 명이 넘는 관광객이 이곳을 다녀갔다. 최근에는 경쟁지 홍콩보다 더 많은 관광객을 유치하는 등 부가가치는 가격으로 매길 수 없을 정도라고 한다. 숨겨진 속사정은 더 놀랍다. '다민족국가'의 문화적 정체성을 찾고 국민적 화합을 이끌어내는 것은 물론, 금융 및 무역 산업으로 유치한 세계 각국의 우수한 인재들의 문화적인 수요를 충족시켜 싱가포르에 장기간 머물게 하는 유인책으로 작용한다는 것이다. 한편으론 영리하고, 다른 한편으론 치밀함의 끝을 보여주는 훌륭한 정책들이 있었기 때문에 지금의 싱가포르가 있다고 해도 과언이 아니다.

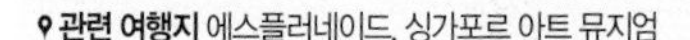

관련 여행지 에스플러네이드, 싱가포르 아트 뮤지엄

7. 사람들 PEOPLE

HDB에서 전통 결혼식

사람에게 기후가 끼치는 영향은 얼마나 될까. 적도선이 가까운 나라이므로 평균온도가 27℃이고 25℃에서 32℃ 사이지만 체감 온도는 그보다 높다. 그만큼 에어컨을 틀어 쾌적한 환경을 유지하려 하고, 실내에서는 추울 정도이다. 더운 나라의 특성을 싱가포르도 가지고 있는데, 사람들이 대체로 쾌활하고 친절한 편이다. 택시 기사들도 대체로 친절하다. 집에서 음식을 하는 사람보다 외식이 압도적으로 많은데, 주말이면 3대가 모여 HDB(정부 분양 공동주택) 주변의 '커피숍'에서 아침을 먹는 모습을 볼 수 있다. HDB는 아파트의 형태로, 여러 전제 조건이 있지만 고정 수입이 있고 기혼이라면 만 21세 이상, 미혼이라면 만 35세 이상의 사람들에게 분양 우선권을 준다. 임대 기간은 99년이고 매매도 가능하다. HDB 1층은 결혼식 혹은 장례식을 하는 등 지역 주민의 공동 공간으로 활용된다. 많은 가정이 동남아시아에서 온 가사 및 육아 도우미와 함께 사는데, 쇼핑몰에 가보면 함께 있는 광경을 쉽게 볼 수 있다. 전반적으로 세계 각국에서 온 외국인 거주자가 많다.

싱가포르 사람들은 실용적인 것을 중시하고 허례허식이 없는 편이다. 옷차림으로 사람을 판단하는 경향이 덜하므로 관광객이 다니기에 편하다. 한류의 영향으로 한국인임을 알아보는 경우가 있고 호의적이다. 예를 들어, 시내에서 떨어진 숙소 근처 약국에 갔는데 젊은 남자 약사가 계산 후에 "안녕"이라는 인사를 건네기도 했다. 싱가포르는 청정 도시국가를 추구하고 있어서 깨끗한 공기를 위해 차량을 국가가 통제한다. 자동차를 유심히 살펴보면 빨간 번호판을 단 차를 찾을 수 있는데, 주말과 공휴일에만 운행할 수 있는 차다. 싱가포르에서는 자동차 가격이 매우 비싼데, 자동차 등록세도 이에 한몫하고 있다.

커피숍

INTERVIEW

싱가포르에 사는 사람들에게
몇 가지 질문을 하고 그들이 생각하는
싱가포르의 모습을 살펴보았습니다.

Name	테이 휘칭 TAY HWEE CHENG
Age	50대
Job	회사원

Q **싱가포르만의 매력은 무엇인가요?** 음식 천국이라고 생각합니다. 굳이 비싼 곳이 아니더라도 주변에 작은 음식점들이 널려 있습니다. 사테, 하이나니스 치킨라이스, 바쿠테, 프론누들수프, 덕 라이스, 락사, 피시 수프 등이 정말 맛이 있으며, 식사 후에 로컬 커피와 같이 카야 토스트로 마무리하면 훌륭한 한 끼가 됩니다.

Q **외국인 관광객에게 추천하는 관광지와 음식점은?** 관광지는 센토사를, 레스토랑은 이스트 코스트의 점보 시푸드를 추천합니다.

Q **매식이 일상인데, 밥은 얼마나 자주 하는지?** 가족들과 저녁 한 끼 집에서 만들어 먹습니다. 점심은 주로 외식을 합니다.

Q **해외여행은 얼마나 자주 하는지?** 일 년에 두 번 정도 합니다. 가족과 한 번, 친구들과 한 번씩 갑니다.

Q **주부로서 이직이나 재취업이 쉬운 편인가요?** 글쎄요. 시장 상황에 따라 따르지만 전반적으로 쉽다고 생각합니다.

Q **육아는 어떻게 해결하나요?** 많은 맞벌이 부모들이 어린이집 또는 가사 도우미에게 아이들을 맡기고 일터로 나가지요. 어린이집과 가사 도우미 모두 돈이 많이 들고 학교에 들어가면 학원과 방과 후 활동으로 더 큰 교육비가 필요합니다. 제 경우는 정말 운이 좋게도 저희 부모님이 입주 가사 도우미와 함께 아이들을 돌봐주셔서 걱정 없이 잘 키울 수가 있었답니다.

입주 가사 도우미 싱가포르에서 메이드(Maid)라고 불리는 사람들은 주로 필리핀, 인도네시아에서 온 10대 후반에서 40대 여성들이다. 집을 설계할 때 방을 따로 만들 정도로 보편화되어 있다.

Name	마커스 응 & 이블린 로 MARCUS NG & EVELYN LOW
Age	40대 부부
Job	회사원

Q 싱가포르만의 매력은 무엇인가요? 깨끗함과 안전함이라고 생각합니다.

Q 외국인 관광객에게 추천하는 관광지와 음식점은? 싱가포르 동물원과 파라곤에 있는 임페리얼 트레저 레스토랑을 추천합니다.

Q 결혼 후 분가하는 비율과 부모님과 함께 사는 비율 중 어떤 것이 더 높나요? 부모님과 함께 사는 경우는 드물고, 결혼 후에는 거의 분가하지요.

Q 정부 정책 중에 기혼자 및 육아를 위한 혜택이 무엇이 있나요? 베이비 보너스 스킴이라고 해서 첫째부터 출산 장려금 $6000를 받을 수 있으며, CDA라고 하여 교육비 등을 보조해주기도 합니다. 또한 부모를 위한 세금 혜택 및 신혼부부를 위한 임대주택 우선 분양권 등의 정책이 있습니다.

Q 시부모님과 함께 사는데 고부 갈등은 없나요? 글쎄요. 뭐 다른 나라와 다를 것이 없다고 봅니다. 그러나 갈등의 최소화를 위해 결혼 후에는 많은 부부들이 분가해 좋은 관계를 유지하고자 노력을 하지요. 물론 저희 경우는 좀 예외에 속하며, 부모님과 평화롭게 서로 역할 분담을 하고 있습니다.

Name	메이지 롱 MAISY LONG
Age	40대
Job	유럽계 회사 근무

Q 싱가포르만의 매력은 무엇인가요? 영어를 공용어로 사용하는 것이 가장 매력적인 점이 아닐까요.

Q 관광객에게 추천하는 관광지와 음식점은? 센토사와 스탬포드 스위소텔 70층에 있는 에퀴녹스 레스토랑을 추천합니다.

Q 싱가포리언으로서 보여주고 싶은 식상하지 않은 장소는? 로컬 음식 종류가 많은 올드 에어포트로드 푸드코트가 있는데, 차퀘티아오와 호키엔미가 유명합니다.

Q 관광객에게 자랑할 만한 장소는? 멀라이언 파크, 가든스 바이 더 베이, 센토사라고 생각합니다.

Q 미혼자로서 프라이버시 침해는 없는지? 없습니다.

Q 직장 동료 중에 외국인이 얼마나 있나요? 30% 정도 됩니다.

주말이 아니므로
주차 중!

Name	츠지모토 아스카 TSUJIMOTO ASUKA
Age	30대
Job	일본계 회사 근무

Q 싱가포르만의 매력은 무엇인가요? 싱가포르는 치안이 무척 좋습니다. 연중 덥기 때문에 활동에 제한이 없습니다. 또, 다양한 과일을 마음껏 즐길 수 있으며 국제적인 문화를 익힐 수 있습니다. 가장 좋은 점은 나라가 작아서 어느 곳을 가도 편리하다는 것입니다.

Q 관광객에게 추천하는 관광지와 음식점은?
센토사, 리틀 인디아, 부기스, 마리나베이, 오차드 그리고 보타닉 가든입니다. 뎀시힐과 보타닉 가든에 분위기 좋은 레스토랑이 많습니다. 클락키, 보트키와 식스 애비뉴에서도 여러 레스토랑을 만날 수 있습니다.

Q 일본에서 일할 때와 차이점은? 일본보다 즐겁게 일할 수 있습니다. 기본적으로 싱가포르인은 일보다 가족과의 시간을 소중하게 생각하므로 근무시간 이외에는 개인적인 시간이 보장됩니다.

Q 싱가포르에 살면서 느끼는 좋은 점과 나쁜 점은? 계절감을 느낄 수가 없는 것이 단점입니다. 장점은 여러 가지 문화나 언어를 배울 수 있고, 다양한 문화권의 사람들을 만날 수 있는 것입니다.

Q 더운 날씨는 살다 보면 적응이 되는지? 익숙해지는 것 같습니다. 싱가포르는 바깥은 덥지만 건물이나 대중교통 내부는 냉장고 수준입니다. 패션이나 음식, 마실 것으로 더위와 추위에 적응하고 있습니다.

Name	아헹 AH HENG
Age	50대
Job	호커 센터 호커(운영자)

Q 가게는 언제, 어떻게 시작했나요? 1989년에 라오파삿에서 시작해서 골든슈 호커센터로 옮겨 왔어요. 싱가포르에 클레이포트 치킨라이스는 이미 있었지만, 제가 하는 클레이포트 치킨라이스는 말레이시아 이포(Ipoh) 스타일이에요. 이포는 중국계가 많이 사는 곳이고, 그곳에서 온 분에게 만드는 방법을 배웠어요.

Q 점심시간에 사람들이 줄을 많이 서는데, 이유가 뭐라고 생각하세요? 맛있는 데다 가격까지 적당해서가 아닐까요?(웃음)

Q 하루에 몇 인분이나 준비하나요? 메뉴가 4가지 정도인데, 200인분에서 250인분 정도 판매됩니다.

Q 하루 일과가 궁금합니다. 새벽 3시 반에 일어나서 4시에 가게에 도착해서 개점 준비를 합니다. 재료는 배달되어 오고, 11시부터 영업을 시작해요.

Q 지금 2시인데 클레이포트 치킨라이스는 벌써 끝났군요! 네.

호커란? 호커들이 모여 있어서 호커 센터라고 부른다. 호커는 저렴한 음식을 판매하는 사람을 뜻한다. 길에서 음식을 판매하는 사람들도 포함한다.

8. 싱가포르, 언제 가면 좋을까?

Jan Feb Mar Apr May Jun

11~2월, 흐리지만 다닐 만한 우기

하루에도 몇 번씩 열대성 소나기 '스콜'이 내려서 습도가 낮고, 바람도 시원하게 부는 날이 많다. 하루 종일 흐리다가 비가 쏟아붓고 나면 잠깐 쾌청한 하늘이 살짝 고개만 내미는 통에 비록 파란 하늘을 만나기가 쉽지는 않지만 체감온도가 낮고, 땀 흘릴 일도 그나마 적은 시기다. 날씨 변덕이 심하고 몇 시간씩 비가 내리는 경우도 있으니 우산은 필수. 운동화나 구두보다는 물에 젖어도 괜찮은 슬리퍼나 샌들을 신는 것이 좋다. **설 연휴 전후로는 비가 그나마 덜 오고 맑은 날도 많아 여행하기에 가장 좋다.**

3~5월, 맑은 날이 많고 습도가 높아지는 시기

짧은 우기가 지나고 나면 해가 쨍쨍. 맑은 날이 급속도로 많아진다. 습도도 덩달아 높아져서 외출할 때는 자외선 차단제를 꼼꼼히 바르는 것이 좋다. 열대지방이라 아침저녁으로 하루 한두 번씩 비가 오기는 하지만 잠깐 오고 마는 게 대부분이라, 휴대하기 좋은 접이식 우산이면 충분하다. 정작 **이 시기 여행의 최대 변수는 싱가포르판 황사, '헤이즈(Haze)'다.** 주로 3~6월에 인도네시아 수마트라 섬의 화전민들이 정글을 태워서 발생하는 매캐한 연기가 싱가포르를 뒤덮는데, 심할 때는 한 치 앞도 보이지 않을 정도다. 길게는 일주일 이상 연기에 뒤덮이기도 하니, 이 시기에 떠날 계획이라면 싱가포르 기상청에서 헤이즈 예보를 확인해보자.

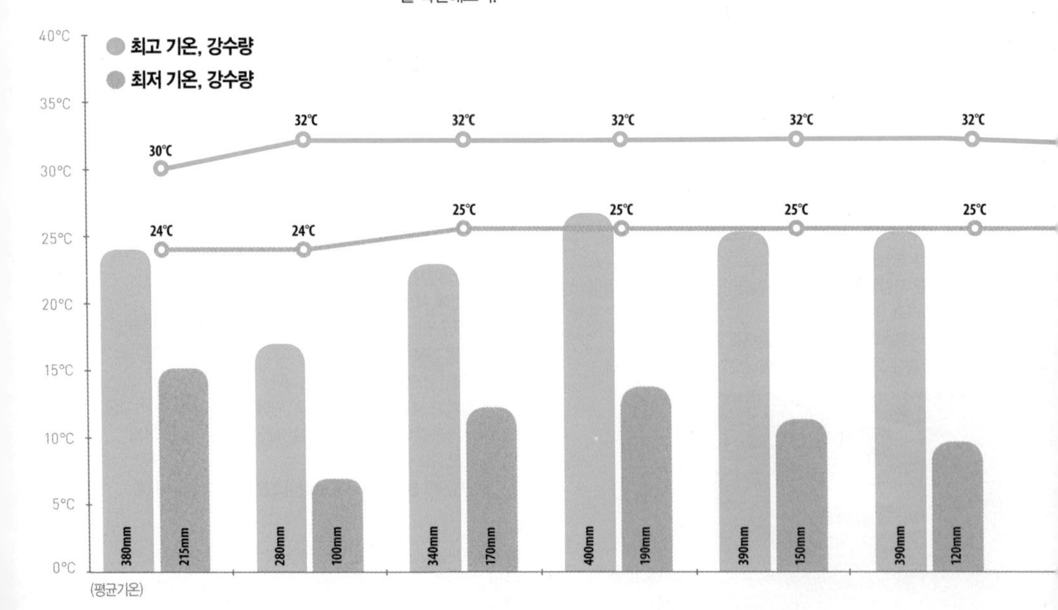

싱가포리언들은 자신들의 나라를 '서니 아일랜드(Sunny Island)'라고도 표현한다. 1년 내내 더운 적도 위에 섬이라는 뜻에서다. 하지만 시기에 따라 더운 정도와 습도가 달라지기 마련. 그나마 덜 더운 날씨, 비가 덜 오는 시기는 언제일까?

Jul Aug Sep Oct Nov Dec

6~8월, 뜨거운 여름

기온은 비슷하지만 습도가 더 높아져 잠깐만 돌아다녀도 땀이 비 오듯 하는 시기다. 땀이 난 상태에서 햇볕에 노출되기 쉬우므로 자외선 차단에 신경을 많이 써야 한다. 습도가 높아지는 만큼 비도 잦은데, 특히 아침이나 해 질 무렵에 비가 오는 날이 많다. 실내외 온도 차가 많이 나서 때아닌 여름 감기를 앓기 쉬워 실내에서는 얇은 카디건이나 셔츠를 걸치는 것이 좋다. 이 기간은 싱가포르에서 모기로 인한 뎅기열 감염이 늘어나는 시기이다. 야외 활동시 모기 퇴치제를 넉넉히 뿌리자. GSS, 싱가포르 독립기념일 등 1년 중 가장 큰 규모의 행사들이 몰려 있어 볼거리가 많다.

9~10월, 여전히 덥고 습한 기간

미치도록 높았던 습도가 아주 살짝 꺾이고, 여전히 덥지만 폭염은 덜한 시기. 밤 기온이 제법 선선해서 이 시기에 싱가포르의 주요 야외 행사들이 밤에 많이 열린다. **본격적인 우기가 시작되기 전인 9월 초가 여행의 최적기다.**

이 시기에도 헤이즈(Haze) 발생 빈도가 높은 편이니 여행계획을 짤 때 반드시 유의하자.

	Jul	Aug	Sep	Oct	Nov	Dec
	31℃	31℃	32℃	32℃	31℃	30℃
	25℃	25℃	25℃	25℃	24℃	24℃
	390mm	400mm	380mm	410mm	500mm	500mm
	250mm	198mm	170mm	205mm	280mm	310mm

600mm 500mm 400mm 300mm 200mm 100mm 0mm

(평균강수량)

9. 공휴일 PUBLIC HOLIDAY

Jan | Feb | Mar | Apr | May | Jun

매년 1월 1일
새해 첫날
New Year's Day

2024년 2월 10~12일
설날 Lunar New Year
우리나라 설날과 같은 날짜에 설을 쇤다. 차이나타운의 사우스브리지로드와 뉴브리지로드에 형형색색의 연등 장식이 내걸려 색다른 볼거리를 제공한다.

2024년 3월 29일
성 금요일
Good Friday
부활절 직전. 예수가 십자가에 매달려 고통스럽게 죽은 날은 기린다. 주요 성당 및 교회에서 미사가 있다.

2024년 4월 10일
하리라야 푸아사
Hari Raya Puasa
라마단을 끝낸 기념으로 벌이는 이슬람 최대의 축제로, 부기스 술탄 모스크 주변에서 다양한 행사가 열린다.

매년 5월 1일
노동절 Labour Day

2024년 5월 22일
석가탄신일 Vesak Day
남방불교의 영향으로 우리나라와는 날짜가 다르고, 연등 행사 같은 볼거리가 많지 않지만, 시내 곳곳의 불교 사찰에서 기념행사가 열린다.

다문화, 다민족 사회답게 여러 종교와 문화를 존중해 공휴일을 지정하고 있다. 공휴일에는 문을 닫는 곳이 많고, 유명 관광지에는 평소보다 훨씬 많은 인파가 몰려온다는 것에 유의해서 여행 계획을 짜자. **석가탄신일(음력 4월 15일)이 우리나라(음력 4월 8일)와 다르고** 공휴일이 일요일일 경우, 그다음 날인 월요일에 쉬는 **대체 공휴일을 시행**하고 있다는 점을 주의하자. 정확한 공휴일은 홈페이지(publicholidays.sg) 참고.

Jul | Aug | Sep | Oct | Nov | Dec

매년 8월 9일
독립기념일
National Day
싱가포르에서 가장 중요한 휴일로, 말레이시아 연방에서 분리 독립한 것을 기념해 열린다. 시가지 퍼레이드, 마리나베이 불꽃놀이 등의 행사가 열리며, 각종 관광지 티켓 할인 행사 같은 소소한 이벤트도 있다.

2024년 7월 17일
하리라야 하지 Hari Raya Haji
이슬람에서 라마단 다음으로 큰 행사로, '희생제' 또는 '순례자의 축제'라고도 한다. 이 기간 이슬람 사원에 가면 코반(가축을 도살해 나누는 의식)을 볼 수 있다.

2023년 11월 12~13일 / 2024년 10월 31일
디파발리 Deepavali
힌두교력으로 1월 1일을 기념해 열리는 힌두교에서 가장 중요한 행사. '빛의 행렬'을 뜻하는 만큼 이 기간에 맞춰 리틀 인디아 지역에 가면 형형색색의 빛으로 물든 거리 풍경을 만날 수 있다.

매년 12월 25일
크리스마스
Christmas
매년 11월부터 1월까지 오차드로드에서는 '크리스마스 점등 축제'가 열려 연말연시 분위기를 물씬 느끼기 좋다.

10. 축제 FESTIVITIES

Jan Feb Mar Apr May Jun

© 싱가포르 관광청

1
타이푸삼 Thaipusam
힌두교의 주요 축제 중 하나. 1년 간 지었던 죄를 신 앞에서 속죄·참회하는 고해성사의 의식으로, 온몸에 피어싱을 하거나 바늘을 꽂고 행진한다. 주요 힌두 사원에서 행사를 볼 수 있다.
1월 중순~2월 중순

2
설날
Lunar New Year Celebrations
중국계가 인구의 대다수를 차지하는 싱가포르에서 가장 큰 규모의 행사. 설을 전후로 차이나타운에서는 다양한 전등제, 불꽃놀이 등 다양한 행사와 볼거리가 있으며, 불아사 뒤편의 공터에서는 사자춤을 볼 수도 있다. 음력 설 전주에는 싱가포르 강을 배경으로 다양한 행사가 열리는 싱가포르 리버 홍바오(Singapore River Hongbao)가 열린다.
음력 1월 1일

4
세계 미식축제 World Gourmet Summit
미슐랭 스타 셰프를 비롯해 전 세계 정상급 요리사들이 선사하는 '맛의 축제'. 스타 셰프가 선보이는 '갈라 디너'나 요리 노하우를 짧게나마 배울 수 있는 '마스터클래스', '워크숍' 등의 다양한 부대 행사가 열린다. 주요 고급 호텔에서 진행된다.
3월 하순에서 4월 중순 사이 3~4일씩

5
그레이트 싱가포르 세일
Great Singapore Sale; GSS
싱가포르 쇼핑 여행을 계획 중이라면 GSS 기간을 놓치지 말자. 일제히 싱가포르의 주요 쇼핑몰들이 작게는 30%에서 많게는 70%까지 할인 행사를 하기 때문. 이 기간은 호텔 숙박비도 조금 저렴하다.
5월 말~7월 말

아시아 패션 익스체인지
Asia Fashion Exchange
런웨이 쇼, 패션 콘퍼런스 등 아시아 패션 트렌드를 한발 앞서 살펴볼 수 있는 행사. 오차드로드의 쇼핑몰에서 주로 열린다.
5월 중순

6
비어페스트 아시아 Beerfest Asia
300종 이상의 전 세계 맥주를 마실 수 있는 축제. 다양한 공연과 행사가 마련되어 있으며, 싱가포리언은 물론 전 세계에서 몰려온 여행자들과 어울릴 수 있다. 주로 싱가포르 플라이어 주변 마리나 프로미나드에서 열린다.
6월 중순에서 하순 사이

여행자의 입장에서 그 지역의 축제를 접하는 것만큼 좋은 기회가 없다. 다양한 문화가 공존하는 싱가포르는 1년 내내 다양한 축제가 열린다. 그나마 덜 더운 9월, 10월에 축제가 몰려 있으며 야간에 진행하는 경우가 많으므로 여행 일정을 마친 뒤에 축제를 구경해보자. 하지만 독립기념일, F1 싱가포르 그랑프리, 크리스마스, 연말 기간은 숙박비가 두 배 이상 비싸지기도 하니 여행 계획을 세울 때 참고하자.

Jul Aug Sep Oct Nov Dec

7

싱가포르 음식 축제
Singapore Food Festival
전 세계 다양한 음식들을 맛볼 수 있는 축제로, 4월에 열리는 세계 미식 축제에 비해 훨씬 대중적이다. 차이나타운, 오차드로드, 센토사 해변 등 싱가포르 주요 지역에서 요리 대회 및 전시 등 다양한 행사가 준비되어 있으며, 관광안내소에서 각종 쿠폰도 발급 받을 수 있다.
7월 중순

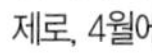

8

독립기념일
National Day Celebrations
말레이 연방에서 독립한 것을 기념하기 위해 시티홀, 오차드 등의 지역에서 시가지 행진이 열리며, 마리나베이에서는 가장 큰 규모의 불꽃놀이를 한다. 독립기념일을 전후해 싱가포르 국기를 단 공군 전투기를 심심찮게 목격할 수 있다.
8월 9일

9

F1 싱가포르 그랑프리
F1 Singapore Grand Prix
세계 유일의 야간 F1경기로, 싱가포르 도심의 도로가 서킷으로 활용된다. 싱가포르 플라이어, 프로미나드, 시티홀 지역에서 행사가 진행되는 만큼 F1 경기가 있는 날에는 근방의 호텔 방 잡기가 힘들다. F1 행사뿐 아니라 전시, 공연 등도 함께 열려 볼거리가 많다.
9월 중순에서 하순 사이

중추절 Mid-Autumn Festival
중국의 추석. 이 기간 차이나타운에 가면 월병 만들기 등 퍼레이드, 전통 묘기 공연 같은 다양한 즐길 거리가 있으며 연등이 수놓인 풍경을 만날 수 있다.
9월 초~10월 초

10

디파발리 점등 축제 Deepavali Light Up
'빛의 행렬'을 뜻하는 힌두교 최대의 명절. 빛이 어둠을 물리치는 것을 기념하기 위해 리틀 인디아 거리가 온통 빛으로 물든다. 힌두 사원에서는 종교 행사가 열리기도 하니 일부러라도 찾아가볼 만하다.
10~12월 사이

싱가포르 비엔날레 Singapore Biennale
2~3년에 한 번 열리는 싱가포르 최대 규모의 예술 축제. 싱가포르 아트 뮤지엄, 길먼 배럭스 등의 박물관, 갤러리는 물론 주요 지역에서 회화, 조각, 설치미술 등을 만날 수 있다. **10월 말~2월**

© 싱가포르 관광청

11

크리스마스 점등 축제 Christmas Light Up
열대의 크리스마스를 즐기려면 이때를 눈여겨볼 것. 오차드로드에 수많은 전등과 크리스마스트리가 장식되어 생각보다 훨씬 로맨틱한 크리스마스를 보낼 수 있다. **11월 말~1월 초**

12

마리나베이 싱가포르 카운트다운
Marina Bay Singapore Countdown
싱가포르 강과 마리나베이에 소원을 이뤄준다는 '소원의 구'를 띄우고, 마리나베이에서는 1년 중 최대 규모의 불꽃놀이가 펼쳐진다. 한 해의 마지막과 시작을 싱가포르에서 보낸다면 절대 실망하지는 않을 듯. **12월 31일**

싱가포르에서 가장 인기 있는 여행지 10

1

멀라이언 파크(P.047)

Merlion Park

사자의 도시에 왔으니 당연히 이곳! 멀라이언 파크에서 물 뿜는 멀라이언 만나기

대표 볼거리 스펙트라(P.047)

2

가든스 바이 더 베이(P.078)

Gardens by the Bay

인공 정원에서 길 잃어보기

대표 볼거리 슈퍼트리 그로브, OCBC 스카이웨이, 가든 랩소디, 플라워 돔, 클라우드 포레스트 돔

3

마리나베이 샌즈 호텔(P.056, P.255)

Marina Bay Sands Hotel

싱가포르의 랜드마크!
마리나베이 샌즈 호텔 쏘다니기

대표 볼거리

스카이파크 전망대(P.048),
아트 사이언스 뮤지엄(P.056),
헬릭스브리지(P.052),
아트 패스, 카지노

4

유니버설 스튜디오(P.212)

Universal Studio Singapore

유니버설 스튜디오에서 잃어버린
동심 찾기

5

나이트 사파리(P.238)

Night Safari

밤에 만나는 동물들!
나이트 사파리에서 숨죽인 채
야생동물 만나기

대표 볼거리 트레일, 트와일라이트
퍼포먼스, 나이트 쇼, 트램 탑승

6

싱가포르의 야경(P.046)

Night View

반짝반짝 빛나는
싱가포르의 야경 독대하기

7

S.E.A. 아쿠아리움(P.226)

South East Asia Aquarium

잊지 못할 바닷속 탐험

8

리버 원더스(P.236)
River Wonders
세계 최대 규모의 담수 수족관이 있는 리버 원더스에서 이색 동물과의 인증 사진

9

보타닉 가든(P.082)
Botanic Garden
싱가포르보다 오래된 자연공원, 보타닉 가든의 특색 있는 정원 산책하기
대표 볼거리 내셔널 오키드 가든, 백조 호수, 밴드 스탠드

어드벤처 코브 워터파크
(P.218)
Adventure Cove Water Park
신나는 물놀이

10

싱가포르에서 반드시 먹어봐야 할 음식 13

3

1

칠리크랩(P.094)
Chilli Crab
매콤달콤한 맛이 중독적!

2

카야 토스트(P.101)
Kaya Toast
간단한 아침식으로 좋은 토스트. 코피(kopi)와 함께 먹어보자

피시헤드 커리(P.116)

Fish Head Curry

생긴 걸로 판단 금물!
생선 머리를 넣어 만든
칼칼한 카레

치킨라이스(P.104)

Chicken Rice

싱가포르의 국민 음식

사테(P.106)

Satay

맥주 안주로 최고

바쿠테(P.114)

Bakuteh

갈비탕 맛과 비슷한 보양식

7

로티 프라타(P.114)
Roti Prata
인도식 아침 식사

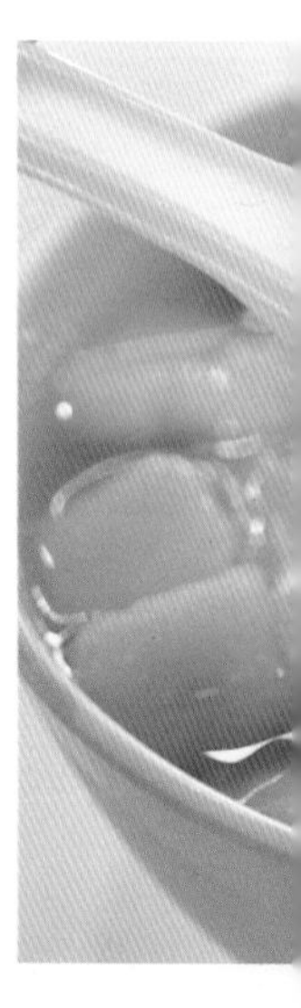

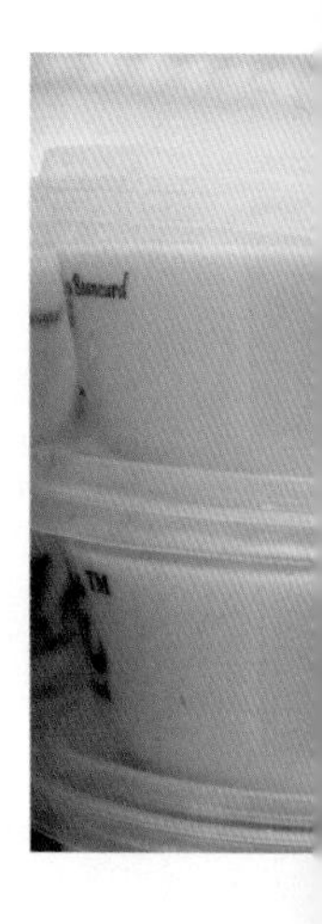

8

나시 파당(P.117)
Nasi Padang
정성 가득, 손맛 가득 가정식

9

망고 포멜로 사고(P.119)
Mango Pomelo Sago
망고 마니아라면 반드시
먹어봐야 할 디저트

12

싱가포르 슬링(P.245)
Singapore Sling
싱가포르를 대표하는 칵테일

10

소야 빈커드(P.121)
Soya Bean Curd
부드러운 두부 푸딩

11

무타박(P.114)
Murtabak
쫄깃하고 바삭한 맛이 일품!

13

아이스 까창(P.120)
Ice Kachang
도저히 끊을 수 없는 중독성 강한 맛

싱가포르에서 가장 인기 있는 쇼핑 스폿 5

1

아이온 오차드(P.170)

ION Orchard

유리와 거울 벽면으로 이루어진 오차드 로드의 대표 쇼핑몰

2

다카시마야 백화점(P.181)

Takashimaya Singapore

오차드로드의 중심에 자리한 일본계 백화점으로서, 싱가포르인의 사랑을 받고 있는 대표적인 백화점

3

더 숍스 앳 마리나베이 샌즈(P.177)

The Shoppes at Marina Bay Sands

그 유명한 마리나베이 샌즈 호텔의 낙수 효과! 시원시원한 매장 크기와 럭셔리 브랜드 총집합

쥬얼 창이 에어포트(P.084)

Jewel Changi Airport

창이 공항 옆 새로 생긴 쇼핑몰로 로컬에게도 관광객에게도 인기 만점!

4

5

무스타파 센터(P.169)

Mustafa Centre

없는 거 빼고 다 있다!

2

쥬얼 창이(P.084)

Jewel Changi

전 세계에서 가장 큰 실내 폭포
앞에서 인증샷 찍기

3

센토사 루지(P.225)

Sentosa Luge

무동력 카트 타고
정글 속을 달리자!

리버 크루즈(P.053)

River Cruise

작은 나무배에 올라 탐하는
싱가포르의 야경

4

클락키의 라이브 뮤직바(P.252)

Live Music Bars

열대야를 시원하게
날려줄 '클락키의 라이브
뮤직바'에서 불금 즐기기!

5

헤나(2권 P.133)

Henna

보는 재미도
만만치 않은 헤나

6

루프톱 바(P.248)

Rooftop Bar

알딸딸하게 취해도 좋아!

7

센토사 팔라완 비치(P.231)

Sentosa Palawan Beach

동남아시아 대륙 끝 지점에서의 인증 사진

마리나베이 샌즈 카지노

Marina Bay Sands Casino

재미로 게임 한 판!

8

SINGAPORE

News Letter

2023 - 2024

서울보다 조금 큰 도시국가, 싱가포르. 워낙 나라가 작고 여러 문화가 한데 뒤섞인 곳인 만큼
모든 것들이 곱절은 더 빨리 바뀌고 있다. 2023년의 싱가포르는 어떤 것이 바뀌고 무엇이 가장 핫할까?
여기에 그 해답이 있다.

EATING

2023년 싱가포르 미슐랭가이드 발표

권위있는 미식 가이드인 미슐랭(미쉐린)에서 2023년판 싱가포르 미슐랭가이드를 발표했습니다. 2022년에 비해 2, 3스타 레스토랑은 큰 변동이 없었지만 1스타로 새로 진입한 레스토랑이 5곳, 빕구르망에는 33곳이 새로 선정되는 등 비교적 대중에게 문턱이 낮은 레스토랑이 대거 선정되었습니다.

레자미(P.130)
레자미의 헤드셰프
세바스티앙 르피노이

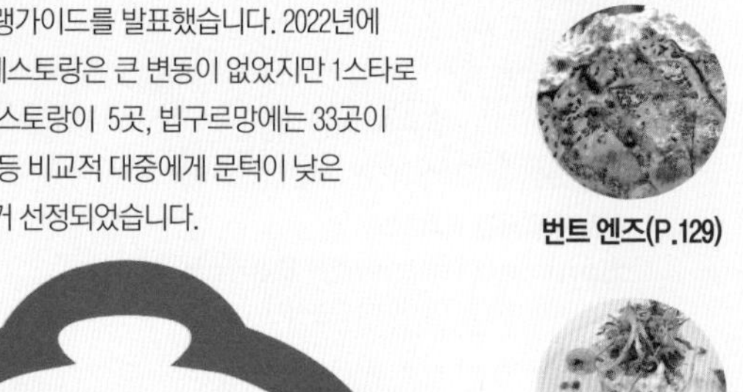

번트 엔즈(P.129)

컷(P.131)

잔(P.126)

푸티엔(P.151)

빕구르망

송파 바쿠테(P.114)

티엔티엔 하이나니스 치킨라이스(P.105)

라오판 호커찬 (P.105, 157)

알리앙스 시푸드 (P.099)

티옹바루 하이나니즈 본레스 치킨라이스 (P.155)

홍형 프라이드 프론미 (P.155)

항공 자유화로 싱가포르 직항노선 운항이 확대될 전망

한국-싱가포르 정상회담을 계기로 양국간 주당 직항 운항 횟수의 상한을 폐지하는 내용의 항공 자유화에 합의했습니다. 이에 따라 이미 직항 노선을 운영 중인 인천/김해 공항은 물론 다른 지방 공항에서 출발하는 싱가포르 직항노선의 문이 활짝 열리게 됐습니다.

단기 방문 여행자도 자동 출입국 심사대 이용

싱가포르 이민국(ICA)은 2023년부터 싱가포르를 방문하는 모든 여행자들이 자동 출입국 심사대(ACI)를 이용할 수 있도록 정책을 개선했다고 합니다. 싱가포르를 처음 방문할 때 얼굴과 홍채 생체 정보를 등록하면 다음 방문때부터 자동 출입국 심사대를 통해 훨씬 쉽고 간단하게 출입국 심사를 받을 수 있다고 하네요. 입국 카드가 이메일로 자동 전송돼 분실 걱정 끝!

지하철 톰슨-이스트코스트 라인 2, 3단계 구간이 개통

싱가포르 북부와 동부를 잇는 톰슨-이스트코스트 라인(TE)의 2, 3단계 구간이 일부 개통됐습니다. 특히 스티븐스~가든스 바이 더 베이 구간은 도심 한가운데를 지나는 '황금 노선'으로 평가되는데요. 네피어(Napier), 맥스웰(Maxwell), 가든스 바이 더 베이(Gardens by the Bay)등 기존 지하철 노선을 이용하기에는 접근성이 뒤떨어지던 지역의 교통 편의성이 대폭 늘어났습니다.

싱가포르 MRT 일회용 승차권제도 폐지

대부분의 승객이 교통카드와 비접촉식 카드, 모바일 지갑을 이용해 MRT를 이용함에따라 일회용 승차권 제도가 2022년부터 완전히 폐지되었습니다. 충전식 교통카드(이지 링크 카드 등), 비접촉식 카드(Visa, Mastercard, NETS), 모바일 지갑(삼성페이, 구글페이, 애플페이 등)으로 편리하게 이용할 수 있으니 참고하세요!

SAEX버스와 사파리게이트 버스 영업중단

코로나 팬데믹사태로 인해 싱가포르 여행의 판도도 완전히 달라졌습니다. 가장 대표적인 사례가 싱가포르 도심과 WRS PARKS를 잇는 버스 서비스였던 SAEX버스와 사파리게이트 버스가 영업을 종료한 것인데요. 코로나 사태로 인해 대중교통보다는 택시, 그랩카 등 개별 이동수단을 선호하게 되면서 타격이 더욱 컸다고 하네요.

주롱 새 공원 만다이 지역 (나이트 사파리 옆)으로 이전

2023년 1월 3일부로 주롱 새 공원이 폐쇄되고 2023년 5월 만다이 지역으로 이전 개관했습니다. 공원 명칭 또한 버드 파라다이스(Bird Paradise)로 변경됐는데요. '새들의 천국'이라는 뜻의 새 명칭처럼 총 8개의 구역에서 약 400종, 3,500여 마리의 새들이 관람객을 맞이하는데, 이 중 24%가 멸종위기종이라고 합니다. 싱가포르 동물원, 나이트 사파리, 리버 원더스가 이웃으로 자리해 여행자들의 이동 동선도 훨씬 편해진 건 덤! 새 들의 천국으로 초대합니다.

종이로 된 입국신고서는 이제 그만!

종이로 된 입국신고서는 이제 그만! 종이로 된 입국 신고서 제도가 폐지되고 전자 입국 신고서로 대체됐습니다. 싱가포르 출입국 관리국(ICA) 홈페이지나 전용 어플리케이션에서 출입국 정보를 등록하면 기존 종이 입국 신고서와 동일한 법적 효력을 받을 수 있습니다. 간편한 것은 기본! 입국 소요 시간도 많이 줄어 여행자들의 반응이 좋습니다.

더 플로트 앳 마리나베이가 재개발 됩니다

마리나베이 한가운데 자리한 수상 플랫폼인 '더 플로트 앳 마리나베이'가 철거되고 같은 자리에 'NS 스퀘어'가 들어선다고 합니다. 다소 노후화된 건물을 완전히 허물고 규모를 키워 새로 짓는데요. 공사가 완료되는 2025년이면 프로미나드 지역이 완전히 달라질 듯 합니다.

싱가포르 아이스크림 박물관이 개관

'찰리의 초콜릿 공장'의 아이스크림 판! 싱가포르에 아이스크림 박물관이 미국 외 지역에 최초로 개관했습니다. 평범한 박물관과 다르게 '체험형 박물관'이라는 것이 차별점인데요. 다양한 체험존과 놀이 시설을 갖춰 아이와 어른이 함께 즐기는 곳으로 사랑받고 있습니다.

만다이 지역에 자연 친화형 리조트 오픈

싱가포르 동물원, 리버 원더스, 나이트 사파리, 버드 파라다이스가 모여있는 만다이(Mandai) 지역에 반얀트리 만다이 파크(Banyantree Mandai Park) 호텔이 2023년 11월 공개됩니다. 럭셔리 호텔 브랜드인 반얀트리에서 4년간의 공사 과정을 거쳤는데요. 야생 동물을 보호하기 위해 숙박객과 동선을 분리하고 부지내 자연 환경도 거의 그대로 보존했다고 하네요.

센토사 섬은 지금 대규모 리노베이션 중!

싱가포르 정부의 대규모 남부 해안 개발 프로젝트(Greater Southern Waterfront)의 일환으로 센토사 섬과 센토사 주변 산업 항구 전체가 대규모 리노베이션 공사를 시작했습니다. 정부 발표에 따르면 센토사 섬과 주변 산업 항구는 마리나베이의 6배에 달하는 대규모 관광지로 개발할 예정이며 직선 거리만 30km에 달할 것이라고 합니다. 이 프로젝트로 인해 센토사에 적지 않은 변화가 진행중인데요. 센토사 멀라이언 타워가 철거됐고, 타이거 스타이 타워 역시 철거 후 센토사 스카이헬릭스(Sentosa Sky Helix)라는 미래형 전망대가 건설돼 영업을 하고 있습니다. 또, S.E.A 아쿠아리움의 확장공사로 인해 센토사 크레인 댄스가 철거 되었으며 센토사 해변에는 센토사 스카이젯과 뮤지컬 분수쇼, 인터네셔널 푸드 스트리트가 새로 생겼습니다.

클락키 일부 지역 전면 재개발

클락키의 랜드마크 건물이었던 리앙코트(Liang Court)와 노보텔 클락키(Novotel Clark Quay) 건물이 철거되고 이 자리에 퓨처 캐닝 힐 피어스(Future Canning Hill Piers)가 2025년 새로 생깁니다. 또, 낮 시간대 유동 인구 유입을 위한 노력도 계속되는데요. 나이트라이프 스폿 이외의 업종의 임대를 대폭 늘리고, 시설 개선 공사도 진행중입니다. 재개발이 다 끝나면 조만간 밤만큼 화려한 낮 시간대의 클락키를 만나볼 날이 있겠죠?

©Singapore Art Museum

싱가포르의 박물관들은 리노베이션 진행중

싱가포르의 박물관들은 팬데믹 기간을 허투루 쓰지 않은 것 같습니다. 싱가포르 우표 박물관(2022년 12월), 페라나칸 박물관(2023년)이 리노베이션을 모두 마쳤고, 싱가포르 아트 뮤지엄(SAM)은 재개발 공사로 인해 탄종파가 디스트리파크로 이전해 운영하고 있습니다.

SIGHT SEEING

MANUAL 01

야경

야경 감상의 명당

BEST 6

어스름이 내리는 저녁이면 싱가포르는 더욱 찬란하게 빛난다.
작열하는 햇빛보다 더 눈부신 조명들이 반짝이는 도시를 보고 있노라면 '낭만'이나 '로맨틱' 같은 단어가 절로 떠오를 정도다. 싱가포르의 영원한 연관 검색어 '백만 불짜리 야경'.
세계 최고의 야경을 가장 낭만적으로 즐기는 방법을 소개한다.

마리나베이 샌즈 스카이파크 전망대

야경 감상의 메카!

싱가포르 야경을 감상하는 데 이보다 더 좋은 곳은 없다! 밤이 되면 휘황찬란한 불빛으로 수놓는 싱가포르를 한눈에 담을 수 있는 최고의 명소만을 모았다. 여행자들이 많이 찾는 곳이니만큼 멋진 야경을 위해 조금 서두르도록 하자!

1 싱가포르를 상징하는 곳
멀라이언 파크 Merlion Park

입에서 물을 내뿜는 멀라이언과 그 뒤편의 마천루가 어우러지는 풍경을 볼 수 있는 해상공원. 멀라이언(Merlion)은 인어(Mermaid)와 사자(Lion)의 합성어로 상반신은 사자, 하반신은 물고기 몸으로 되어 있다. 전설에 따르면 인도네시아 수마트라 섬의 스리 비자얀(Sri Vijayan) 왕국의 왕자가 항해를 하던 중 지금의 싱가포르 지역에서 어떤 짐승을 목격했는데, 그 동물을 사자라고 생각해 '사자의 도시'라는 뜻의 '싱가푸라(Singa Pura)'라고 부르게 되었다. 재미있는 사실은 당시 싱가포르에는 사자가 살지 않았다는 것. '싱가포르'라는 국명을 탄생시킨 것은 왕자의 웃지 못할 착각에서 비롯된 셈이다. 멀라이언은 싱가포르 초대 총리였던 리콴유의 제안으로 1972년에 동상으로 만들어지게 되었으며, 싱가포르의 마스코트로 지정되며 '사자의 도시(Lion City)'라는 별명을 얻게 되었다. 낮보다는 그나마 선선한 일몰 즈음이나 스펙트라(P.051) 시간에 맞춰 가는 것을 추천한다. 사진을 찍거나 조용한 분위기를 원한다면 해 뜨기 30분 전이 최적의 타이밍이다.

찾아가기 NS EW **MRT 래플스 플레이스(Raffles Place) 역** B출구로 나와 마리나베이 방향으로 도보 5분 **주소** 21 Esplanade Dr **MAP** P.036D **2권** P.040

전망 감상하는 커플

2 야경 끝판왕
마리나베이 샌즈 스카이파크 전망대 MBS Sky Park Observatory

마리나베이의 시원한 전경을 보기에 가장 좋은 곳으로 알려져 '싱가포르 야경 감상의 정석'으로 통한다. 전망대 중 유일하게 시원한 마리나베이의 전경과 '가든스 바이 더 베이' 풍경을 모두 볼 수 있다. 삼각대 반입과 사용이 허용되지만, 다른 관람객에게 방해되지 않는 선에서 사용하도록 하자. 참고로 소형 삼각대가 촬영하기에 더 수월하며, 전망대와 '쎄라비'를 잇는 계단 위가 명당이다. 그늘이 없어 더운 낮 시간보다는 상대적으로 시원한 저녁 시간이 인기가 많은데, 주경과 노을, 야경을 모두 감상하려면 늦은 오후에 올라가는 것이 좋다. 항상 여행자들이 많은 곳이니 최소 일몰 한 시간 전에 티켓팅을 하도록.

찾아가기 DT CE **MRT 베이프런트(Bayfront) 역** B출구에서 마리나베이 샌즈 호텔과 바로 연결된다. 호텔 로비를 따라 호텔 타워3 건물로 나오면 스카이파크 전망대 매표소 및 출입구가 있다. **주소** 10 Bayfront Avenue **가격** 성인 $32, 2~12세 어린이 $28, 65세 이상 $20, 2세 미만 무료(환불 불가), 호텔 투숙객 무료 **MAP** P.049D **2권** P.052

3 관람차 안에서 즐기는 근사한 전망 싱가포르 플라이어 Singapore Flyer

'세계에서 가장 큰 관람차'라고만 설명하면 와 닿지 않을 거다. 최대 높이가 무려 165m. 40층짜리 아파트보다 더 높게 올라간다고 하면 어떨는지? 정상 뷰도 남다르다. 마리나베이는 물론이고, 클락키와 싱가포르 강, 날씨가 좋은 날은 인도네시아도 눈에 들어온다. 시내버스 크기만 한 캡슐에도 재미있는 요소가 많다. 언제 닥칠지 모르는 풍향 상황을 대비해 진동이 캡슐 안으로 전해지지 않도록 설계했으며, 모든 캡슐 유리는 자외선 차단 기능을 갖추고 있다. 냉방 시설도 되어 있어 시원하다는 것도 의외의 매력이다. 마리나베이 샌즈 호텔이 완공되기 전에는 명실상부 최고의 전망대였으나, 요즘은 그 인기가 예전만 못하다는 평가가 많다. 티켓 부스는 1층에 있으며, 2층에서 간단하게 짐 검사를 한 다음 입장하게 된다. 한 바퀴 도는 데 30분이 소요된다.

찾아가기 DT CC **MRT 프로미나드(Promenade) 역** A출구로 나오면 플라이어가 바로 보인다. MRT 역에서 도보 5~10분 **주소** 30 Raffles Avenue **가격** 성인 $40, 어린이(3~12세) $25, 경로(60세 이상) $25 **MAP** P.060F **2권** P.062

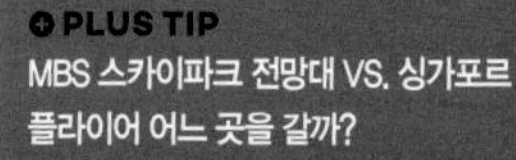

PLUS TIP

MBS 스카이파크 전망대 VS. 싱가포르 플라이어 어느 곳을 갈까?

전망대 뷰가 상당 부분 겹치므로 두 곳 모두 갈 생각이라면 플라이어를 오후에, 둘 중 한 군데만 가볼 생각이라면 요금이 훨씬 저렴한 스카이파크 전망대를 추천한다.

피너클 앳 덕스턴에서 본 싱가포르

4 단돈 $6에 숨 막히는 야경을 독대하자! 피너클 앳 덕스턴 스카이브리지 The Pinnacle @ Duxton Sky Bridge

싱가포르에서 가장 조용하게 야경을 감상할 수 있지만 아는 사람만 찾는 '비밀스러운 곳'이다. 50층짜리 HDB아파트 7개 동 26층과 50층이 세계에서 가장 긴 '스카이브리지'로 연결되어 있다. 그중 26층은 아파트 입주민만 출입이 가능하며, 50층 스카이브리지는 하루 단 150명에 한해 입장을 허용하고 있다. 아파트 부대시설의 일환으로 만든 곳이라 입장료가 무척 저렴한 것이 최대 장점이다. 특히 발아래 펼쳐지는 주변 파노라마 뷰도 환상적이라서 스카이파크를 걷다 보면 하늘 위에 떠 있는 듯한 '짜릿한 착각'도 든다. 한 바퀴 걷는 데만 20분이 걸릴 만큼 넓어서 아이들이 뛰어놀기에도 좋다고. 한 번에 들어갈 수 있는 정원을 100명으로 제한해 편안히 둘러볼 수 있어 연인들의 발길이 끊이지 않는다. 방문 전에 홈페이지에서 입장 정원이 얼마나 남았는지 반드시 확인하도록 하자. 삼각대의 반입 및 사용이 자유로워서 야경 촬영 명소로도 급부상하고 있다. 스카이브리지 내에서는 취사, 취식 행위 및 피크닉, 음주가무 등 입주민들에게 피해가 가는 모든 행동을 금지하고 있다. 전망층 내에는 화장실이 없으니 볼일은 미리 보도록 하자.

찾아가기 EW NE TE **MRT 오트램 파크(Outram Park) 역** A 출구로 나와 오른편 버스 정류장에서 75번 버스를 타고 한 정거장. 하차 지점 바로 앞의 G타워 입구로 들어가면 매표기가 보인다. **주소** 1 Cantonment Road **가격** $6(싱가포르 교통카드로만 지불 가능) **MAP** P.091K **2권** P.094

상현's SAY 싱가포르 주택개발청 HDB

Housing & Development Board의 줄임말로, 싱가포르 정부에서 직접 관리하는 공공주택을 일컫는다. 우리나라로 치면 주공아파트와 성격이 비슷하다. 좁은 국토의 효율적인 이용과 주거 안정을 통해 중산층을 육성하기 위한 목적이 큰데, 정부의 강력한 의지와 뒷받침 덕분에 싱가포르 인구의 95% 이상이 자신이나 가족 명의의 주택에 살고 있으며, 공공주택 거주자 비율은 총인구의 85%에 이른다.(한국의 경우 공공주택 보급률이 40%에 불과하다.) 놀라운 사실 하나는 30평짜리 HDB아파트를 구하는 데 필요한 돈은 집값의 2%. 액수로 따지면 500만 원 남짓이다. 따라서 싱가포르 젊은이들의 '내 집 마련'은 누구나 실현 가능한 '현실'이다.

▶ 피너클 앳 덕스턴 스카이브리지 올라가는 방법

1 피너클 앳 덕스턴의 7개 타워 중 G타워 1층으로 들어가면 입구에 티켓 발권기가 있다.

2 발권은 싱가포르 교통카드인 이지링크카드(EZlink Card)로만 가능하다. 충전 금액이 부족할 경우, 경비실에 이야기해서 현금을 지불하거나 블록 G의 세븐일레븐에서 충전

3 하루 150명(Available Quota), 한 번에 들어갈 수 있는 100명의 정원 중 남은 인원수(Available Access)가 티켓 발권기 화면에 표시된다. 1일 정원이 0으로 표시되어 있으면 오늘은 더 이상 출입이 불가능하다.

4 화면의 'PAY(지불)' 칸을 터치한 다음 카드를 갖다대면 입장료가 차감되고, 영수증이 출력된다. 카드 인식이 안 될 때는 발권기 옆의 경비실에 문의하자.

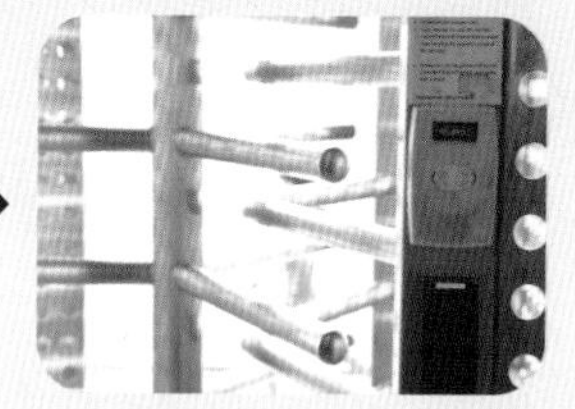

5 엘리베이터를 타고 50층에 내리면 회전문이 보이는데, 입구 오른쪽에 있는 방문객용 카드 단말기에 결제 시 사용했던 교통카드를 찍고 들어가면 된다. 또 나올 때는 출입 시 사용했던 카드를 찍고 나오면 된다.

PLUS TIP
1개의 교통카드로 1명만 입장이 가능하므로 인원수만큼의 카드가 있어야 하며, 입장료 결제 후 1시간 이내에 반드시 입장해야 한다.

5 마리나베이를 수놓다 스펙트라 SPECTRA

매일 밤 마리나베이를 배경으로 펼쳐지는 빛과 음악의 쇼다. **매일 저녁 8시와 9시에 시작하며, 금요일과 토요일에는 밤 10시에도 열린다.** 싱가포르 출신의 프로듀서 겸 편곡자인 켄 씨(Kenn C)가 작곡하고 리믹스한 사운드 트랙을 사용해 웅장함을 더했고, 세계 최초로 12미터 높이의 합판유리 프리즘을 설치하는 등 최신 무대효과 기술을 총동원했다. 마리나베이 어느 곳에서나 스펙트라를 볼 수 있지만, 감상하기에 가장 좋은 곳으로는 멀라이언 파크(P.047), 랜턴 바(P.246), 레벨33(P.246), 유일하게 분수쇼를 볼 수 있어 항상 붐비는 이벤트 플라자는 미리 자리를 잡는 것이 좋다.

찾아가기 DT CE **MRT 베이프런트(Bayfront) 역** D출구와 연결된 더 숍스 앳 마리나베이 샌즈 중앙 출입구로 나오면 바로 보인다.
주소 (이벤트 플라자)10 Bayfront Avenue, Event Plaza, Waterfront Promenade Marina Bay Sands **가격** 무료 **MAP** P.048F **2권** P.057

PLUS TIP
더 숍스 앳 마리나베이 샌즈 쇼핑몰 앞 산책로도 야경 감상하기 좋다. 아침 일찍에는 햇볕이 가득 들어오는 풍경을 만날 수 있고, 밤에는 어느 곳 못지않은 야경이 기다리고 있어서다. MBS호텔에 묵는다면 조금 부지런히 움직여 구경해보는 것도 색다른 경험일 듯.

6 노을 지는 풍경이 가장 아름다운 곳 헬릭스브리지

The Helix Bridge

싱가포르에서 가장 멋진 노을을 볼 수 있는 보행자 전용 다리. 인간의 DNA를 형상화했다는 다리 자체도 멋지지만, 압권은 다리 위에 설치된 4개의 경치 감상용 테라스다. 테라스가 노을이 지는 방향으로 나 있어, 해 질 무렵에는 항상 사람들로 붐비는 진풍경을 낳기도 한다. 저녁 시간대에는 시원한 바닷바람 맞으며 산책하기에도 좋다. 숍스 앳 마리나베이 샌즈 쇼핑몰에서 곧바로 이어진다.

찾아가기 DT CE **MRT 베이프런트(Bayfront) 역** D출구와 연결된 숍스 앳 마리나베이 샌즈와 바로 이어져 있다. 역에서 도보 10분 **주소** 10 Bayfront Avenue
가격 무료 **MAP** P.048B **2권** P.052

[special]

배 위에서 마주하는 야경, 리버 크루즈

River Cruise

본디 바다와 강이 있었고, 그 길을 따라 자연스레 도시와 국가가 형성됐다. 래플스경이 처음으로 발을 디뎠던 '래플스 플레이스'와 올드시티가 '싱가포르의 과거'였다면, 마리나베이를 감싸안은 높은 마천루들은 '싱가포르의 지금'을 보여주는 것일 테다. 싱가포르의 어제와 오늘을 한꺼번에 둘러보는 것도 꽤나 설레는 일일 텐데 해 진 이후, 그것도 물길과 바람 따라 흘러가는 선상에서 느긋하게 야경을 볼 수 있으니 이 어찌 마다할 수 있으랴. 여행객들이 리버 크루즈를 타는 데엔 그럴 만한 이유가 있었다.

찾아가기 NE **MRT 클락키(Clarke Quay) 역** C출구로 나와 강을 거슬러 올라간다. 리드브리지(Read Bridge)를 건너 우회전. 클락키 D블록과 지맥스(G Max) 중간쯤에 위치하고 있다. **주소** 탑승장 주소는 없음 **가격** 성인 $25, 어린이 $15 **MAP** P.121H **2권** P.124

리버 크루즈에 대한 모든 궁금증!

Q 어떤 식으로 운행되나요?
클락키에서 리버 크루즈를 승선해 싱가포르 강, 마리나베이 등을 40분간 돌아보며 다시 승선장으로 돌아오는 코스로 운행됩니다.

Q 반드시 클락키 메인블록에서만 탑승할 수 있나요?
아닙니다. 클락키 외에도 클락키 리드브리지, 풀러턴 호텔, 멀라이언 파크, 마리나베이 샌즈, 에스플러네이드 등 8군데 탑승장에서 승선할 수 있습니다. 하지만 클락키 메인블록에서 투어가 종료되므로 다른 곳에서 탑승 시 그만큼 손해 볼 각오는 해야 합니다.

Q 원하는 하선장에 내릴 수 있나요?
가능합니다. 하지만 탑승 시 선장이나 직원에게 미리 알려줘야 하며, 재탑승은 불가능합니다. 다시 클락키로 돌아올 필요가 없는 여행자라면 멀라이언 파크나 마리나베이 샌즈 등의 다른 야경 명소나 리드브리지(점보 시푸드)에서 내려 저녁 식사로 칠리크랩을 먹는 여행 코스도 만들어질 수 있겠죠.

Q 리버크루즈 이용 팁이 있다면요?
정해진 운항 스케줄이 있는 것이 아니고, 15~20분 간격으로 계속 운항하기 때문에 스케줄을 맞춰갈 필요는 없습니다. 하지만 선상에서 스펙트라(P.51)를 볼 수 있는 저녁 7시 30분과 8시 30분에는 추가 요금을 내야 하는데요. 추가 비용을 내면서 볼 만큼 멋있지는 않다는 것은 참고하시고요. 클락키에서부터 마리나베이 샌즈까지는 오른쪽이, 그 이후부터는 왼쪽에서 보는 풍경이 더 멋집니다. 인증 사진 남기기 전에 명당자리부터 사수하자고요!

MANUAL 02

—

현대건축

독특하고 참신한 현대건축 기행

'싱가포르'를 대표하는 이미지를 꼽으라면 단연 '현대적인 도시'를 꼽을 것이다. 비록 역사가 짧아 오래된 유적지나 건축물은 거의 찾아볼 수 없지만, 그 대신 초현대적이고 혁신적인 건축물들을 찾아보는 재미가 쏠쏠하다. 싱가포르를 대표하는 현대건축물을 만나러 가본다.

두리안? 마이크? 정체가 궁금해!

에스플러네이드 Esplanade

싱가포르를 대표하는 공연장으로 각종 공연이 이곳에서 열린다. 공연장 이외의 공간은 도서관, 극장, 스튜디오 등이 입점해 있는 '복합 문화 · 예술 시설'이다. 주의해서 볼 것은 독특한 생김새다. 지붕에 가시가 뾰족뾰족 나 있는 외관이 열대 과일 두리안이랑 닮았다고 해서 '두리안', '마이크'라는 별명이 붙기도 했다. 주말마다 뮤지션들의 무료 공연이 열리는 **아웃도어 시어터**(Outdoor Theatre)와 각종 행사와 무료 공연이 열리는 콘서트홀 로비, 마리나베이의 시원한 풍경을 볼 수 있는 무료 전망대 **루프 테라스**(Roof Terrace)가 주요 볼거리다.

찾아가기 CC MRT 에스플러네이드(Esplanade) 역 D출구와 연결된 시티링크몰을 따라 도보 5~10분 **주소** 1 Esplanade Dr **가격** 에스플러네이드 투어 성인 $20, 학생(4세 이상) $10
MAP P.060C **2권** P.062

자세하게 둘러보는 방법!

에스플러네이드 투어
Esplanade Tour
투어에 참여하면 45분 동안 공연장 내부를 다니며 음향 시설 및 건축물의 특징, 역사 등 건물 전반에 대한 설명을 들을 수 있다. 각종 행사가 있을 경우에는 투어를 진행하지 않는 경우도 있으니 전화나 이메일 등으로 스케줄을 체크하자. 참가 신청은 선착순으로, 1층 인포메이션 데스크에서 할 수 있다. 투어 예약 시 신분 확인을 위해 여권을 지참하도록.

싱가포르 여행의 시작과 끝!

마리나베이 샌즈 호텔 Marina Bay Sands Hotel

5성급 호텔, 카지노, 컨벤션 센터, 고급 레스토랑, 싱가포르 최고의 쇼핑몰, 박물관, 공연장 등으로 이뤄진 복합 리조트다. 피사의 사탑(5°)보다 10배 더 기울어진 3개 동의 타워가 긴 배를 떠받치고 있는 모양새를 위해 최신 공법이 총동원됐다. 완공 후에는 '건축물의 기능적 의미'를 '강력한 마케팅 수단'으로도 이용했다. 그 결과 여행자들은 자연스레 싱가포르 하면 마리나베이를 떠올리게 되었다. 잘 만든 랜드마크 하나, 열 관광 상품 부럽지 않은 셈이다. 유명 건축가 모셰 사프디(Moche Safdie)가 설계하고 쌍용건설이 단독 수주해 시공한 것으로도 유명하며, 싱가포르 현지인들은 호텔의 이니셜을 따 'MBS'라 부르기도 한다.

찾아가기 DT CE **MRT 베이프런트(Bayfront) 역** B, C, D출구로 나오면 곧바로 연결된다. **주소** 10 Bayfront Avenue **가격** 숙박 플랜에 따라 다름 **MAP** P.048F **2권** P.052

마리나베이에 핀 연꽃 한 송이

아트 사이언스 뮤지엄 Art Science Museum

전 세계 최초로 과학과 예술을 접목한 박물관이다. 연꽃이 핀 듯한 기하학적 외관으로 마리나베이 샌즈 호텔과 묘한 조화를 이루며, 뮤지엄 주변을 연꽃 정원으로 꾸민 것도 이색적이다. 원래는 사람의 손 모양을 따 '싱가포르에 온 것을 환영하는 손(The Welcoming Hand of Singapore)'이라는 의미를 지닌다. 연꽃 모양 건물에는 빗물을 모으는 저류시설을 갖추고 있어 빗물을 화장실 용수로 재활용하는 등 친환경적 건축물로도 유명하다.

찾아가기 DT CE **MRT 베이프런트 (Bayfront) 역** D출구로 나와 숍스 앳 마리나베이의 극장 방향으로 통과하여 광장으로 나와 도보 10분 **주소** 6 Bayfront Ave **가격** 입장료는 갤러리에 따라 다르며 $20 내외 **MAP** P.048F **2권** P.052

세상에서 가장 아름다운 보행교

헬릭스브리지 The Helix Bridge

인간의 DNA를 형상화해 만든 보행자 전용 다리로 이중 나선형의 독특한 모양새 덕분에 '전 세계 아름다운 다리'에 항상 이름을 올리는 곳이다. 다리 자체도 멋지지만 다리 중간중간에 설치된 테라스 위에서 보는 마리나베이 풍경이 특히 근사하다. 바닥 조명 속을 자세히 보면 a, t ,g, c 라는 글씨가 있다. 이는 인간의 DNA를 구성하는 4가지 염기인 아데닌(adenine), 티민(thymine), 구아닌(guanine), 사이토신(cytosine)을 의미한다. 더운 낮보다는 해 질 무렵이나 저녁 즈음에 찾아가기를 추천.

찾아가기 DT CE **MRT 베이프런트(Bayfront) 역**에서 도보 10분. 더 숍스 앳 마리나베이샌즈로 나오면 바로 보인다. **주소** 10 Bayfront Avenue **가격** 무료 **MAP** P.048B **2권** P.052

예술적인 캠퍼스 산책

라살르 예술대학
LASALLE College of the Arts

예술 전반의 커리큘럼이 있는 예술대학으로, 독특하고 참신한 디자인의 캠퍼스로 유명하다. 용암이 거대한 협곡 사이를 흐르는 것에서 영감을 받아 건설되었는데 건물 밖에서는 거대한 하나의 건물로 보이지만, 내부는 총 6개 동의 기하학적 모양으로 나뉘어져 있고, 빌딩들 사이는 보행교가 서로 연결되어 있다. 완공된 해에는 실용성 및 미적 가치를 인정받아 '올해의 건축상'을 비롯한 4개의 건축 및 건축디자인 상을 휩쓸기도 했다. 캠퍼스가 개방되어 누구나 들어갈 수 있지만, 학생들의 수업이 방해되지 않는 선에서 둘러보도록 하자.

찾아가기 DT **MRT 로처(Rochor) 역** A출구로 나오면 공터 옆으로 바로 보인다. **주소** 1 McNally Street **가격** 입장 무료
MAP P.136A **2권** P.140

세계에서 가장 큰 분수

부의 분수 Fountain of Wealth

지름 66m, 높이 13.8m의 '세계에서 가장 큰 분수'로, 1998년 기네스북에 올랐다. 하늘 높이 솟아오르는 물줄기와 분수 뒤편의 선텍시티 타워 5개 동이 오묘한 조화를 이뤄 사진사들의 사랑을 받는 피사체로도 유명하다. 더운 낮 시간보다는 경관 조명이 들어오는 저녁 무렵의 분위기가 더 좋다. 매일 3차례 분수대 안을 둘러볼 수 있도록 개방하고 있으니 시간 맞춰 찾아가보자.

찾아가기 DT CC **MRT 프로미나드(Promenade) 역** C출구로 나와 도보 2분 **주소** 3 Tamasek Blvd **가격** 무료
MAP P.060B **2권** P.062

PLUS INFO
선텍시티와 부의 분수에 얽힌 재미있는 풍수지리
부의 분수를 가운데 두고 병풍처럼 둘러싼 모양새를 하고 있는 '선텍시티'는 총 5개의 건물로 이뤄져 있는데, 다른 빌딩에 비해 층수가 낮은 타워5를 엄지손가락이라 치면, 타워 1, 2, 3, 4는 자동적으로 나머지 손가락에 해당되어 전체적으로 왼쪽 손을 펼친 모양이 된다. 타워 한가운데에 '부의 분수'를 설치해 '부를 손아귀에 쥔다'는 중국인 특유의 풍수지리와 재물관을 동시에 드러냈다. 부의 분수라 이름 지어진 것도 어느 정도 일리가 있는 셈이다. 특히 부의 분수 한가운데에 있는 작은 분수대 위에 오른손을 올리고 3바퀴를 돌면 재물과 행운이 함께한다는 속설이 전해지고 있어 여행자들의 발길을 붙잡는다. 하루 3회 정해진 시간에만 입장이 가능하다.

싱가포르 근대건축 유산

Architecture Tour

싱가포르에 현대건축물만 있는 것은 아니다. 역사는 짧지만 싱가포르를 대표하는 근대건축 유산들이 싱가포르 곳곳에 존재한다. 싱가포르의 옛 정취를 느낄 수 있는 근대건축 유산 투어를 떠나보자.

마리나베이의 꽃

풀러턴 호텔 Fullerton Hotel

마리나베이를 조금 더 고풍스럽게 만드는 석조 건물. 영국 식민지 시절이던 1928년, 그리스 신전을 모티브로 지었다. 첫 식민지 총독이었던 '로버트 풀러턴'의 이름을 따서 풀러턴 빌딩으로 불렸으며, 처음에는 우체국으로 사용되었지만 2001년 대대적인 개보수 공사를 거쳐 5성급 호텔로 재탄생했다. 모범적인 재개발 사례로 인정받아 싱가포르 도시재개발청이 주관하는 '건축 유산 어워드'에서 우승을 했고, 세계적인 라이프스타일 잡지 〈콘트나스트〉의 세계 최고 숙박 시설 골드리스트에 오르기도 했다. 호텔 1층에 지난 역사를 되돌아 볼 수 있는 헤리티지 갤러리(Heritage Gallery)가 무료로 운영되고 있다. 언제 봐도 좋지만, 건물 전체가 금빛으로 물드는 저녁 무렵을 놓치지 말 것!

찾아가기 NS EW **MRT 래플스 플레이스(Raffles Place) 역** B, H출구로 나와 우회전, 도보 3~5분 **주소** 1 Fullerton Squre **가격** 헤리티지 갤러리 무료 **MAP** P.036C **2권** P.040

싱가포르에서 가장 아름다운 건물

래플스 호텔 Raffles Hotel

'싱가포르 건국의 아버지'라 불리며 전 국민에게 추앙받는 '래플스 경'의 이름을 딴 호텔로, 1887년에 지어졌다. 처음 문을 열었을 때에는 방이 달랑 10개뿐이었지만, 지금은 103개의 전 객실이 스위트룸으로 이뤄진 초특급 호텔이다. 싱가포르 슬링을 처음으로 만들었다는 '롱 바(Rong Bar)', 이탈리안 스타일의 레스토랑 겸 바 '래플스 코트야드(Raffles Courtyard)' 등 고급스러운 18개의 바와 레스토랑을 거느리고 있으며, 유수의 명품 숍들도 둥지를 틀었다. 숙박객 명단도 화려하다. 마이클 잭슨, 어니스트 헤밍웨이, 엘리자베스 여왕 등 각계각층의 VVIP가 이곳을 거쳐 갔다. 신르네상스 양식으로 건축되어 마치 영국에 온 듯한 착각이 들게끔 하는 호텔 건물은 싱가포르에 남아있는 그 어떤 근대건축물보다 아름답다고 평가되는데, 동양에 남아있는 몇 안 되는 19세기에 지어진 호텔 건물이라고.

찾아가기 NS EW **MRT 시티홀(City Hall) 역** A출구로 나와 바로 연결되는 래플스시티 쇼핑센터로 들어가 반대편 출구로 나오면 바로 보인다. **주소** 1 beach Road **가격** 무료
MAP P.037B **2권** P.042

PLUS INFO

래플스 호텔에서 꼭 해야 할 것!

래플스 호텔 건물도 멋지지만, 이곳에서 해야 할 것은 따로 있다. 호텔의 마스코트인 '도어맨'과 함께 사진을 찍는 것이다. 터번을 두르고 흰색 제복을 입은 모습이 사뭇 인상적인데, 업무가 바쁘지 않으면 흔쾌히 사진 촬영에 응해 준다.

싱가포르의 역사와 함께한 다리

카베나브리지 Cavenagh Bridge

콜로니얼 지구에 들어선 영국풍 다리. 1910년 교통량 초과로 인해 앤더슨 브리지가 바로 옆에 지어지며 카베나브리지는 보행자 전용으로, 앤더슨브리지는 말과 자동차가 다닐 수 있는 다리로 전환되었다. 이후, 늘어나는 교통량을 앤더슨브리지가 감당하지 못하자 1997년 에스플러네이드브리지(Esplanade Bridge)를 새로 지었다. 일제강점기에는 항일운동가들의 잘린 머리를 다리 난간 위에 매달기도 한, 슬픈 역사를 지닌 다리이기도 하다.

POLICE NOTICE
CAVENAGH BRIDGE
THE USE OF
THIS BRIDGE IS
PROHIBITED TO ANY
VEHICLE OF WHICH
THE LADEN WEIGHT
EXCEEDS 3 CWT. AND
TO ALL CATTLE AND
HORSES.
BY ORDER
CHIEF POLICE OFFICER.

말과 마차는 통행이 금지됐다는 1910년대 표지판이 남아 있다.

찾아가기 NS EW **MRT 래플스 플레이스(Raffles Place) 역** H출구로 나와 싱가포르 강이 나올 때까지 직진 후 우회전. 역에서 도보 2분
주소 1 Fullerton Square
가격 무료 **MAP** P.036C

이렇게 멋진 소방서 건물 본 적 있어?

중앙소방서 Central Fire Station

소방서가 고혹적이다. 아치형의 창문과 출입구, 흰색과 붉은색의 벽돌을 교차해 쌓은 듯한 높은 첨탑은 1908년 건설 당시의 영국식 콜로니얼 건축양식을 가감 없이 보여준다. 이런 미적·역사적 가치를 인정받아 1998년에는 싱가포르 건축문화유산에 등재되기도 했다. 소방서 1, 2층 일부는 시빌 디펜스 헤리티지 갤러리(Civil Defence Heritage Gallery)로, 미리 홈페이지에서 신청하면 내부를 관람할 수 있다.

찾아가기 NE **MRT 클락키(Clarke Quay) 역** F출구로 나와 직진. 도보 5분 **주소** 62 Hill Street **가격** 무료
MAP P.121D **2권** P.122

알록달록 포토제닉한 빌딩

미카 MICA(The Old Hill Street Police Station)

아마 이토록 예쁜 건물은 볼 수 없었을 거다. 적어도 싱가포르에선. 콜로니얼 양식의 우아한 건물 파사드 전체에 무지개색으로 채색된 927개의 창문이 나 있어, 싱가포르에서 가장 포토제닉한 건물로 손꼽힌다. 재미있는 사실은 건물 1~4층까지는 같은 농도의 색으로 채색되다가 5, 6층부터 색이 점점 진해지면서 돌출된 발코니를 강조하고 있다는 것. 1934년 완공 당시에는 정부청사로 이용되었지만 지금은 문화청소년부의 사무실이 들어와 있다.

찾아가기 NE **MRT 클락키 (Clarke Quay) 역** F출구로 나와 직진
주소 140 Hill Street **가격** 무료
MAP P.121D **2권** P.122

[special]

인스타 촬영 명소모음.zip

싱가포르의 많고 많은 건축물 중
어디를 가야 여행 온 티를 팍팍 낼 수 있을까?
국민 인증샷 명소 마리나베이샌즈 호텔은 이제 그만!
SNS에 올리기 딱 좋은 곳들만 고르고 골랐다.

파크로열 온 피커링 Parkroyal on Pickering

#친환경건축 #도심속오아시스

여행와서 촌티내기 싫은데, 나도 모르게 카메라를 들이밀게 되는 건물. 동굴을 연상케하는 전면 파사드와 초록으로 뒤덮힌 저층부가 특징이다. 길 건너 홍림공원(Hong Lim Park)에서 사진을 찍으면 잘나온다.

찾아가기 NE DT MRT 차이나타운 역 MAP P.091D

탄 텡 니아 하우스 Former House of Tan Teng Niah

리틀인디아 지역에서 단연 돋보이는 건물. 알록달록한 색감덕분에 사진 명소로 인기 있다. 1900년대 고무 무역으로 부를 축적한 중국인 무역가 탄 텡 니아가 지었다.

찾아가기 NE DT MRT 리틀인디아 역

MAP P.128I

라이브러리 앳 오차드 Library@Orchard

오차드 센트럴 쇼핑몰 안에 자리한 공립 도서관으로 파도가 치는 듯한 모양의 책장덕분에 인기 있는 곳.

찾아가기 NS MRT 서머셋 역

MAP P.067K

차이나타운 Chinatown

1900년대 모습을 그대로 간직한 지역. 싱가포르 정부가 엄격히 재개발과 리노베이션을 제한해 숍하우스의 원형을 볼 수 있다.

찾아가기 TE MRT 맥스웰 역 MAP P.090~091

애플 마리나베이 샌즈 Apple Marina Bay Sands

삼성폰 유저도 '애플폰으로 바꿔볼까?' 생각이 들게 하는 곳. 지상층에는 출입구가 없고 지하에서만 드나들 수 있으니 주의!

찾아가기 DT CE MRT 베이프런트 역
MAP P.048F

포트캐닝 파크 Fort Canning Park

#인생샷명소 #커플사진 #광각렌즈챙겨가세요

싱가포르 여행왔다면 일단 이곳부터 클리어. 유명세만큼 항상 긴 대기줄이 생기는데, 이른 아침에도 30분은 기다려야 할 만큼 인기다. 꼭두새벽이나 비 내리는 날에는 대기줄이 덜하다. 오전 8~9시 사이 나선형 계단 아래에서 찍어야 사진이 잘 나온다.

  찾아가기 NE NS CC MRT 도비곳 역 MAP P.067L

✔ TIP
MRT 포트캐닝 역에서 내리면 너무 많이 걸어야해서 비추천해요! 도비곳 역 A출구로 나와 UBS 건물 옆 지하도로 오면 찾기 쉬워요.

MANUAL 03

박물관&미술관

역사는 짧아도 있을 건 다 있다

나라의 역사가 길지 않은 싱가포르에 볼 만한 박물관이 있을까 하고 의문을 가졌다면 틀린 생각이다. 역사가 짧은 대신 현대적인 예술과 디자인 부문에서 두각을 나타내는 박물관이 많다. 실제로 싱가포르에선 하루가 다르게 생겨나는 갤러리와 전시 공간 덕분에 최근 몇 년 사이 동남아 최고의 미술 및 예술 강국으로 발돋움했고, '예술 여행'이라는 테마로 싱가포르를 방문하는 여행객도 있다.

⊕ PLUS TIP 박물관을 똑똑하게 구경하는 방법

✔ **여권/국제학생증을 지참하자**	학생과 60세 이상은 입장권 할인 혜택을 받을 수 있다.
✔ **지도와 팸플릿을 챙기자**	싱가포르 국립박물관, 싱가포르 아트 뮤지엄, 아시아 문명 박물관 등은 생각보다 규모가 크고 길면 배럭스는 자칫하면 길을 잃을 수도 있다. 지도와 팸플릿을 참고해 동선을 정하자.
✔ **로커를 이용하자**	짐이 많은 경우 매표소 주변에 있는 로커에 짐을 보관할 수 있다.
✔ **사진 촬영이 가능하다**	개인 갤러리를 제외한 대부분의 박물관과 갤러리에서는 사진을 찍을 수 있도록 허용하고 있다. 다만 플래시 사용은 엄격하게 금지하고 있다. 또한 모든 전시 공간은 음식물 반입 금지다.
✔ **무료입장을 노려보자**	싱가포르 아트 뮤지엄의 경우 매주 금요일 오후 6시부터는 무료로 입장할 수 있다. 성인 요금이 10달러를 넘는 것을 감안하면 놓치지 말아야 할 찬스인 셈이다.

싱가포르 정부의 야심작

내셔널 갤러리 National Gallery

동남아시아 비주얼 아트의 허브를 목표로 하여 과거의 시청과 대법원 청사를 리노베이션하였다. 이 건물들은 싱가포르의 근대 유산으로, 1920년대와 1930년에 걸쳐 지어졌다. 전 세계에서 가장 많은 동남아 지역 미술품이 소장돼 있는데, 19세기부터 근현대 작품을 비롯해 8천여 점을 전시하고 있다. 상시 전시 외에도 다양한 기획전시와 문화예술 행사가 열리는 등 싱가포르 문화예술을 대표하는 공간으로 거듭났다.

찾아가기 NS EW **MRT시티홀(City Hall) 역** B출구로 나와 좌회전. 사거리가 나오면 다시 좌회전 **주소** 1 St. Andrew's Road
가격 일반 $20, 어린이(7~12세), 학생 · 60세이상 $15, 6세이하 무료 **MAP** P.036A **2권** P.040

입장료를 내지 않고도 내셔널 갤러리를 둘러볼 수 있다?

무료 개방 스폿 BEST 4

갤러리 이외의 공간은 무료로 개방하고 있어 한두 시간 보내기에는 딱 좋다. 허나 이 사실을 아는 여행자들은 정말 극소수! 당신들께만 알려주는 비밀정보 되시겠다.

① 슈프림 코트 포이어(Supreme Court Foyer) 1층
1937년 옛 대법원 건물 메인홀에 세워진 초석(Foundation Stone)은 물론 당시 건축양식을 관찰하기 좋다.

② 어퍼 링크 브리지 & 로어 링크 브리지 (Upper Link Bridge & Lower Link Bridge) 3, 4층
옛 대법원과 시청사 건물을 공중에서 이어주는 보행교로, 이곳에서 마주하는 공간은 가슴 벅찰 정도로 멋지다. 내셔널 갤러리의 건축적 특징이 한눈에 보인다.

③ 슈프림 코트 테라스(Supreme Court Terrace) 5층
현대와 과거가 어우러진 도시국가이면서도 자연적인 매력이 있는 싱가포르의 정체성을 잘 투영해놓은 공간.

④ 파당 데크 & 콜먼 데크(Padang Deck & Coleman Deck) 6층
건물 옥상을 주위 풍경을 볼 수 있는 데크형 전망대와 다이닝 스폿으로 꾸며뒀다. 특히 콜먼 데크에 서면 싱가포르 중심지 전망이 한눈에 들어온다.

②

박물관을 사랑하는 사람들이라면

싱가포르 국립박물관 National Museum of Singapore

싱가포르에서 가장 오래된 박물관이다. 당시 영국 빅토리아 여왕의 즉위 60주년 기념일(1887년 10월 12일)에 맞추어 개관 기념식을 가진 것으로도 유명하다. 상시 전시품으로 도심을 개발할 때 발견된 14세기 유물들을 전시하고 있으며, 사진으로 싱가포르의 역사를 보여주는 '싱가포르 역사 갤러리'가 있다. 박물관 건물은 16세기 이태리에서 유행하던 네오 팔라디안(Neo Paladian)과 신르네상스 양식으로 지어져 우아하고 고풍스럽다. 전시 내용은 우리에게 생소할 수 있으나, 싱가포르의 역사를 가장 잘 간직한 박물관이다.

찾아가기 CC **MRT 브라스 바사(Bras Basah) 역** C출구에서 박물관 건물을 보며 직진하여 도보 3분 **주소** 93 Stamford Road **가격** 성인 $15~, 어린이, 학생 및 60세 이상 $10(국제학생증, 여권 등 신분증 지참 시), 6세 이하 무료 **MAP** P.037A **2권** P.042

도시국가에서 도시를 바라보다

싱가포르 시티 갤러리(URA 갤러리) Singapore City Gallery

싱가포르의 과거와 현재, 그리고 미래까지의 변화를 한눈에 보여주는 갤러리다. 싱가포르 도시 개발 모델을 다양한 전시자료로 보여주고 있어 연간 20만 명 이상이 찾는 관광 명소가 되었다. 특히 빛과 소리를 이용한 쇼 'Light and Sound Show'는 이곳의 백미다. 이 외에도 감각을 활용한 인터랙티브 전시가 볼 만하다. 방문객이 직접 도시 계획가가 되어 보는 게임이나 270° 파노라마부터 도시계획, 건축, 조경에 관한 계획안과 가이드라인 등도 있어 흥미를 끈다.

찾아가기 TE **MRT 맥스웰(Maxwell) 역** 2번 출구에서 도보 2분 **주소** 45 Maxwell Road, The URA Centre **가격** 무료 **MAP** P.091G **2권** P.094

컨템퍼러리 아트의 메카

싱가포르 아트 뮤지엄 Singapore Art Museum

리모델링중

컨템퍼러리 아트의 대중화를 위해 만든 미술관. 전 세계에서 동남아시아의 근현대 예술품을 가장 많이 소장하고 있는 곳이며, 국제 기준에 맞춘 동남아 최초의 컨템퍼러리 아트 박물관이다. 가톨릭 성당으로 이용되던 미술관 건물 내에는 회화, 비디오 아트, 조각, 설치미술 등 다양한 분야의 예술 작품이 전시되어 있다. 갤러리가 SAM과 SAM at 8Q 두 건물에 나뉘어져 있으니 참고하자. 싱가포르 비엔날레가 열리는 장소이며, 시내 중심에 위치하여 접근성이 좋다. 전시 종류에 따라 입장료가 달라진다. 리모델링으로 탄종파가 미스트리 파크에 임시 운영 중.

찾아가기 CC **MRT 브라스 바사(Bras Basah) 역** A출구로 나와 박물관을 보며 길을 건넌다. **주소** 71 Bras Bosah Road
가격 성인 $6~(60세 이상은 여권 지참 시 $3), 학생 $3~(국제학생증 지참 시), 6세 미만 무료
MAP P.037A **2권** P.043

아시아의 모든 것

아시아 문명 박물관 Asian Civilizations Museum

중국을 포함하여, 동 · 서 · 남아시아 전 지역을 아우르는 다양한 인종과 문화, 역사 그리고 그들의 문명화 과정을 보여주는 박물관. 박물관은 싱가포르가 영국령일 때 정부청사로 쓰이던 임프레스 플레이스 빌딩에 들어섰는데, 파스텔톤의 콜로니얼 양식 건축물은 그 자체로도 소중한 근대건축 문화유산이다. 시간이 없다면 관심 있는 전시관만 골라 보는 것이 요령이다. 매달 첫 번째 수요일 11시 30분에는 한국어로 진행되는 가이드 투어가 있다.

찾아가기 NS EW **MRT 래플스 플레이스(Raffles Place) 역** H출구로 나와 싱가포르 강을 따라 풀러턴 호텔 앞 카베나브리지를 건넌다. **주소** 1 Empress Place **가격** 성인 $15~, 학생 및 60세 이상 $10~(국제학생증, 여권 등 신분증 지참 시), 6세 이하 무료 **MAP** P.036C **2권** P.040

예술

싱가포르 예술 산책

아시아 최대의 물류 · 교통 거점이지만, 중국을 필두로 한 인근 국가들의 맹추격으로
새로운 미래 성장동력을 찾아야 할 위기에 놓이게 되었다.
관광 산업과 연계한 MICE 산업을 국가적인 차원에서 키운 것이 대표적인 예다.
'예술 산업'도 싱가포르 정부가 관심을 가지고 있는 산업 중 하나로,
아시아 미술 허브로의 도약을 꿈꾸고 있다.
싱가포르 도심 곳곳에서 세계적인 예술가의 공공예술을 만나거나
세계 최고 수준의 미술관과 갤러리를 만나는 것이 더 이상 낯선 일이 아니다.

오차드 센트럴 쇼핑몰 11층

오차드로드 예술 산책

하늘 높이 솟은 쇼핑몰이 만든 그늘 아래. 조금만 샅샅히 둘러보면 무심히 선 예술작품을 만날 수 있다.
동네가 동네이니 만큼 싱가포르에서 가장 포토제닉하고 생동성 있는 작품들로 채워져 사진으로 남겨두기도 좋다.

1 키 큰 여자 (Tall Girl, 2009)

Inges Idee 作

작품명이 말해주듯 여성의 키는 무려 4층 높이(20m)나 된다. 그녀가 신은 하이힐 굽 높이가 성인 남성의 키를 훌쩍 넘을 정도다. 오차드 센트럴이 싱가포르 최초의 수직 쇼핑몰이라는 것에 착안해 만들었다고 한다. 쇼핑몰 1층 로비에 위치.

2 너트메그와 메이스 (Nutmeg & Mace, 2009)

Kumari Nahappan 作

100년 전만 하더라도 오차드는 향신료의 재료로 쓰이던 너트메그(Nutmeg; 육두구) 농장이 들어서 있던 오지였다. 쿠마리 나하판은 이런 역사에 착안해 과거와 현재를 연결하는 매개체로 너트메그를 탄생시켰다.

3 도시인 (Urban People, 2009)

Kurt Laurenz Metzler 作

신문을 보는 사내, 하이힐을 신은 채 쇼핑백을 든 여성, 넥타이를 맨 직장인까지 작품 속 인물들 모두가 싱가포르를 나타내는 얼굴들이다. 오차드 로드에서 가장 포토제닉한 곳이니 이곳에서 인증 사진을 찍는 것을 잊지 말자.

4 아름다운 튤립 낙원으로 가자 (Let's Go to a Paradise Glorious Tulips, 2009)

Kusama Yayoi 作

일본의 인기 작가 '쿠사마 야요이'의 작품으로, 누구나 가슴 한구석에 품고 있을 어린 시절의 로망을 작품으로 투영했다. 그녀다운 독특한 표현법(도트 무늬)이 인상적. 오차드 센트럴 쇼핑몰 11층 루프가든에 위치.

5 러브 (LOVE)

Robert Indiana 作

뉴욕에 있는 그 '러브 조각상'이 싱가포르에도 있다. 사진 한 번 찍으려면 줄을 서야 하는 뉴욕과 다르게 관광객들이 잘 알지 못할 곳이라 마음만 먹으면 셀카를 200장쯤 찍을 수 있다는 것이 장점. 오차드 뒷골목. 서머셋로드의 윈즈랜드 하우스(Winsland House)' 건물 뒤편에 위치.

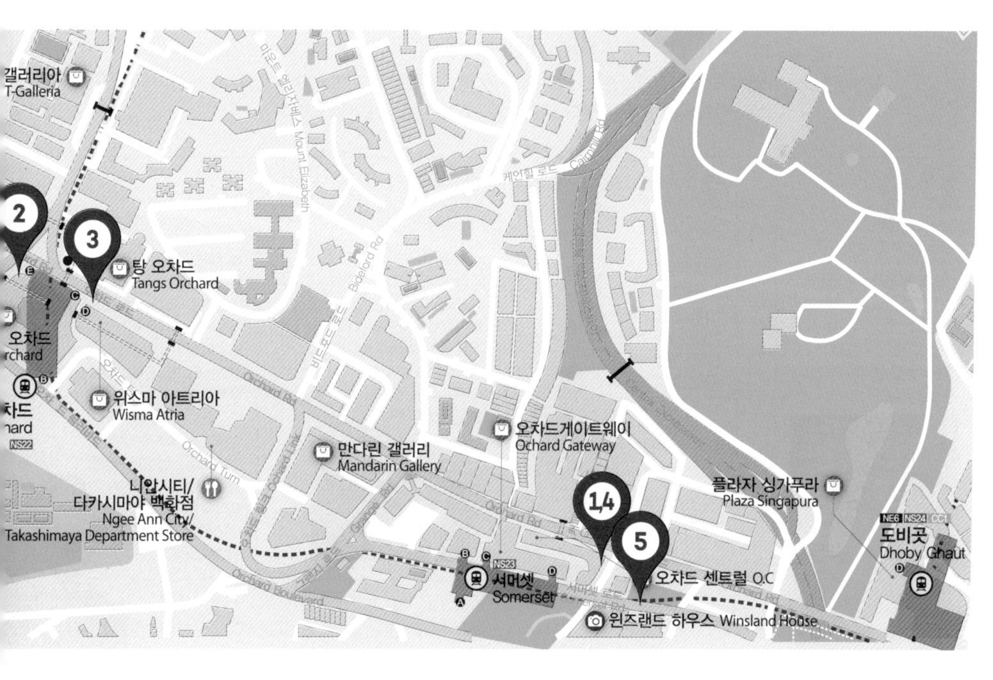

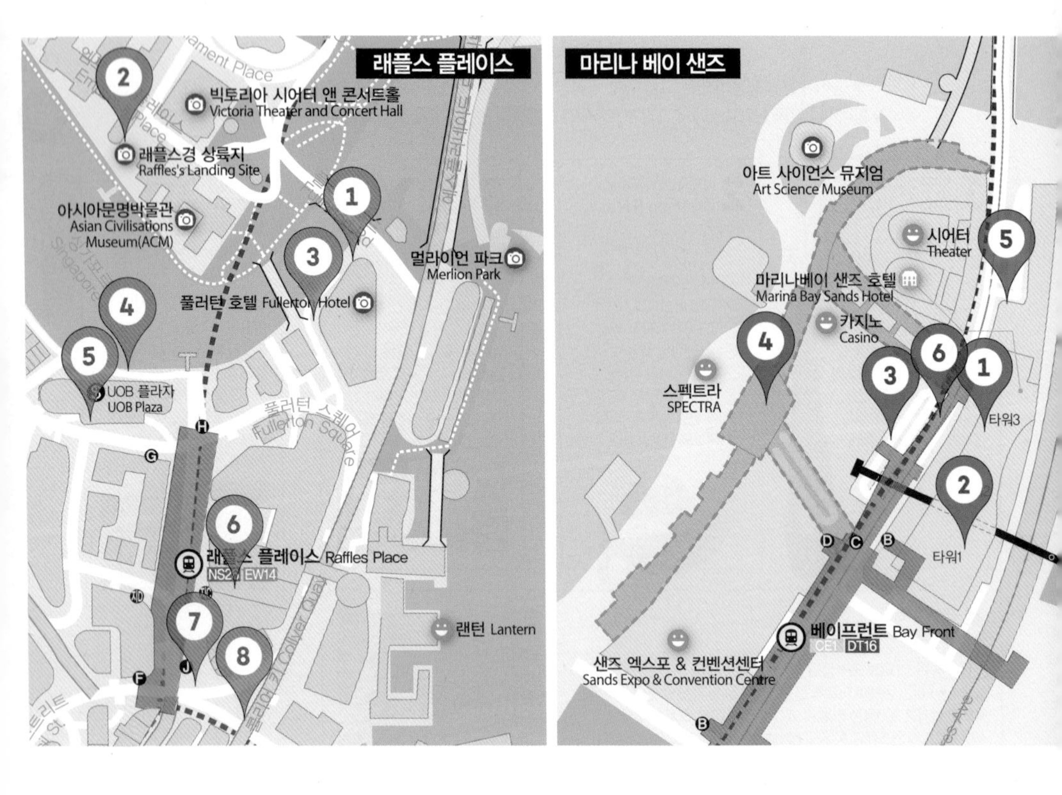

'싱가포르' 하면 떠오르는 곳! 래플스 플레이스 예술 산책

몰랐다면 그냥 고철덩어리 혹은 잠깐의 눈요기거리. 알고 본다면 싱가포르의 과거와 현재. 나아가 미래상까지 점쳐볼 수 있는 실마리가 된다. 예술 작품들을 통해 시간 여행을 떠나보자.

1 1세대 (The First Generation, 2000)

Chong Fah Cheong 作

강으로 뛰어드는 아이들의 모습을 역동적으로 표현해낸 작품으로, '전 세계에서 가장 독특한 조각품'에 매번 이름을 올리는 이력을 가지고 있다.

2 래플스 경 상륙지 (Raffles Landing Site, 1887)

1819년 1월 29일 동인도회사 소속의 래플스 경이 처음 싱가포르에 상륙한 것을 기념해 세운 동상. 근대 문명이 발전하게 된 시초로 보기 때문에 '근현대 싱가포르 역사의 출발점'이라는 역사적 의의가 있을 뿐 별다른 볼거리는 없다.

3 강가의 상인들 (The River Merchants, 2002)

Aw Tee Hong 作

과거 무역업으로 번성하던 싱가포르의 모습을 잘 보여주는 작품으로 상거래가 이뤄지는 모습을 사실적이고 역동적으로 담아냈다. 말레이시아은행(MAY Bank) 건물 앞에 있다.

4 새 (The Bird, 1990)

Fernando Botero 作

세계적으로 유명한 조각가 겸 화가 페르난도 보테로의 대표 작품 중 하나. 실제보다 부풀려진 형상을 통해 작가 특유의 유머 감각을 잘 살렸는데, 그 이면에는 사회 풍자적 요소도 담고 있는 작품으로 유명하다.
이 작품은 평화가 있는 한은 싱가포르가 성장과 번영을 할 것이라는 긍정적인 의미를 지니고 있다. UOB은행 앞 싱가포르 강변에 있다.

5 뉴튼에게 경의를 표함 (Homage to Newton, 1969) Salvador Dali 作

초현실주의 거장 살바도르 달리의 대표작으로, '중력의 법칙'을 발견한 뉴튼이 사과를 떨어트리는 장면을 묘사했다. 독특한 것은 그의 머리와 가슴에 구멍을 냈다는 점인데, '뉴튼'이라는 존재가 하나의 대명사로만 남고, 정작 그의 개성이나 인격은 '뉴튼'이라는 대명사에 포함되지 못한 것을 안타까워하며 만든 작품이다. UOB은행 타워1, 2 사이의 아트리움에 있다.

6 눈 속의 큰 나무 (Tall Tree in the Eye, 2012) Anish Kapoor 作

미국 시카고의 클라우드 게이트(Cloud gate)를 탄생시킨 예술가로 유명한 아니시 카푸어의 대표작 중 하나. 스테인리스스틸이 반사시키는 이미지들이 중첩되며 재미있는 이미지를 선사한다. '잭과 콩나무'를 연상케 하는 작품은 주변 환경과 사람들을 동그란 원 안에 담고자 하는 작가의 재미있는 상상이 결합된 것이라고. 오션 파이낸셜 센터 앞에 있다.

7 싱가포르 소울 (Singapore Soul, 2011) Jaume Plensa 作

다양한 문자를 뒤섞어, 웅크리고 앉은 사람의 형상을 완성시킨 독특한 작품. 공공예술 분야의 입지적 작가인 하우메 플렌사의 연작 작품으로 다민족, 다문화에 기초한 싱가포르의 국가 정체성을 작품에 투영했다. 오션 파이낸셜 센터 앞에 있다.

8 모멘텀 (Momentum, 2008) Dudu Gerstein 作

여러 명의 사람들이 손을 맞잡은 채 나선형으로 층을 이룬 모양의 공공예술 작품. 특유의 알록달록한 색감이 도심 분위기를 한층 더 밝고 역동적으로 이끌어냈다는 평을 받고 있다. 모멘텀 바로 뒤편에는 1955년 완공 당시 동남아에서 가장 높은 빌딩으로 기록되었던 에스코트 빌딩(Ascott Building)이 자리해서 겸사겸사 둘러보기 좋다.

마리나베이 샌즈에서 공짜로 즐길 수 있는 미술 산책! 아트 패스(Art Path)

MBS 호텔의 외관이 건축가의 힘을 빌렸다면, 내부 인테리어는 현대 예술과 손을 잡았다. 전 세계적으로 유명한 7인의 예술가 손끝에서 나온 예술 작품 11점을 만날 수 있는, 일명 '아트 패스'라 불리는 거대 프로젝트를 통해서다. 마리나베이 샌즈 호텔 건물 자체가 거대한 건축 및 공공미술 갤러리가 되고 있는 셈이다. 11개의 작품들 가운데 몇몇 작품을 소개한다.

1 라이징 포레스트 (Rising Forest, 2010) Chongbin Zheng 作

거대한 화분이 길게 늘어서 있는 진풍경을 만나게 된다. 83개의 세라믹 화분은 중국 황룡산에서 채취한 점토를 중국 전통 방식으로 구워 만들었는데, 높이 3m의 화분 하나를 만드는 데만 20일이 넘게 걸렸다고 한다.

2 드리프트(Drift, 2010) Antony Gormley 作

공중에 매달린 철골 설치 작품. 무려 2만 4000개가 넘는 철골 구조물이 사용되었고, 무게만도 14.8t이 넘는다. 크기가 너무 커서 8개 조각으로 나눠서 이송해 조립했으며, 60명이 넘는 전문 용접공의 손을 거쳤다.

4 레인 오큘러스 (Rain Oculus, 2010) Ned Kahn 作

무게 90t, 직경은 22m나 되는 거대한 아크릴 볼 한가운데 구멍을 통해 분당 2만 2000L가 넘는 물이 지하 수로로 쏟아진다. 주기적으로 30분에서 한 시간 간격으로 운영하며, 지상층에서는 엄청난 물이 소용돌이치며 구멍으로 빨려 들어가는 모습을 볼 수 있다.

5 티핑 월 (Tipping Wall, 2010) Ned Kahn 作

호텔 타워3 야외로 나가면 보이는 작품. 벽에는 7000개가 넘는 작은 패널이 패턴을 이루며 부착되었는데, 물이 일정한 모양을 이루며 흐르는 게 재미있다

3 블루 리플렉션 파사드 (Blue Reflection Façade with Light Entry Passage, 2010) James Varpenter 作

수직 유리판과 지느러미 형태의 철제 핀이 금속 반사 패널 앞에 걸려 있는 모양을 하고 있다. 총 200개가 넘는 유리판으로 이루어져 있다.

6 윈드 아버(Wind Arbor, 2010) Ned Kahn 作

아트 패스 예술 작품 중 가장 큰 규모를 자랑하는데, 면적이 6800m²로 올림픽 수영장 넓이의 5배 반 크기와 맞먹는다. 바람이 불 때마다 26만 개의 알루미늄 판금이 물결을 이루며 요동치는 모습이 가히 장관이다.

MANUAL 05

사원

종교 다양성이 궁금해?

다민족국가인 싱가포르에 걸맞게 종교도 그만큼 다양하다.
서로 다른 종교 사원들이 이웃하며, 평화롭게 공존하고 있다.
영국 성공회, 로만 가톨릭, 동방정교, 이슬람교, 힌두교, 불교, 도교 등의
사원을 통해 18세기에 바다를 중심으로 세력을 확장하려 했던
서구 열강의 흔적과 이민과 함께 전해진 종교들의 흔적을 시내 곳곳에서 찾을 수 있다.
태양 아래 빛나는 금빛 술탄 모스크와 첨탑의 건축양식이 특이한
힌두 사원 하나쯤은 방문해보자.

✔ TIP
왜 사원 문에 종이 달려 있을까? 인도인들은 사원뿐만 아니라 집집마다 종을 가지고 있다고 한다. 참배객이 종을 치고 들어가는 모습을 볼 수 있는데, 종을 침으로써 좋은 기운을 받을 수 있다고 생각하기 때문이라고.

✔ TIP
힌두 사원의 시간은 기도 시간을 의미하며, 그 외 시간에 입장이 제한되지는 않는다.

신도들이 가장 많이 찾는

스리 비라마칼리암만 사원

Sri Veeramakaliamman Temple

시바의 부인이자 복수의 여신인 힌두교 여신 칼리에게 바치는 사원으로, 1881년 인도 벵골에서 온 노동자들에 의해 건립된 힌두 사원 중 하나이다. 영국 식민통치 시절, 세랑군로드에서 인도계 이주민들의 향수를 달래고 복을 기원하기 위해 생겨났다. 리틀 인디아 지역에서 사람들이 가장 많이 찾는 사원이다. 오후 기도 시간에는 신을 모시는 곳의 문이 열리고 전통음악을 연주하거나 음식을 나눠 먹기도 한다.

찾아가기 NE DT MRT 리틀 인디아(Little India) 역 E출구로 나와 버팔로로드를 따라 도보 5분 후 길 끝에서 좌회전하여 세랑군로드를 따라 도보 5분 **주소** 141 Serangoon Road **가격** 무료
MAP P.128F **2권** P.132

✔ TIP
모스크와 힌두 사원은 신발을 벗고 입장하는 경우가 대부분이므로, 맨발이 신경 쓰인다면 양말이나 덧버선을 준비해 가자. 사원 옆에 발을 씻을 수 있는 수도가 마련되어 있고, 참배객들은 발을 씻고 들어가야 한다.

태양 아래에서 빛나는 황금색

술탄 모스크 Sultan Mosque

아랍 스트리트의 상징물로, 멀리서도 황금빛 돔을 보며 찾아가기가 쉽다. 1819년 싱가포르가 영국령이 되었을 때, 이 지역은 조호바루의 술탄인 후세인 샤의 통치하에 있었다. 그러나 영국으로의 권력 이양 과정에서 래플스 경이 술탄의 저택을 포함하여 주변을 말레이인들과 무슬림 지역 캄퐁 글람(Kampong Glam)으로 지정한 이후, 이 지역은 싱가포르 무슬림 교도들의 중심지가 되었다. 술탄 후세인 샤는 위세를 공고히 하고자 왕궁 옆에 모스크 건축을 주도하였다. 모스크는 1824년부터 1826년에 걸쳐, 술탄 후세인의 손자가 동인도회사의 금전적 도움으로 완공하였다. 현재의 건물은 원래의 건물이 너무 낡아서 사용이 어려워지자, 1928년 4년에 걸친 보수공사 후 현재까지 싱가포르 무슬림 교도들의 중심 역할을 하고 있다.

찾아가기 DT EW MRT **부기스(Bugis) 역** B출구로 나와 걷다 래플스 병원 앞에서 길을 건넌 후 오른편 노스브리지로드 방향으로 도보 2분 후 길 건너에 술탄 모스크가 보인다.
주소 3 Muscat Street
가격 무료
MAP P.137C **2권** P.140

부처의 치아가 있다?

불아사 Buddha Tooth Relic Temple & Museum

차이나타운을 걷다가 길에서 쉽게 찾을 수 있는 현대식 불교 사원. 당나라 시대의 사원 양식으로 지어진 4층 건물에, 박물관과 사원이 같이 있다. 박물관에는 순금 사리탑에 부처의 치아 및 여러 종류의 사리가 봉안되어 있다. 대웅전에 해당하는 1층 '100 드래곤스 홀'에는 금빛으로 빛나는 석가상이 정면에 있고, 양쪽에 100개의 작은 석가상이 늘어서 있다. 관광객들은 주로 1층을 구경하며, 낮보다 저녁에 방문하면 조명을 밝혀 절의 웅장한 위용을 볼 수 있다. 불아사는 모든 불교 신자들이 쉽게 방문하기를 바라는 의미에서 차이나타운의 한가운데 건립되었다.

찾아가기 TE MRT **맥스웰(Maxwell) 역** 1번 출구 바로 앞
주소 288 South Bridge Road **가격** 무료
MAP P.090A **2권** P.094

차이나타운 안의 이방인 힌두 사원

스리 마리암만 사원

Sri Mariamman Temple

싱가포르의 다인종 · 다문화 사회를 잘 보여주고 있는 가장 오래된 힌두교 사원이다. 질병을 치료하는 남인도의 스리 마리아만 여신에게 헌정하기 위해 건립되었다. 차이나타운은 중국과 인도에서 이주한 사람들이 배를 타고 도착하던 지역이어서 힌두 사원과 함께 불교 사원들이 있었는데 인도인 거주지와 힌두 사원이 지금의 리틀 인디아로 옮겨 가고, 스리 마리아만 사원만 차이나타운에 남아 있다.

찾아가기 NE DT **MRT 차이나타운(Chinatown) 역** A출구로 나와 파고다 스트리트의 끝까지 간다.
주소 244 South Bridge Road
가격 무료 **MAP** P.090A **2권** P.094

도시 중심에서 새하얀 자태를 뽐내는

세인트 앤드류 성당 St. Andrew's Cathedral

세인트 앤드류 성당은 영국의 햄프셔에 있는 니틀리 애비(Netley Abbey) 성당을 모델로 하였다. 1856~1864년에 걸쳐서 건립되었으며, 영국 성공회 성당이다. 19세기 당시에 지어진 많은 공공건물들이 인디언 죄수들의 노역으로 지어졌는데, 이 성당 또한 그중 하나라고 한다. 싱가포르가 1942년 제2차 세계대전 당시에 일본의 공격을 받았을 때 임시 야전 병원으로도 사용되었다. 도심 한가운데 위치하여 어느 위치에서나 눈에 잘 띄는 성당 첨탑과 반짝이는 흰색 건물이 유명하다. 특히 일요일에는 잔디밭에 앉아서 한적하게 쉬는 사람들을 볼 수 있다.

찾아가기 NS EW **MRT 시티홀(City Hall) 역** B출구로 나오면 바로 연결 **주소** 11 St. Andrew's Road **가격** 무료 **MAP** P.037C **2권** P.042

타이푸삼 거리 행렬의 시작

스리 스리니바사 페루말 사원 Sri Srinivasa Perumal Temple

축복의 신 비슈누(Vishnu) 또는 페루말(Perumal)을 모시는 사원이다. 1855년에 지어졌으며, 파스텔 컬러로 장식된 입구의 첨탑은 20m 높이로, 눈에 띄는 힌두 사원이다. 첨탑은 1966년도에 추가로 지어졌으며, 사원 안에는 비슈누와 그의 배우자 락슈미(Lakshmi, 부의 여신)와 안달(Andal, 미의 여신), 그리고 그의 새인 가루다(Garuda)의 형상을 볼 수 있다. 사원은 쉬는 시간에도 문이 열려 있어 들어가 볼 수 있지만, 신이 있는 곳은 참배 시간에 맞춰 가야 문이 열리는 것을 볼 수 있다. 힌두교의 종교적 페스티벌인 타이푸삼이 이 사원에서 시작된다.

찾아가기 NE MRT 패러 파크(Farrer Park) 역 A출구로 나와 시티스퀘어몰을 보며 세랑군로드를 따라 도보 5분 **주소** 397 Serangoon Road **가격** 무료 **MAP** P.128B **2권** P.132

타이푸삼 축제 신도들이 혀와 뺨에 피어싱을 하고 행진을 하며 참회와 고행을 하는 축제.

남방불교의 정수를 보여주는

티엔 혹 켕 사원

Thian Hock Keng Temple

싱가포르에서 가장 오래되고 유명한 불교 사원이다. 도심 속 매력적인 19세기 거리 모습을 유지하고 있는 텔록 아이어 스트리트에 있다. 절은 초기 중국 이민자들이 안전한 해양 여행을 빌고자 바다의 여신을 모신 장소에 자리 잡았다. 중국 복건성에서 이주한 이주민을 중심으로 남중국의 전통적 사원 양식으로 지어졌으며, 전체 건축물에 못을 사용하지 않은 건축물로도 유명하다.

찾아가기 DT MRT 텔록 아이어(Telok Ayer) 역 B출구에서 나오자마자 뒤로 돌아 크로스 스트리트의 횡단보도를 건넌 후 도보 2분 **주소** 158 Telok Ayer Street **가격** 무료 **MAP** P.091H **2권** P.094

싱가포르 가톨릭의 본산

굿 셰퍼드 성당 Cathedral of the Good Shepherd

1847년에 건축되었으며 성당의 크기나 모습은 화려하지 않으나 차분하고 경건하며 소박한 분위기를 풍기고 있다. 싱가포르에서 한국으로 온 최초의 신부였던 성 엥베르 신부는 박해 때 죽음을 앞둔 순간에 동료 신부 두 명에게 '선한 목자(Good Shepherd)'는 절체절명의 순간에도 따르는 양떼들을 위해 목숨을 바친다'는 편지를 보냈고, 세 신부는 순교하였다. 싱가포르에서 이 소식을 들은 베텔 신부가 '굿 셰퍼드'를 따서 이름을 붙였다고 한다. 이런 인연으로 한국어 미사를 진행하기도 하였다.

찾아가기 CC **MRT 브라스 바사(Bras Basah) 역** B출구로 나와 길을 건넌다. **주소** A Queen Street **가격** 무료 **MAP** P.037A **2권** P.043

19세기의 이주 흔적을 보여주는

아르메니안 교회
The Armenian Church

19세기 싱가포르에 거주하던 아르메니안 사람들의 규모와 거취를 느끼게 하는 교회이며, 싱가포르에서 가장 오래된 교회로 알려져 있다. 1834년 당시 정부가 아르메니안 이주민에게 땅을 주어서 1835년에 교회가 완성되었다. 영국식의 신고전주의 형식으로 지어졌으며, 식민 시대 건축가인 조지 콜맨(George Coleman)의 최고 작품으로 불리고 있다. 현재는 동방정교(Orthodox) 목회가 열리는 장소로 이용되고 있다. 영화 촬영과 웨딩 사진의 배경 장소로도 유명하다.

찾아가기 NS EW **MRT 시티홀(City Hall) 역** B출구로 나와 콜맨 스트리트를 따라 걷다 페닌슐라 플라자 쪽으로 길을 건넌 후 힐 스트리트 맞은편 **주소** 60 Hill Street **가격** 무료 **MAP** P.037C **2권** P.043

MANUAL 06

싱가포르 공원 & 산책로

CITY PARK

도심 속 숲을 즐기고 싶다면

흔히 싱가포르 하면 하늘 높이 솟은 초현대식 마천루와 거대한 쇼핑몰을 가장 먼저 떠올리겠지만, 사실 싱가포르 국토의 40% 이상은 개발이 덜 이뤄진 청정 자연과 녹지로 이루어져 있다. 중심가에서 조금만 벗어나도 어렵지 않게 공원과 녹지를 만날 수 있어 일명 '가든 시티(Garden City)'라는 별명이 있을 정도다.

어느 공원을 가면 좋을까?

가든스 바이 더 베이				
접근성	인기	쾌적함	볼거리	소요 시간
★★★★★	★★★★★	★★★★	★★★★★	3시간~

보타닉 가든				
접근성	인기	쾌적함	볼거리	소요 시간
★★★★	★★★★	★★★	★★★½	2~3시간

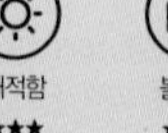

쥬얼 창이				
접근성	인기	쾌적함	볼거리	소요 시간
★★★★★	★★★★★	★★★★★	★★★★	각 2시간~

마리나 배라지				
접근성	인기	쾌적함	볼거리	소요 시간
★★★★	★★★	★★★	★★★	30분~

마리나베이를 색다른 각도에서 즐길 수 있는 곳 **마리나 배라지**

Marina Barrage

식수의 수월한 공급, 마리나베이의 수위 조절을 통한 홍수 예방, 시민들의 휴식 공간 확보라는 3가지 목표로 건설되었으며 친환경적이고 실용적인 건축물로도 인정받았다. 1, 2층의 'Sustainable Singapore Gallery'에서는 건설 효과와 환경보호의 중요성을 다양한 전시품과 시청각 자료를 통해 알리고 있고, 3층 옥상 그린 루프(Green Loof)에는 피크닉을 즐기거나 연을 날리는 사람들을 쉽게 만날 수 있다. 특히 저녁 시간대에는 멋진 싱가포르 야경을 볼 수 있다.

찾아가기 TE **MRT 가든스 바이 더 베이(Gardens By The Bay) 역** 1번 출구 바로 앞
주소 Marina Barrage, 8 Marina Gardens Drive **MAP** P.049L **2권** P.053

상현's SAY
댐을 건설하게 된 이유?

이곳을 제대로 이해하기 위해서는 싱가포르의 기후 조건에 대해 생각해볼 필요가 있다. 거의 매일같이 소나기가 내리는 까닭에 물이 풍부할 거라 생각하겠지만 실상은 그렇지 않다. 오히려 국토가 좁고, 산이 거의 없어서 빗물 대부분이 바다로 흘러가 수자원 확보에 어려움이 많았다. 상황이 이렇다 보니 인접국인 말레이시아에서 식수 대부분을 수입하곤 했는데, 걸핏하면 말레이시아에서 물 공급을 중단하겠다고 으름장을 놓고 물을 사들이는 데 드는 돈도 만만치 않아 자체적으로 수자원 확보에 나서게 된 것이다. 그 일환으로 만든 것이 이곳 '마리나 배라지'다.

싱가포르의 공원을 조금 더 효율적으로 둘러보는 방법!

1 마실 물을 넉넉히 챙기자!
너무 차가운 얼음물이나 냉수는 되도록 피하도록 하자. 갑작스런 배탈을 불러올 수도 있기 때문. 공원 곳곳에 설치된 자판기를 이용하려면 동전을 넉넉히 챙기는 것이 좋다.

2 해 뜰 무렵이나 해 질 무렵을 활용하자!
땀을 조금이라도 덜 흘리고 싶다면 이른 아침 시간이나 늦은 오후 시간을 최대한 활용할 것을 추천한다. 특히 아침 시간대에는 여행자들보다는 운동을 하거나 산책 나온 싱가포리언들의 모습을 볼 수 있다.

3 모기 퇴치제는 필수!
스프레이식 모기 퇴치제를 반드시 챙겨 가자. 모기에 물리면 최악의 경우 뎅기열과 같은 질병에 걸릴 수 있어서다. 다행히 모기 퇴치제 효과가 좋아서 한두 시간 간격으로 뿌려주기만 하면 된다. 모기 퇴치제는 싱가포르 시내 약국에서 쉽게 구입할 수 있으나, 한국에서 준비하는 편이 저렴하다.

세계 최대 규모의 돔 식물원 **가든스 바이 더 베이**

Gardens by the Bay

정원도시(Garden City)에서 한 단계 더 나아가 '정원 속 도시(City in a Garden)'로 탈바꿈시키기 위한 싱가포르 정부의 열망이 고스란히 묻어나는 곳. 땅이 소중한 싱가포르에서 간척지를 조성해가며 여의도 면적의 3분의 1과 맞먹는 30만 5000평의 초대형 도심녹지를 만들어 관광대국으로서의 가능성을 한 단계 높였다는 평가를 받고 있다. 싱가포르가 꿈꾸는 미래를 만나보자.

찾아가기 ① DT CE **MRT 베이프런트(Bayfront) 역** B출구방향 지하통로를 나와 드래곤플라이브리지를 건너면 된다. ② 더 숍스 앳 마리나베이 샌즈 1층 샤넬 매장 바로 옆의 에스컬레이터를 타고 올라가면 가든스 바이 더 베이로 가는 길이 나온다. **주소** 18 Marina Gardens Drive **가격** 2돔 성인 $53, 어린이(3~12세) $40
MAP P.049G, 049H, 049K **2권** P.053

가든스 바이 더 베이 추천 코스

다양한 정원들로 구성돼 있지만 특별한 볼거리가 많지 않은데다 시간이 오래 걸린다. 제한된 시간 동안 가장 효과적으로 둘러볼 수 있는 코스를 소개한다.

- 17:40 셔틀버스 탑승, 클라우드 포레스트 돔 입장(1시간 소요)
- 18:40 걸어서 슈퍼트리로 이동(5분 거리)
- 19:45 가든 랩소디 쇼 감상
- 20:00 쇼가 끝나면 걸어서 클라우드 포레스트 앞으로 이동, 셔틀버스 탑승
- 20:40 숍스 앳 마리나베이 샌즈에서 늦은 저녁 식사

01 플라워 돔 Flower Dome

3332개의 유리 패널을 조각 맞추듯 끼워서 만든 38m 높이의 실내 온실. '세계 최대 규모의 기둥 없는 온실'로도 유명한 곳. 남아프리카, 캘리포니아, 남유럽 등의 지중해성 기후에서 자라는 식물들을 7개 구역에 걸쳐 만날 수 있다. 쉽게 만나볼 수 없는 바오밥 나무(The Baobabs)와 올리브나무(Olive Grove) 구역이 가장 볼 만하고, 기후 특성에 맞게 실내온도는 23~25˚C로 유지되고 있으며 계절에 따라 꽃과 조형물은 조금씩 바뀐다.

02 클라우드 포레스트 돔 Cloud Forest Dome

높이 58m의 돔 안에 38m 높이의 수직정원을 조성해놓은 실내 식물원. 돔 안으로 들어서면 피부가 가장 먼저 반응한다. '세계에서 가장 높은 실내 폭포'가 쉴 새 없이 뱉어내는 폭포수의 위력 때문이다. '구름 숲'이라는 명칭 역시도 이런 이유에서 나왔다. 수직정원은 해발고도 1000m 이상의 고산지대에 서식하는 식물들로 치장했다. 이곳의 백미는 7층의 '잃어버린 세계'부터 수직정원을 따라 난 산책로를 걷는 것. 멸종 위기의 희귀 식물들이 가던 길을 수도 없이 멈추게 한다. 마지막의 'GB Model'은 가든스 바이 더 베이의 자연 친화적인 기능과 지구온난화로 파괴되는 생태계를 멀티미디어와 영상으로 보여주어 환경 보호의 필요성을 다시 한 번 일깨운다.

돔의 실내온도가 낮게 유지되고 있으니 얇은 외투를 준비하는 것이 좋다.

⊕ PLUS TIP

발품 팔지 말고 가든스 바이 더 베이 둘러보기

드래곤플라이브리지 입구와 2동의 돔을 연결하는 셔틀버스를 이용해보자. 셔틀버스는 주요 정원들을 가로지르기 때문에 힘들이지 않고 정원을 감상할 수 있다. 요금은 $3. 구입한 날 왕복으로 탑승할 수 있다.

시간 09:00~21:00/10분 간격으로 운행

03 슈퍼트리 그로브 Super Tree Grove

2012년 공개된 이후 단번에 싱가포르를 대표하는 랜드마크이자, 새로운 야경 감상 명소로 떠오른 곳. 16층짜리 건물 높이와도 맞먹는 20~25m 높이의 슈퍼트리가 군락(?)을 이루는데, 자세히 보면 콘크리트로 만든 구조물 위에 16만 2900포기 이상, 200종 이상의 식물로 가득 덮여 있는 모양새가 독특하다. 생김새도 그렇지만 각각의 슈퍼트리는 최첨단-친환경적 기능도 갖췄다. 일조량과 강수량이 많은 기후적 특성을 십분 활용해 태양광전지와 저류시설을 설치하여 태양열 에너지를 비축하고, 바다로 자연 유실되기 일쑤였던 빗물도 모을 수 있게 됐다. 이곳에서 모이는 전기와 물은 주변 온실과 가든 랩소디 쇼에 재활용되는 등 건축물의 디자인과 기능, 상징성을 모두 인정받아 내로라하는 기관과 대회에서 '베스트 어트랙션상', '최고의 디자인상', '친환경적 건축물상' 등을 휩쓸었다.

⊕ PLUS TIP

슈퍼트리에 숨겨진 또 하나의 과학!

슈퍼트리에 심어놓은 식물도 나름의 선택 기준이 있다. 우선 벽에 붙어 자라야 하므로 무게가 가볍고 튼튼해야 하며, 흙을 필요로 하지 않아야 한다. 또 싱가포르의 고온 다습한 기후 조건에 맞는 생육 조건을 지녀야 해서 중남미에서나 볼 법한 식물들이 슈퍼트리를 이루기도 한다. 좀 더 아름답게 보이기 위해 아주 다양한 색깔의 식물들을 섞어 배치한 것도 흥미롭다. 슈퍼트리 하나가 '수직으로 뻗은 식물원'이라고 해도 좋을 정도다.

슈퍼트리 완전 정복

빛과 음악의 정원을 만나다!

가든 랩소디 Garden Rhapsody

슈퍼트리의 태양광전지가 만든 전기는 매일 밤 '가든 랩소디'에서 빛을 발한다. 슈퍼트리 위에 촘촘히 설치된 조명이 시시각각 변하는 빛과 음악의 쇼다. 68개의 개별 스피커가 설치돼 있어 더 생생하게 들을 수 있고, 장소에 따라 음악 소리가 조금씩 다르게 들리는 것도 재미있다. 쇼를 구경하다 보면 마치 다른 행성에 불시착한 느낌마저 들기도 한다. 잔디 위에 누워 가든 랩소디를 보면 훨씬 로맨틱한데, 다이소에서 판매하는 방수 테이블커버를 챙겨가자. 가볍고 부피가 작아 여행용으로 딱이다. **시간** 매일 19:45, 20:45 **가격** 입장료 무료

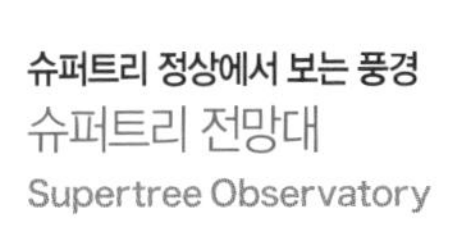

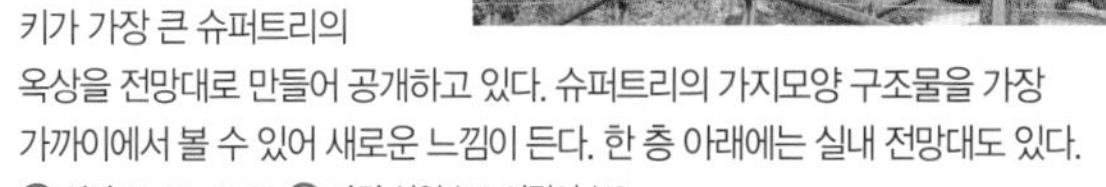

슈퍼트리 정상에서 보는 풍경

슈퍼트리 전망대
Supertree Observatory

키가 가장 큰 슈퍼트리의 옥상을 전망대로 만들어 공개하고 있다. 슈퍼트리의 가지모양 구조물을 가장 가까이에서 볼 수 있어 새로운 느낌이 든다. 한 층 아래에는 실내 전망대도 있다.
시간 09:00~21:00 **가격** 성인 $14, 어린이 $10

슈퍼트리를 가장 가까이 보는 방법

OCBC 스카이웨이
OCBC Skyway

2개의 슈퍼트리를 공중에서 연결한 구조물로, 지상 22m 높이에 건설되어 마치 공중에 떠 있는 듯한 착각을 불러일으킨다. 스카이웨이 길이가 128m에 지나지 않지만, 발아래 펼쳐진 멋진 풍경을 보며 걷노라면 자꾸만 발걸음이 더뎌지는 매력이 있다. 특히 슈퍼트리를 가장 가까이에서 볼 수 있는 곳이라 '가든 랩소디' 쇼 시간에 맞춰 올라가는 것도 좋은 선택이다.
가격 성인 $8, 어린이(3~12세) $5, 3세 미만 무료(입장료는 현금 결제만 가능)

매일 밤, 빛을 발하는 가든 랩소디

싱가포르보다 더 오래된 정원을 거닐다 **보타닉 가든**

Botanic Garden

싱가포르 최대 규모의 자연공원으로, 1859년에 영국식으로 조성되어 무려 164년이라는 역사를 자랑한다. 나무 한 그루, 풀 한 포기가 또 하나의 역사인 셈이다. 이런 역사적 상징성과 아름다움을 내세워 얼마 전 **싱가포르 최초로 '유네스코 자연유산'에 선정**되었다. 특히 전 세계 3곳 뿐인 '식물 문화유산'이라는 점에서 의미가 있다. 총면적이 82ha(24만 8050평)에 달하는 보타닉 가든 내에는 내셔널 오키드 가든, 생강정원, 제이콥 발라스 어린이정원, 치유정원 등과 3개의 커다란 호수, 수없이 많은 산책로와 숲이 조성되어 지루할 틈이 없다. 어차피 모든 곳을 둘러볼 수는 없으니 이곳에서만큼은 여유를 가지고 천천히 둘러보자.

찾아가기 CC DT **MRT 보타닉 가든(Botanic Gardens) 역** 또는 TE **네이피어(Napier) 역**에서 곧바로 연결. **MRT 보타닉가든 역보다 네이피어 역을 이용하는 것이 걷는 거리가 짧다.** **주소** 1 Cluny Road
가격 무료(내셔널 오키드 가든만 유료) **MAP** P.083 **2권** P.082

01 내셔널 오키드 가든
National Orchid Garden

무려 1000여 종의 난과 2000종이 넘는 개량 난을 볼 수 있는 보타닉 가든 최고의 명소다. 이곳만 유일하게 입장료를 받고 있지만, 입장료가 전혀 아깝지 않은 볼거리를 제공한다. 세상에서 가장 아름답다는 '골든 샤워나무 꽃'을 이용해 아치 문을 만든 **골든 샤워 아치스(Golden Shower Arches)**와 싱가포르 국화 **반다 미스 조아킴(Vanda Miss Joaquim)** 앞은 인물 사진 찍는 사람들로 언제나 인산인해를 이룬다. 난초 조경의 진수를 보여주는 **두루미 분수(Crane Fountain)**도 빼놓지 말아야 할 명소다. 마거릿 대처, 엘리자베스 여왕, 배용준 등 이름만 대면 알 만한 유명 인사들의 난을 전시해놓은 **VIP 오키드 가든(VIP Orchid Garden)**도 유명하다. 내셔널 오키드 가든을 모두 둘러보는 데 최소 한 시간 이상을 잡는 것이 좋고, 여유 있게 둘러보기 위해서는 최대한 이른 시간에 방문하는 것을 추천!

Ⓢ **가격** 성인 $5, 학생 및 60세 이상 $1, 어린이(12세 이하) 무료(학생증 및 신분증 제시) Ⓒ **시간** 08:30~19:00(마지막 입장 18:00)

02 백조 호수 Swan Lake

운이 좋으면 눈앞에서 백조들을 만날 수도 있는 호숫가 옆으로는 호젓한 산책로가 나 있다. 햇볕을 피할 만한 곳이 마땅치 않으니 이왕이면 아침 일찍 가자.

03 밴드 스탠드 Band Stand

신혼부부의 웨딩 사진 촬영지로도 인기 있는 로맨틱한 분위기를 연출하는 곳이다. 사진 찍기 가장 좋은 때는 이른 오전 시간대다.

보타닉 가든 추천 코스

보타닉 가든이 워낙 넓고 습해서 한꺼번에 다 둘러볼 수는 없다. 시간적, 체력적 조건에 따라 무궁무진하게 많은 산책 코스가 있겠지만, 제한된 시간 동안 가장 효과적으로 둘러볼 수 있는 코스를 소개한다.

[3시간 코스]
❶ 탕린 게이트 (Tanglin Gate) →
❷ 백조 호수 (Swan Lake) →
❸ 밴드 스탠드 (Band Stand) →
❹ 내셔널 오키드 가든 (National Orchid Garden) →
❺ 진저 가든 (Ginger Garden) →
❶ 탕린 게이트(Tanglin Gate)

❻ 뎀시힐, 홀랜드 빌리지 방향 7, 106번 버스 타는 곳
❼ MRT 오차드 역 방향 106, 7번 버스 타는 곳

창이공항에 들어선 초대형 실내 정원 **쥬얼 창이**

Jewel Changi

창이공항 안에 들어선 초대형 쇼핑몰로 마리나베이샌즈 호텔을 탄생시킨 모셰사프디(Moshe Safdie)가 설계했다. 지상 10층 건물 전체를 실내 정원처럼 꾸몄는데, 전세계 열대림에서 서식하는 120종 3천 그루의 나무와 6만 그루가 넘는 관목이 빼곡히 심어져 있다. 실내 숲길을 따라 더 깊숙이 들어가면 전세계에서 가장 큰 실내 폭포인 'Rain Vortex'가 위용을 드러낸다. 40미터 높이의 폭포를 중심으로 조성된 산책로를 걷기만 해도 저절로 치유되는 느낌. 다양한 즐길 거리와 명소, 숍 구경까지 하다 보면 반나절쯤은 금방이다.

찾아가기 창이공항1~3터미널 입국장에서 바로 연결. 4터미널에서 무료셔틀버스 탑승 **주소** 78 Airport Blvd
시간 24시간 **가격** 무료 **홈페이지** www.jewelchangiairport.com

추천 레스토랑

셰이크 쉑 Shake Shack

미국식 수제 버거 전문점. 항상 손님이 많지만 분수를 보며 식사를 할 수 있는 자리도 있어 인기. **위치** #02-256

추천 쇼핑 스폿

포켓몬 센터 Pokémon Center Singapore

일본이외의 지역에서 처음 선보이는 포켓몬센터. 규모가 꽤 크고 포토존도 설치돼 있다. **위치** #04-201&202

쥬얼 창이에서 꼭 봐야 할 명소 BEST4

레인 보텍스를 제외하고는 입장료를 받는다. 입장권 가격이 비싼 것이 흠인데, 공식 홈페이지에서 여러 어트랙션 입장권을 묶어 '번들 세트'로 할인 판매하고 있으며 여행사에서도 할인 티켓을 판매하고 있다. 가격을 비교해보고 구입하자.

01 레인 보텍스 RAIN VORTEX

쥬얼 창이의 간판 스타. 분당 최대 3만8750리터의 빗물이 40미터 높이에서 자유 낙하하는 모습이 장관이다. 밤이 되면 빛과 영상, 음악이 어우러진 쇼가 열린다. 폭포를 중심으로 포레스트 밸리(Forest Valley) 산책로가 조성돼 사진 찍을 겸 겸사겸사 둘러보기에도 좋다.

시간 월~목요일 11:00~ 22:00, 금~일요일 10:00~22:00/라이트&사운드 쇼 시간 월~목요일 20:00, 21:00(금~일요일, 공휴일 전날은 22:00에 추가 공연)
가격 무료

02 캐노피 브리지 Canopy Bridge

23미터 높이의 보행교로 레인 보텍스 폭포가 손에 잡힐 듯 가깝다. 유리 바닥 위를 조심 조심 걷다 보면 어느새 쥬얼창이 가장 높은 곳이다.

위치 캐노피파크(L5) **시간** 10:00~22:00
가격 성인 $13.9, 어린이 $11.9

03 디스커버리 슬라이드 Discovery Slide

아이들과 함께 즐기기 좋은 미끄럼틀 어트랙션. 캐노피파크 티켓을 구입하면 슬라이드를 포함한 4개 어트랙션을 이용할 수 있다. 키 110cm이상만 이용 가능.

위치 캐노피파크(L5)
시간 10:00~22:00 (금~일요일은 23:00까지)
가격 $8

04 워킹 네트 Walking Net

25미터 높이에 설치된 어트랙션으로 그물 위를 걸을 수 있다. 보기에는 아찔하지만 그물이 꽤 촘촘해서 생각보다는 무섭지 않다. 그물 아래에 보행로가 있으니 바지를 입자. 키 110cm이상만 이용 가능.

위치 캐노피파크(L5) **시간** 10:00~22:00
가격 성인 $18.9, 어린이 $13.9

MANUAL 07

빈탄 섬

바다 건너 이웃 나라

싱가포르는 녹색 지대가 많기는 하지만, 섬으로 이루어진 도시국가다. 싱가포르에서 배로 55분 떨어져 있는 빈탄은 진짜 휴양지로, 동남아시아의 전형적인 리조트가 많다.

인도네시아어로 '별'을 의미하는 빈탄은 정말 별을 바라보며 조용히 쉴 수 있는 곳이다. 바다를 보며 즐기는 골프 코스로도 유명하다. 실외 수영장은 수영을 하지 않더라도 선베드에 누워 있고 싶어진다. 물론 바다 수영도 가능하고, 해양 스포츠도 할 수 있다. 많은 리조트가 주말 저녁에는 바닷가에서 음악과 함께하는 바비큐 디너를 준비한다. 싱가포르부터 이동 거리를 감안하면 2박 이상은 해야 빈탄의 진가를 느낄 수 있다. 인도네시아라고 해서 저렴한 물가를 기대하면 안 되고, 주류나 간식은 미리 준비해 가는 것이 좋다. 주류는 타나메라 페리터미널 면세점을 이용하자.

TIP 빈탄 섬 소개 인도네시아

리아우 섬(Riau Island) 지방의 중심 도서다. 인도네시아의 휴양 도서로서, 관광객이 두 번째로 많이 찾는 곳이다. 적도와 가까워 덥고 습한 열대기후이며, 평균기온은 26℃, 전체 기온은 21℃~32℃로 4~10월이 건기, 11~3월까지가 우기이다. 1990년대 초 인도네시아 정부와 싱가포르 정부가 공동으로 관광객 유치를 위한 개발에 합의했다. 빈탄과 싱가포르는 1시간의 시차가 나는데, 빈탄이 1시간 느리다.(서울과는 2시간 차이) 대중교통은 거의 없으며, 리조트 내에 셔틀버스가 있다. 싱가포르 달러와 미국 달러가 사용되므로 인도네시아 루피아로 환전할 필요는 없다. 전기 사용의 경우 싱가포르와 같은 소켓을 이용한다. 주류 반입은 2L까지, 담배는 200개비까지 허용된다. 국제전화 가격이 매우 비싸고, 와이파이는 리조트에 따라 제공 형태가 다르다.

빈탄 입국하기

빈탄 입국 시에는 6개월 이상 남은 여권, 보딩 패스, 싱가포르 출국카드가 있어야 한다.

타나메라 페리터미널 도착 → 보딩 패스 교환(짐 부치기) → 출국 심사 → 승선 → 빈탄 도착 → 입국 심사 및 짐 찾기 → 리조트 셔틀버스 탑승

STEP. 1
페리 티켓 예약하기

인터넷으로 예약이 가능하다. 주말에는 좌석이 없을 확률이 있으므로 여행 계획을 짤 때 페리와 리조트를 동시에 알아보자. 페리 운행시간이 수시로 변동되니 반드시 홈페이지를 확인하자.

싱가포르 타나메라 페리터미널 → 빈탄 반다르 벤탄 텔라니 페리터미널

월~금	토, 일, 공휴일
08:10	08:10
09:10	09:10(토요일만)
11:10	11:10
14:00	12:10
17:00	14:00
20:20	17:00
	21:00
21:00	20:20

빈탄 반다르 벤탄 텔라니 페리터미널 → 싱가포르 타나메라 페리터미널

월~금	토, 일, 공휴일
08:35	08:35
11:35	09:35(토요일만)
13:35	11:35
14:35	13:35
17:35	14:35
20:15	15:35
	16:35(일요일만)
	17:35
	20:15

페리 가격표

요일왕복티켓	A	B	A+B
일반석 성인	$58	$70	$64
일반석 아동	$50	$58	$54
에메랄드석 성인	$102	$114	$108
에메랄드석 아동	$86	$94	$90

A: 월·화·수·목
B: 금·토·일·공휴일, 공휴일 전날
A+B: 출발일이나 도착일 중 하루라도 금·토·일·공휴일, 공휴일 전날인 경우 금요일이 공휴일이어도 평일 스케줄과 같이 운행한다. **페리터미널 홈페이지** www.brf.com.sg

STEP. 2
타나메라 페리터미널 찾아가기

타나메라 페리터미널
MRT 타나메라(Tanah Merah) 역에서 버스나 택시를 이용한다. 버스 35번을 타면 된다. 택시 줄이 길고 자주 오지 않으므로 넉넉히 시간을 가지고 가야 한다. 적당한 거리라면 시내에서부터 택시를 타는 것도 방법이다.

STEP. 3
보딩 패스 교환(짐 부치기)

타나메라 페리터미널 내부
1시간 30분 전에는 터미널에 도착하여 보딩 패스를 받아야 한다. 터미널 #01-21의 BRF 체크 카운터에서 교환한다. 보딩 패스를 교환할 때 수하물 체크인도 동시에 이루어진다. 핸드캐리어는 최대 10kg이며, 부치는 짐은 이코노미석 20kg까지이다.

STEP. 4
승선

운항 시간은 50~55분 정도이다. 에메랄드석은 라운지에서 체크인을 해준다. 우선적으로 승선과 하선을 할 수 있으며, 지정 좌석제다. 빈탄에서 돌아올 때도 라운지를 이용할 수 있다.

STEP. 5
입국신고서 작성

선내에서 입국신고서를 작성하는 것이 편하다.

STEP. 6
리조트 셔틀버스 탑승

입국 심사 후 짐을 찾아 출구로 나가면 각 리조트에서 나온 직원이 기다리고 있다!

TIP 체크인은 3시이고, 얼리 체크인은 잘 해주지 않는다. 빈탄에서 돌아올 때는 호텔에 부탁하여 돌아오는 티켓을 다시 확인해달라고 하자.

나에게 맞는 리조트 찾기

내가 찾는 리조트는?

바닷가에 갔으니 물속에 들어가야 한다. 가만히 누워서 쉬기만 하는 건 재미없다. 햇빛이 두렵지 않다. → **클럽 메드**

나만을 위한 수영장, 바다가 있으면 좋겠다. 누구에게도 방해받고 싶지 않다. 넓은 곳에서 자고 놀고 싶다. → **반얀 트리, 인드라 마야**

누구랑 갈까?

- 친구·커플끼리 → 마양 사리 비치 리조트
- 허니문 → 빈탄 인드라 마야/반얀 트리
- 해양 스포츠를 즐기자 → 클럽 메드
- 골프 전지훈련 → 리아 빈탄
- 대가족이라면 → 반유 비루

반얀 트리 호텔 앤 리조트

BANYAN TREE HOTELS AND RESORTS

반얀 트리 빈탄

Banyan Tree Bintan ★★★★★

반얀 트리에는 태국 음식 전문점인 '샤프론'과 정통 인도네시아 음식을 제공하는 '트리톱스', 지중해식과 이탈리안 레스토랑인 '더 코브' 등이 있다. 스파를 즐긴 후 사용한 제품 구매도 가능하다. 반얀 트리는 벵골보리수 나무에서 유래했으며 로고가 보리수 형상이다. 빈탄에서 신혼여행지의 대명사이며, 신혼여행 분위기를 위해 방을 꾸며주거나, 해변에서 둘만을 위한 저녁을 차려주는 프로그램도 신청할 수 있다. 모든 객실이 단독 빌라이며, 디자인은 발리섬의 전통에서 따왔다. 럭셔리 스파로 익히 알려져 있다.

찾아가기 페리터미널에서 리조트 셔틀 이용
주소 Laguna Bintan Resort, Jalan Teluk Berembang, Sebong Lagoi, Tlk. Sebong, Kabupaten Bintan, Kepulauan Riau 29155, Indonesia
가격 USD $400~ **MAP** P.152 **2권** P.152

니르와나 가든 리조트

NIRWANA GARDEN RESORT

니르와나 가든 리조트 안에는 호텔, 샬레, 빌라 등 다섯 개의 각각 다른 타입의 숙박 시설이 있다. 자신의 예산과 스타일에 맞추어 정하면 된다. 체크인과 체크아웃은 중앙의 니르와나 리조트 호텔에서 한다. 니르와나 가든이 넓은 만큼 레스토랑이 많은데 해산물로 유명한 켈롱 레스토랑을 추천한다. 싱가포르 달러로 결제된다는 장점이 있다. 셔틀버스가 30분마다 운행되지만 변동이 있을 수 있다.

찾아가기 페리터미널에서 리조트 셔틀 이용
주소 Jalan Panglima Pantar, Lagoi 29155 Bintan Indonesia
가격 리조트에 따라 다름
MAP P.152 **2권** P.152, 153

1 마양 사리 비치 리조트

Mayang Sari Beach Resort ★★★★

니르와나 가든에 속해 있는 5개 호텔 중 하나이다. '마양 사리'는 자연의 아름다움과 향기를 의미한다. 집 한 채를 전부 쓰고 싶은 사람들이라면 선택하자. 바다를 바라보며 50여 채의 단층 샬레가 펼쳐져 있다. 샬레마다 콘셉트가 있는데, 해마, 돌고래, 불가사리 등과 나비, 잠자리 등의 이름이 재미있다. 최근에 리노베이션을 했으며, 매우 조용하여 방해받고 싶지 않은 사람에게 추천한다. 단독 수영장이 없어서 공동 수영장을 이용할 수밖에 없는 것이 단점이다.

가격 $360~

TIP

샬레란? 원래 알프스에서 목동들이 쉬는 집을 가리키는 말이었지만, 현재는 주말, 휴가 때의 별장을 가리키는 것으로 의미가 넓어졌다. 아파트식이 아니라 지붕이 있는 한 채가 샬레다.

2 반유 비루 빌라

Banyu Biru Villas ★★★★

4명 이상이 한곳에 모여서 놀고 싶거나, 여러 가족이 함께 여행하는 경우라면 반유 비루를 생각해볼 수 있다. 건물이 낡았고 서비스에 관한 평이 엇갈리지만, 낡은 시설을 보수하여 기존의 불만 사항을 해소하려 노력하였다. 2층으로 된 빌라 타입의 독채는 밥도 해 먹을 수 있고, 이를 위한 도구도 갖춰져 있다. 바비큐 도구도 빌려주니 파티용 음식을 미리 준비하자. 1층은 거실과 부엌, 식당이 있고 2층에 방이 있다. 방이 2개인 빌라와 3개인 빌라가 있고, 전체 36개의 빌라가 있다.

ⓢ **가격** $700~

3 인드라 마야 풀 빌라

Indra Maya Pool Villa ★★★★★

니르와나 가든에 속해 있는 리조트 중 최상급이다. 경비사무실이 따로 있을 정도로 프라이버시와 안전을 보장한다. 14개의 빌라가 있고, 전부 단독 수영장을 가지고 있다. 항상 예약이 차니 미리 준비하자. 세 종류의 방이 있는데, 모두 바다가 보이지만 바다에서 가장 가까운 것은 시 프런트 빌라이다. 실내 인테리어는 인도네시아, 태국, 중국식이 혼합되어 있는데, 럭셔리하지만 새것 같은 느낌은 없다. 빌라마다 전담 직원이 있고, 바기도 한 대씩 비치되어 있어 직접 운전하며 니르와나 리조트 안을 돌아다닐 수 있다.

ⓢ **가격** $1300~

4 니르와나 비치 클럽 Nirwana Beach Club ★★★

니르와나 가든 안에 있는 숙박 시설 중 가장 저렴하다. 자연을 즐기고 해양 스포츠를 원한다면 여기로 가자. 빈탄은 가고 싶은데 리조트가 너무 비싸다고 생각하는 사람, 숙박 시설의 컨디션에 까다롭지 않고 잠만 자면 되는 사람에게 적합하다. 니르와나 리조트 내의 모든 시설을 이용할 수 있으니 해양 스포츠는 바로 앞에서, 식사는 다른 곳에서 이용하면 된다. 과거에 비해 시설과 서비스가 나아졌고 리조트 안의 다른 어떤 곳보다 저렴하게 묵을 수 있다.

ⓢ **가격** $200~

골프와 해양 스포츠를 즐기고 싶다면 이곳으로

열대우림과 바다로 둘러싸인 풍경에서 골프, 해양 스포츠를 즐겨보자. 스쿠버다이빙은 4월에서 10월까지만 가능하다. 11월에서 3월까지는 우기이므로 카약과 윈드서핑은 날씨에 따라 제약이 있다. 단, 기후 변화로 페리가 못 떠날 경우에는 시간 변경을 해주니 연락하면 된다.

1 리아 빈탄

Ria Bintan ★★★★

리아 빈탄은 이미 골프를 즐기는 사람들 사이에서는 유명하다. 두 가지 골프 코스는 18홀의 오션 코스와 9홀의 포레스트 코스로 나눠진다. 탁 트인 바다를 보며 즐기는 오션 코스의 인기가 압도적으로 높다. 당연히 예약은 필수. 번잡스러운 것을 피하려면 정글 같은 느낌을 주는 포레스트 코스를 추천한다. 골프를 아는 사람이라면 파룸, 버디룸, 이글룸, 앨버트로스룸 등의 이름만으로도 어느 방이 가장 비싼지 짐작할 수 있을 것이다. 골프와 숙박도 가능하고, 골프만 칠 수도 있다.

찾아가기 페리터미널에서 리조트 셔틀 이용 **주소** Jalan Perigi Raja, Lagoi Bintan Resorts Bintan Utara, Kepulauan Riau 29152, Indonesia
가격 $400~ (1인 기준 골프 패키지+아침 식사 포함)
MAP P.152 **2권** P.153

사진제공 클럽메드 코리아

사진제공 클럽메드 코리아

2 클럽 메드 빈탄 아일랜드

Club Med Bintan Island ★★★★

'모든 것을 한 번에'라는 콘셉트로, 숙박, 식사, 활동이 모두 결제에 포함되어 있다. 가격이 상당하므로 본인의 성향을 잘 파악하고 선택하자. 클럽 메드에서 제공하는 프로그램을 많이 이용한다면 괜찮지만, 휴식만 한다든지, 유명하다는 이유로 선택했다가는 후회할 확률이 높다. 2세부터 17세까지 연령별 3그룹으로 나누어 키즈 클럽 프로그램을 제공한다. 4세 미만은 무료이다. 육아 걱정 없이 온 가족이 편안하게 휴식을 취할 수 있다. 각종 이벤트와 활동은 클럽 메드 직원인 지오(GO)들을 비롯하여 다른 여행객과 함께하는 경우도 많다.

찾아가기 페리터미널에서 리조트 셔틀 이용
주소 Jalan Lagoi, Bintan Utara, Riau Islands Province 12920, Indonesia **가격** 성인 $500~, 아동 $350~
MAP P.152 **2권** P.153

EATING

MANUAL 08

칠리크랩

Singapore

Chilli Crab

매콤 달콤 입맛이 당기는 싱가포르 대표 요리

싱가포르 음식이라고 하면 여러 가지가 머릿속을 스쳐 가겠지만,
'칠리크랩'을 빼놓고서 싱가포르 음식을 논할 수는 없다.
사실 칠리크랩이 유명해진 것은 싱가포리언보다는 여행자들의 '싱가포르 칠리크랩이 맛있다더라' 하는 입소문이 퍼진 덕분이다. 매콤달콤한 칠리소스가 깊숙이 스며든 크랩 살 한 점에 순식간에 볶아낸 볶음밥 한입이면 세상 부러울 것이 없다.

Step 1 내게 맞는 크랩 전문점 찾기

식당명	맛	가성비	친절도	분위기
점보	★★★ 무난	★★★ 무난	★★★ 그럭저럭	★★★ 정신없음
팜 비치	★★★★ 깔끔하고 담백	★★★★ 맛과 분위기 대비 합리적	★★★★ 나무랄 데 없음	★★★☆ 마리나베이 뷰
롱 비치	★★★★☆ 매콤달콤, 쫀득한 게살	★★★★ 맛과 분위기 대비 합리적, 가격은 비싼 편	★★★★ 좋은 서비스	★★★ 뎀시힐치고는 별로
롱지 시푸드	★★★ 칠리크랩, 사테 무난	★★★ 가격은 저렴하나 양이 별로	★★☆ 평범	★★ 길거리에 테이블이 놓여 있음
알리앙스, 헹헹 비비큐	★★★ 무난	★★★★★ 사이드 메뉴가 저렴, 가격 경쟁이 붙어서 저렴해지는 추세	★★★★★ 한국어 메뉴판, 한국인 특별 할인, 친절한 점원	★★★ 호커 센터지만 점보나 노사인처럼 시끄럽지는 않음

Step 2 칠리크랩 주문 똑똑하게 하기

1 크랩 수급량에 따른 가격 변동

싱가포르의 많은 음식들 중 가격 변동이 가장 심한 것이 크랩 요리이다. 특히 크랩의 원산지에 따라 수급량과 가격이 천차만별. 스리랑카산 크랩 조달량이 떨어지면 호주(테즈매니아) · 캐나다 · 스코틀랜드산으로 대체하고 있는데, 그 가격이 30% 더 비싸다.

2 일회용 비닐장갑과 물티슈를 반드시 챙겨 가자!

두꺼운 껍질 속에 숨어 있는 게살을 발라 먹다 보면 손이며 입가며 온통 칠리소스 범벅이 되기 일쑤다. 아무리 맛있다고 한들, 품격 또한 중요하므로 일회용 비닐장갑과 물티슈는 한국에서 챙겨 가자. 대부분의 칠리크랩 음식점에서 비닐장갑과 물티슈를 제공하지 않을뿐더러, 제공한다 하더라도 유료인 경우가 대부분이다. 이런 이유로 비닐장갑과 물티슈는 저자가 강추하는 싱가포르 여행 필수 준비물!

3 영업 시작 시간을 노리자!

칠리크랩 음식점이 가장 분주한 시간은 저녁 식사 시간이다. 이때 찾아가면 워낙 손님이 많아서 음식이 나오는 속도가 느리고 분위기 또한 어수선하고 시끄러울 수 있다. 비교적 조용한 분위기에서 제대로 된 식사를 하고 싶다면 저녁 식사 시간보다는 오전 11~12시 사이의 한가한 시간대를 노리자.

4 땅콩과 물티슈는 선택!

메인 요리와 함께 서빙되는 땅콩이나 물티슈는 소정의 추가 금액이 부과된다. 아예 먹거나 쓰지 않을 예정이라면 서빙 전에 '필요 없다'고 말하는 게 좋겠지만, 그렇지 않을 경우에는 기쁜 마음으로 받는 것도 나쁘지 않은 선택이다. 추가 금액이라 해봐야 고작 몇 달러 선이고, 바가지를 쓰는 게 절대 아니기 때문이다.

5 4인 기준 크랩 1.5~2kg과 사이드 메뉴 두세 가지 시키면 알맞고, 2~3인 기준 크랩 600~800g과 사이드 메뉴 두 가지 정도면 배부르게 먹을 수 있다. 1~2인이면 600g만 일단 주문해보고, 모자라다 싶으면 추가로 사이드 메뉴를 주문하는 게 좋다. 칠리크랩 맛만 보고 싶으면 저렴한 식당에 가는 것이 훨씬 경제적이고 양도 많다.!

6 게살을 발라 먹기 번거롭다면 주문 시 크랩 껍질에 크랙(Crack)을 많이 내달라고 부탁하자.

Step 3 칠리크랩 먹을 때 취향대로 곁들이는 사이드 메뉴는?

한국인 입맛에 딱!

시리얼 새우(Cereal Prawn)
새우튀김의 일종

볶음밥(Fried Rice)
칠리크랩 소스에 비벼 먹는 볶음밥

번(Bun)
크랩 소스에 찍어 먹으면 별미

현지인 입맛에 딱!

깡콩(Kang Kong)
아삭아삭 식감이 독특하다.

또우푸(Toufu)
담백한 두부 요리

스페어 립(Spare Rib)
한국인 입맛에도 잘 맞는 돼지갈비 요리

Step 4 칠리크랩 먹는 방법

정해진 순서나 방법이 있는 것이 아니다. 본인의 취향, 습관대로 먹으면 되는데, 가장 먼저 애피타이저 삼아 번을 칠리크랩 소스에 찍어 먹고 크랩 요리와 볶음밥, 사이드 순으로 먹는 것이 일반적이다. 손이나 젓가락을 이용해 게살을 발라내 바로바로 먹어도 좋지만, 발라낸 게살을 따로 모아뒀다가 밥에 슥슥 비벼 먹고, 사이드 메뉴를 곁들여도 좋다.

칠리크랩의 정석 BEST 3

싱가포르에 왔다면 크랩을 먹어야 하고, 크랩을 먹는다면 여기에 소개된 세 곳을 놓치지 말자.
가장 크랩의 기본이며 대표적인 맛집을 소개한다. 어느 곳을 가더라도 평균 이상의 맛을 즐길 수 있으니
숙소에서 가까운 곳이나 동선에서 가기 편한 곳으로 선택하면 된다.

마리나베이를 바라보며 식사할 수 있는 곳

팜 비치 시푸드
Palm Beach Seafood

1956년 개업 후 현재는 싱가포르를 대표하는 시푸드 레스토랑으로 성장했다. 주력 메뉴이자 시그니처 메뉴인 칠리크랩은 물론이고 크랩과 곁들여 먹는 사이드 메뉴가 골고루 인기 있다. 다른 집보다 양도 넉넉히 주는 편이라서 2인 기준 크랩 1kg에 사이드 메뉴 1~2개 정도만 시켜도 배부르게 먹을 수 있다. 곁들이는 메뉴로는 우리나라의 갈비찜을 연상케 하는 돼지갈비구이 **스페어 립(Spare Ribs)**이나 두부 요리 **또우푸(Fragrant Toufu)** 등을 추천한다. 널찍한 실내 좌석과 마리나베이의 전경이 한눈에 들어오는 야외 테라스석으로 구분되어 있다. 위치가 위치이다보니 다른 곳에 비해 가격대가 높은 편. 저녁 시간에는 손님이 많아 어수선하니 참고하자.

찾아가기 NS EW **MRT 래플스 플레이스(Raffles Place) 역** H출구로 나와 도보 5분. 멀라이언 파크에 있는 원 풀러턴 호텔 1층 **주소** #01-09 ONE FULLERTON 1 Fullerton Road **가격** 또우푸 $18~, 새우볶음밥 $12~, 칠리크랩 1kg당 $100~, 1마리당 2인용 $200~, 3인용 $250~ **MAP** P.036D **2권** P.041

블랙페퍼크랩의 원조!

롱 비치 앳 뎀시
Long Beach @ Dempsy

1946년 개업한 이래로 70여 년 가까이 손님이 끊이질 않는 인기 레스토랑이다. 해산물 요리가 주력 메뉴지만, 싱가포르를 대표하는 음식으로 성장한 '블랙페퍼크랩'을 처음 선보인 곳으로 더 유명하다. 비록 지금은 칠리크랩만큼 흔한 요리가 되었지만, 쫀득쫀득하고 담백한 게살과 이곳 특유의 깊고 알싸한 블랙페퍼 양념 맛을 아무 곳에서나 맛볼 수는 없다. 여전히 롱 비치 시푸드 레스토랑이 '싱가포르 최초이자 최고의 블랙페퍼크랩 전문점'이라는 타이틀을 갖고 있는 이유다. 가장 접근성이 좋은 곳은 뎀시힐과 마운트배튼.(MRT 마운트배튼 역 B출구 맞은편)

찾아가기 오차드로드에서 뎀시힐 무료 셔틀버스(2권 P.079)를 탑승하거나 택시 이용. 택시비는 기본요금 정도 나온다. **주소** 25 Dempsy Road, #01-01 Tanglin Village **가격** 블랙페퍼크랩(1kg) $80~ **MAP** P.080A **2권** P.081

'싱가포르 칠리크랩'의 대명사로 성장하다

점보 시푸드
Jumbo Seafood

많은 체인점을 거느린 크랩 전문 음식점이다. 한때 '싱가포르 칠리크랩=점보'라는 등식이 성립하기도 했지만, 맛과 분위기를 겸비한 경쟁 업체가 많아져 요즘은 예전만 못하다는 평도 많다. 최고 인기 메뉴는 칠리크랩. 특별할 것도, 부족한 것도 없는 무난한 맛이라는 평가가 지배적이라 싱가포르 여행이 처음인 여행자들에게는 추천할 만하다. 클락키와 리버워크 지점은 예약 필수. 예약은 홈페이지에서 가능하며, 한 시간 30분 안에 식사를 마치고 자리를 비워줘야 하는 시간 제한도 있다는 것을 알아두자.

찾아가기 NE MRT 클락키(Clarke Quay) 역 G출구로 나와 왼쪽으로 도보 5~10분가량. 리드브리지 바로 앞에 클락키 지점이 있다. **주소** 30 Merchant Road, #01-01/02 Riverside Point, Singapore 058282 **가격** 칠리크랩(1kg/스리랑카산) $88~, (1kg/알래스카산) $198~ **MAP** P.121G, 121H **2권** P.122

조금 더 저렴하게 먹을 수 있는 '알뜰형 칠리크랩 맛집' BEST 3

여행을 떠나면 제일 먼저 하는 걱정이 바로 주머니 걱정이다.
이것도 먹어봐야 하고 저것도 사야 하고 돈 쓸 곳이 한두 군데가 아니다. 여행하는 동안 돈 걱정하지 않고 먹고 싶지만 상황이 여의치 않다면, 다음의 칠리크랩 맛집을 들러보자. 가격은 싸고 맛은 보장하는 알뜰형 맛집을 소개한다.

택시 타고 찾아가는

롱지 시푸드 Rong Ji Seafood

1960년대에 길거리 호커에서 시작하여 세 번째로 이동해 현재 장소에 자리를 잡았다. 홍콩의 유명 연예인 알란 탐이 방문하기도 했었다고 한다. 메뉴에서 종류를 선택하면 바로 조리해준다. 이름이 알려진 레스토랑에 비하면 훨씬 저렴하게 신선한 시푸드를 먹을 수 있다. 다른 칠리 크랩에 비해 조미료가 덜 들어간 맛이고 동파육도 맛있다. 특히 솔티드 에그 요크 크랩을 추천한다. 유명한 것이 칠리 크랩이지만 솔티드 에그 요크 크랩이 훨씬 맛있다. 로컬들도 일부러 찾아오는 곳이다.

찾아가기 NS MRT 앙모키오(Ang Mo Kio)역에서 택시로 10분 **주소** #01-30, Northstar @AMK, 7030 Ang Mo Kio Ave 5 **가격** $50~

미슐랭 빕 구르망에 선정된 집

알리앙스 시푸드(뉴튼 푸드 센터) Alliance Seafood

한국인 여행자들 사이에서 '27번 집'이라 불리는 인기 절정의 시푸드 전문 음식점. 2인 기준 6만 원 선에 칠리크랩과 볶음밥, 번을 먹을 수 있어 '알뜰 여행자'들 사이에서는 이미 소문이 자자하다. 다른 음식점과는 다르게 크랩 껍질을 잘게 부순 다음 조리하기 때문에 식감이 부드럽고, 누구나 쉽게 게살을 발라 먹을 수 있다. 대체적으로 칠리소스가 매콤하고 신맛이 강하다. 크랩 주문 시 번은 무료로 제공, 일회용 비닐장갑과 티슈가 무제한으로 제공된다. 세트메뉴로 주문하면 조금 더 저렴하다. 한국어 메뉴 있음.

찾아가기 NS DT MRT 뉴튼(Newton) 역 B출구로 나와 정면에 보이는 육교를 건너 호커 센터 안으로 들어가 27번 가게를 찾으면 된다. **주소** 500 Clemenceau Ave North, #01-027 Newton Food Centre **가격** 세트A $65, 세트B $65, 세트C $100(현금 결제만 가능 **MAP** P.067C **2권** P.077

순한 맛의 칠리크랩!

헹헹 비비큐(뉴튼 푸드 센터) Heng Heng B.B.Q

다른 칠리크랩집에 비해 달달하고 순한 맛의 칠리소스 덕분에 아이들이나 매운 음식을 잘 못 먹는 사람에게 추천한다. 2인 기준 6만 원 수준이면 배부르게 크랩을 먹을 수 있는 것은 물론이고, 무료로 번을 서비스해준다. 티슈와 일회용 장갑을 무료 제공하는 것도 장점. 큼지막한 사진이 첨부된 메뉴와 한국어 안내 문구 덕분에 메뉴 선택이 수월하므로 마음껏 주문해보자. 블랙페퍼크랩, 시리얼 새우, 깡콩(야채볶음), 칠리스퀴드 등도 한국인 여행자들에게 인기 있는 메뉴.

찾아가기 NS DT MRT 뉴튼(Newton) 역 B출구로 나와 정면에 보이는 육교를 건너 호커 센터 안으로 들어가 31번 가게를 찾으면 된다.
주소 500 Clemenceau Ave North, #01-031 Newton Food Centre **가격** 세트1 $65, 세트2 $100, 세트3 $70, 세트4 $138 (현금 결제만 가능)
MAP P.067C **2권** P.077

MANUAL 09

소울 푸드

영혼과 마음을 달래주는 음식

허끝을 짜릿하게 자극하는 맛이 있는 것도 아니고, 그렇다고 식감이 특별한 것도 아니다. 평범하지만 그런 평범함 때문에 자꾸만 찾게 되는 음식이 있다. 음식 자체가 하나의 일상적 문화가 되어 사람들의 영혼과 마음을 달래주는 음식을 '소울 푸드(Soul Food)'라고 한다. 어떤 매력이 숨어 있기에 싱가포르 사람들이 그토록 열광하는 것일까.

1 카야 토스트 KAYA TOAST

말레이어로 '(달걀의) 달콤한 맛'이라는 뜻을 지닌 '카야'는 판단나무 잎으로 만든 고소하고 달콤한 잼이다. 이 잼을 바삭하게 구운 빵에 발라먹는 음식이 카야 토스트다. 저렴하게 먹을 수 있는 간단한 요깃거리로 인기가 많다.

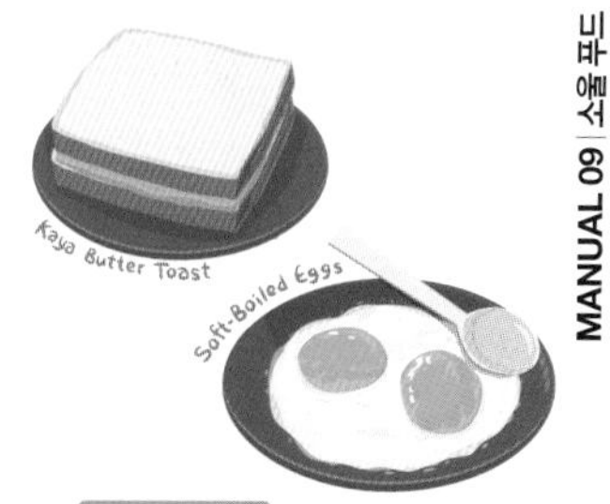

먹는 방법

① 함께 나오는 수란 위에 간장을 떨어뜨리고 숟가락으로 노른자가 부서지도록 섞어준다. 어느 정도 섞였다 싶으면 카야 토스트를 콕 찍어 먹는데, 아무래도 달걀 비린내가 있는 편이다. 일단 한 번 맛을 보고 먹어볼 것을 추천한다.
② 싱가포르식 커피인 코피(Kopi)나 테타릭을 곁들이면 금상첨화!

카야 잼 고르는 방법

카야 잼은 판단 잎의 양이나 설탕의 농도와 색에 따라 색깔과 맛이 달라진다. 초록색보다는 조금 연하고 연두색보다 짙은 '풀색' 카야는 페라나칸식이고, 설탕이나 꿀을 넣어 갈색을 띠는 것이 하이난식 카야 잼이다. 참고로 야쿤 카야 토스트와 동아 이팅 하우스는 페라나칸식이고, 토스트 박스는 하이난식에 가까운 카야를 쓴다.

페라나칸식 카야
당도는 덜하지만 담백하다. 카야 본연의 맛을 느끼기 적합하다.

하이난식 카야
달콤한 맛이 강하다. 초보자도 쉽게 먹을 수 있다.

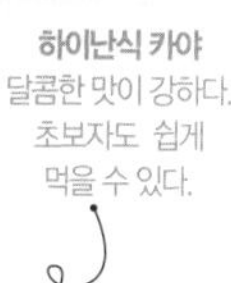

FIND OUT
나에게 맞는 카야 토스트 집을 찾아라

A
기본에 충실한 맛.
개인차가 있는 카야 맛.
상징성을 원한다면
이곳
→ **야쿤 카야 토스트** YAKUN KAYA TOAST

B
담백하고 심플한 맛.
카야보다는 빵과
코피가 한 수 위!
현지인들이 사랑하는 맛
→ **동아 이팅 하우스** TONG AH EATING HOUSE

C
누구에게나
잘 맞을 듯한 현대화한
맛의 카야 잼.
캐주얼한 분위기
→ **토스트 박스** TOAST BOX

열에 아홉은 들르는 카야 토스트 성지
야쿤 카야 토스트 Yakun Kaya Toast 亞坤

싱가포르를 대표하는 카야 토스트의 원조. 1944년 작은 커피집에서 시작해 지금은 한국을 포함한 전 세계 14개국에 체인점을 거느린 거대 기업으로 성장했다. 시내 곳곳에서 쉽게 체인점을 만날 수 있지만 여행자들에게 인기 있는 곳은 따로 있다. 차이나타운에 위치한 본점이다. '제대로 찾아온 게 맞나?' 싶을 정도로 인적 드문 거리에 위치한 본점은 옛 모습을 최대한 보존하고 있다. 허름한 외관과 정감 있는 실내, 직원들의 미소와 친절도 옛날 그대로다. 하나 바뀐 게 있다면 외국인 손님들을 위한 다국어 메뉴판 정도다. 인공 색소와 향료를 첨가하지 않고 전통식으로 만들어 은은한 맛이 특징이다. 버터 카야 토스트와 수란 두 알, 진한 커피 한 잔이 포함된 A세트가 가장 인기 있는 메뉴다. 직접 만든 머천다이즈도 판매하고 있어 기념품 삼아 사 가기 좋다.

찾아가기 DT **MRT 텔록 아이어(Telok Ayer) 역** B출구로 나와 왼쪽에 보이는 파이스트 스퀘어로 들어가 오른쪽. 건물 밖에 위치 **주소** 18 China Street, #01-01
가격 A세트 $5.6~, 카야 잼(290g) $6.3~, 야쿤 카야 쿠키(80g) $3.9~
MAP P.091D **2권** P.095

현지인들이 사랑하는 카야 토스트

동아 이팅 하우스 Tong Ah Eating House 東亞餐室

앞서 소개했던 곳들이 여행자들에게 인기 있는 곳이었다면, 동아 이팅 하우스는 현지인들의 전폭적인 사랑을 받는 곳이다. 가이드북에 여러 차례 소개가 되었지만, 한국인 여행자들을 좀처럼 찾아볼 수 없다는 것도 매력적이다. 아니, 이쯤 되면 왜 야쿤 카야 토스트만 찾아갈까 싶은 게 솔직한 심정이다. '맛으로 따지자면 이곳이 한 수 위인데' 하고 말이다. 이른 아침에 먹는 달콤하고 깊은 맛의 카야 잼과 향긋하고 진한 맛의 코피(Kopi)는 가히 중독적이다. 식사 메뉴도 수준급이다.

찾아가기 TE MRT 맥스웰(Maxwell) 역 3번 출구에서 케옹색로드로 진입
주소 35 Keong Saik Road **가격** 카야 토스트 세트(토스트+코피+수란) $5.4~
MAP P.091G **2권** P.096

누구에게나 잘 맞는 카야의 맛

토스트 박스 Toast Box 土司工坊

토스트와 로컬 푸드를 판매하는 캐주얼 레스토랑으로, 대형 쇼핑몰이나 번화가에는 어김없이 체인점이 들어서 있다. 향신료 사용을 줄이고 현대인의 입맛에 맞춘 것이 특징. 카야 토스트는 부드러운 빵을 쓰고, 버터도 더 많이 들어가 있어 고소한 맛과 식감이 뛰어난 편. 수란을 직접 터트려 먹는 재미도 있다. 여기에 향이 약하고 부드러운 맛을 잘 살려낸 락사(Laksa)까지 곁들이면 한 끼 식사로도 충분하다. 체인점마다 평준화된 맛을 내기 때문에 아무 지점이나 찾아가도 맛에 실망할 일은 없다. 하이난식 카야 잼도 판매한다.

찾아가기 CC DT MRT 베이프런트(Bayfront) 역과 바로 연결된 더 숍스 앳 마리나베이 샌즈 쇼핑몰 지하1층
주소 2 Bayfront Avenue, B1-01E
가격 카야 토스트 세트(토스트+수란+커피) $5.9~, 락사 $7.5~
MAP P.049C, 066I **2권** P.055, 074

2

치킨라이스
CHICKEN RICE

중국 하이난(海南)에서 건너온 음식. 화교들이 동남아 곳곳으로 이주하며 그들의 식문화도 자연스레 퍼지게 된 것. 대부분의 치킨라이스 전문점을 화교 2세가 운영하고 있으며, 더러 하이나니스(Hainanese) 치킨라이스라 부르는 것도 그런 이유다.

먹는 방법

치킨라이스와 곁들여 먹는 소스

음식 나오는 곳에 준비되어 있는 소스를 종지에 담아 밥 위에 입맛대로 뿌리면, 먹을 준비는 모두 끝난다. 소스를 넣고 비빈 밥과 닭고기 한 조각을 한입에 먹고, 함께 나오는 야채를 먹거나 닭 육수를 마시면 환상의 조합이 따로 없다.

생강소스
향을 강하고 진하게 해주지만, 많이 뿌리면 과할 수 있다.

간장소스
밑간을 더 진하게 해준다.

칠리소스
매콤한 맛이 있어 한국사람 입맛에 딱! 생각보다 맵지 않다.

미슐랭 가이드도 인정한 맛

라오 판 호커 찬 Liao Fan Hawker Chan

세계에서 가장 저렴한 미슐랭 1스타 레스토랑으로도 유명한 '홍콩 소야소스 치킨라이스 앤드 누들'의 주인장이 차린 레스토랑. 본점과 크게 다를바 없는 맛을 선보인다. 그 덕분에 개업과 동시에 미슐랭 가이드의 빕구르망에 소개되는 영광을 얻기도. 입소문을 듣고 찾아온 현지인과 여행객이 한데 뒤섞여 항상 인산인해를 이루는데, 개점 직후 방문하면 기다리지 않고 식사할 수 있다. 어둡고 다소 지저분한 호커센터에 있는 본점과 달리 깨끗하고 현대적이라는 것도 무시못할 장점.

찾아가기 NE DT **MRT 차이나타운(Chinatown) 역** A출구로 나와 뒤를 돌아 좌회전. 스미스 스트리트로 다시 좌회전. 도보 2분
주소 78 Smith St **가격** 소야소스 치킨라이스 $6.8 **MAP** P.091C **2권** P.096

스타 셰프와 〈뉴욕타임스〉가 인정한 맛집

티엔티엔 하이나니스 치킨라이스 Tian Tian Hainanese Chicken Rice

뉴욕의 스타 셰프 앤서니 보딘의 입맛을 단박에 사로잡은 치킨라이스집. 〈뉴욕타임스〉는 이곳을 두고 '치킨라이스 성지'라는 극찬을 하기도 했다. 언제나 길게 늘어선 대기 줄에서 이 집의 인기를 가늠할 수 있는데, 쫄깃쫄깃한 닭고기 육질과 간간하고 담백한 밥이 잘 어울리는 치킨라이스(鸡饭)가 베스트셀러다. 청경채 볶음을 곁들이면 훨씬 맛있다. 미슐랭가이드 '빕 구르망'에 선정되었다. 현금 결제만 가능.

찾아가기 TE **MRT 맥스웰(Maxwell) 역** 2번 출구 앞에 있는 맥스웰 푸드 센터 10번 가게 **주소** #01-10 Maxwell Food Centre
가격 치킨라이스 $5~, 청경채 볶음 $4~ **MAP** P.091G **2권** P.095

1인자에 꿀리지 않는 2인자의 맛

아 타이 하이나니스 치킨라이스 Ah Tai Hainanese Chicken Rice

티엔티엔과 쌍벽을 이루는 인기 치킨라이스 전문점. 가게를 차리게 된 계기가 흥미롭다. 20년 동안 티엔티엔에서 일했던 요리사의 노고를 주인이 인정해주지 않아 갈등을 겪다 결국 요리사들이 해고되었고, 원년 멤버 요리사 3명이 의기투합해 자신들의 이름을 내걸고 가게를 차리게 되었다. 어느 곳보다 담백하고 삼삼한 치킨라이스를 선보여 현지인들이 특히 좋아하는데, 육수를 머금은 촉촉한 질감과 향을 자랑한다.

찾아가기 TE **MRT 맥스웰(Maxwell) 역** 2번 출구 앞에 있는 맥스웰 푸드 센터 7번 가게 **주소** #01-7 Maxwell Food Centre
가격 치킨라이스 세트 $5~, 치킨라이스 $3.5~ **MAP** P.091G

구운 치킨라이스 명가

싱 스위키 Sing Swee Kee Restaurant 新瑞記鷄飯

비록 다른 치킨라이스 전문점에 비해 역사는 짧지만 구운 치킨라이스(Roasted Chicken Rice) 하나만큼은 인정받는 곳. 촉촉한 속살과 바삭하고 간이 잘 밴 껍질이 사뭇 다른 식감과 맛을 한꺼번에 느끼도록 해준다. 또, 일반 치킨라이스 특유의 향이 덜해 치킨라이스를 처음 접하거나, 가리는 음식이 많아 고민인 여행자들이라면 한 번쯤 시도해볼 만하다. 다만 닭고기보다 밥이 상대적으로 많이 나오는 편이라 먹어보고 부족하다면 사이드 디시 하나쯤 추가로 주문하면 될 듯. 깔끔하고 현대적인 실내 인테리어가 나름의 매력이다.

찾아가기 NS EW **MRT 시티홀(City Hall) 역** A출구와 바로 연결된 래플스시티 쇼핑센터로 들어가 반대편(브라스바사로드)으로 나와 래플스 호텔 뒤편의 쇼 스트리트까지 직진 **주소** 34/35 Seah Street **가격** 구운 치킨라이스 $4.5~ **MAP** P.037B **2권** P.044

3 사테 SATAY

마파람에 꼬치 감추듯 먹어치우는, 사테. 인도네시아어로 사테(Sate)는 통상적으로 '꼬치'를 의미하는 말이다. 소고기, 돼지고기, 닭고기, 양고기, 심지어는 생선이나 악어도 꼬치로 만들면 사테가 되는 셈이다.

먹는 방법 고기에 특제 소스를 발라 숯불에서 직화 구이를 하는데, 기름기는 빠지는 대신 짭조름하고 간이 잘 배어 마파람에 꼬치 감추듯 먹어치우게 되는 마성의 음식이다. 그냥 먹어도 맛있지만, 사테는 땅콩 소스(Peanut Sauce)에 찍어 먹고, 양파나 단호박, 오이 등을 곁들인다. 칠리크랩이나 락사와 함께 먹어도 좋다. 여기에 시원한 타이거맥주 한 모금이면 더 이상의 안주는 없다.

사테 향기에 취하고, 맛에 또 한 번 취하고!

사테 스트리트 Satay Street

저녁 6시, 도심 한복판의 도로 70m는 차량의 통행이 전면 금지되고 이때만을 기다렸다는 듯 테이블과 의자가 빼곡히 놓인다. 장사 준비가 끝나고 사테를 굽기 시작하면 곧 침샘을 자극하는 '맛있는 연기'로 뒤덮인다. 세트 메뉴를 주문하면 좀 더 저렴하고 푸짐하게 먹을 수 있는데, 종업원과 협의하면 세트 구성을 조금 달리해서 주문할 수도 있다. 2인 기준 사테 20~30꼬치면 넉넉하고, 최소 주문량이 10꼬치로 정해져 있다. 특출하게 맛있는 맛집은 없지만, 다양한 세트 메뉴를 내놓는 7, 8번 'Best Satay' 노점이 가장 인기 있다. 노점 앞에서 주문한 다음, 아무 자리에나 앉으면 음식을 서빙해주는 식이다. 술을 마실 생각이라면 편의점에서 맥주를 준비해 가자.

찾아가기 NS EW **MRT 래플스 플레이스(Raffles Place) 역** I출구로 나와 로빈슨로드를 따라 도보 5분. 두 번째 블록의 분탯 스트리트다. **주소** 18 Raffles Quay **가격** SET A(치킨 10+양, 소 10+구운 통새우 6) $28~, SET B(치킨 15+양, 소 15+구운 통새우 10) $44~ **MAP** P.036E **2권** P.041

4 육포 BAK KWA

흔히들 육포는 홍콩이 원조라고 생각하겠지만 진짜 원조는 싱가포르다. 그 유명한 비첸향 역시 1933년 싱가포르의 로처로드(Rochor Road)에서 처음 장사를 시작했고, 싱가포르 전국에 이름 모를 육포집이 수백 곳에 달한다.

육포, 이렇게 구입하자

싱가포르에서는 육포를 박콰(Bak Kwa)라고 부른다. 주로 돼지고기를 얇게 썰어 건조시킨 다음 숯불 위에 구워내는데, 같은 종류의 육포라도 집집마다 양념 맛이 다르기 때문에 비교해 먹는 재미가 있다. 현행법상 모든 육포는 국내 반입이 금지된다. 현장에서 모두 먹을 수 있도록 1~2장 의 소량이나 낱개 포장된 것만 구입하자.

자꾸만 손이 가는 육포 맛
비첸향 Bee Cheng Hiang

세계 최고의 육포 전문점. 많은 사람들이 홍콩 브랜드라고 착각하지만, 1933년 싱가포르에서 최초로 개업했다. 거의 모든 종류의 육포를 시식하고 구입할 수 있다. 슬라이스 포크(Sliced Pork)와 칠리 포크(Chili Pork)가 가장 무난하고 인기 있다. 한두 장씩도 구입할 수 있다.

찾아가기 싱가포르에만 40개가 넘는 체인점이 있어 눈에 잘 띈다. 가장 찾기 좋은 지점은 차이나타운. NE DT MRT 차이나타운(Chinatown) 역 A출구로 나와 오른편에 바로 보인다.
주소 69/71 Pagoda Street **가격** 1장 $2~4
MAP P.090A **2권** P.099

오직 싱가포르에서만!
림치관 Lim Chee Guan

맛과 인기로 비첸향과 쌍벽을 이루는 육포 맛집. 비첸향이 여행자들에게 인기 있다면, 림치관은 싱가포리언들에게 인기 있는 편이다. 1938년에 개업하였고 기름기가 적고 단맛과 매운맛의 밸런스가 좋아 많이 먹어도 덜 질린다. 생선과 새우로 만든 육포는 림치관에만 있는 별미다.

찾아가기 NE DT MRT 차이나타운(Chinatown) 역 A, C출구에서 도보 3분. 뉴브리지로드에 위치 **주소** 203 New Bridge Road, #01-25 People's Park Complex / #B4-37 ION Orchard **가격** 500g $31~
MAP P.091C **2권** P.099

로컬들이 선호하는 곳
김주관 Kim Joo Guan

김주관의 육포는 냄새에 민감한 사람도 먹을 수 있으며 우리 입맛에 더 맞는다. 최소 100g부터 필요한 만큼 살 수 있다.

찾아가기 NE DT MRT 차이나타운(Chinatown) 역 A출구로 나와 파고다 스트리트 끝의 스리 마리암만 사원에서 우회전 후 길을 건넌다.
주소 257 South Bridge Road
가격 500g $32~
MAP P.090A **2권** P.099

MANUAL 10

딤섬

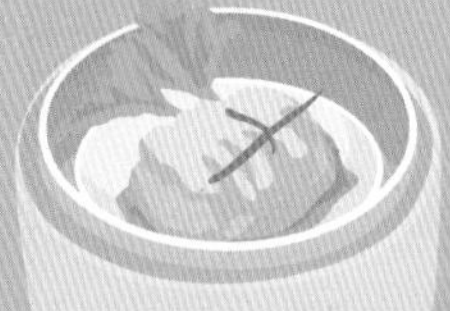

마음(心)에 점(點)을 찍는 듯한 맛

중국에서 건너온 화교의 비율이 전체 인구의 75%를 차지하는 싱가포르에서 중국 음식을 먹지 않는 것만큼 어리석은 일은 없다. 지리적으로 가까운 광저우 성의 음식 문화가 싱가포르에 스며들었는데, 그 대표적인 요리가 딤섬(點心)이다.

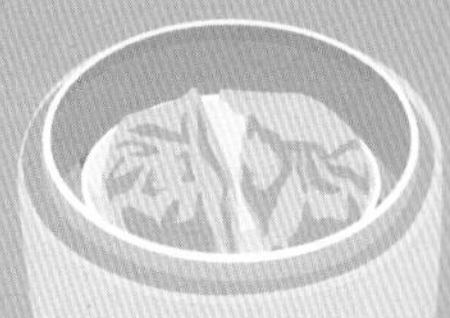

TIP

딤섬을 배 터지게 먹고 싶다면?

얌차 레스토랑(P.110)에서 운영하는 딤섬 뷔페를 적극 활용하자. 평일(공휴일 제외) 오후 3시부터 6시까지만 운영하며 가격이 성인 $23~, 어린이 $16~으로 저렴한 편이다. 하지만 5시 30분 이후에 주문할 경우 추가 요금이 계산되므로 시간 내에 식사를 마쳐야 한다.

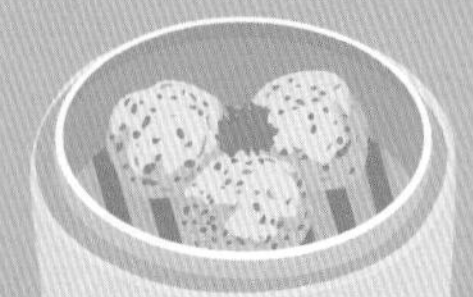

딤섬의 종류

소의 재료와 만드는 방법에 따라 수십 종류로 나눠지는 딤섬을 제대로 먹기 위해서는 주문부터 확실하게 하는 것이 첫 순서다. 물론 영어 표기도 되어 있지만 이왕이면 확실히 알고 주문하는 것이 좋지 않을까?

펀

[粉]

쌀가루로 만든 피에 소를 넣어 돌돌 만 형태로 흐물흐물한 식감이다. 약간 단 맛의 소스가 뿌려진 경우가 많다.

마이

[賣]

꽃봉오리처럼 윗부분이 열려 있어 속이 보이는 딤섬. 담백한 맛이 일품이다.

빠오

[包]

한국식 만두처럼 소를 넣고 주름을 만들어 둥글게 빚어낸 형태의 딤섬으로, 씹으면 육수가 톡 터지는 샤오롱빠오(小龍包)가 대표적이다.

슈마이/샤오마이

[燒賣]

마이와 같지만 소를 볶아 넣은 딤섬으로, 쫀쫀한 식감이 특징. 한국인의 입맛에 가장 잘 맞다.

까우/지아오

[餃]

속 내용물이 훤히 들여다보일 정도로 얇은 피를 맞물려 감싼 형태의 딤섬.

우아한 분위기에서 즐기는 딤섬 /
엠프레스
Empress

아시아 문명 박물관 건물에 있는 차이니즈 레스토랑으로, 주말에는 아늑한 분위기에서 무제한 딤섬 브런치가 가능하다. 딤섬이 맛있는 곳은 많지만 문화유산인 건물이기 때문에 특별한 경험이 된다. 몇몇 메뉴는 한 번밖에 나오지 않는데, 메뉴판을 잘 읽어보자. 종이에 개수를 써서 주면 된다. 딤섬이 주 메뉴지만 죽도 있고 채소, 고기, 새우 등을 이용한 요리도 있다. 하가우, 슈마이부터 한 번만 주는 크리스피 킹 프론 인 솔티드 에그 요크를 먹어보자. 2017년 미슐랭 가이드에서 별 하나를 받았다.

찾아가기 NS EW **MRT 래플스 플레이스(Raffles Place) 역** H출구로 나와 싱가포르 강을 따라 풀러턴 호텔 앞 카베나 브리지를 건너면 바로 보인다 **주소** 1 Empress Place, #01-03, Asian Civilisations Museum **가격** 런치 $42~, 딤섬 브런치 $63~ **MAP** P.036C **2권** P.041

입안 가득 행복을 먹다 /
얌차 레스토랑
Yum Cha Restaurant 飮茶

✔ TIP

얌차, 가게 이름에 숨은 뜻
딤섬을 말할 때 빼먹지 말아야 할 것이 얌차(飮茶/음차) 문화다. 본격적인 식사에 앞서 차와 간식을 먹으며 대화를 나누는 가벼운 식사로, 일종의 중국식 브런치라 보면 이해하기 쉽다. 중국인들이 얌차로 즐겨 먹던 것이 바로 차와 딤섬.

다양한 딤섬과 중국식 디저트를 저렴하게 즐길 수 있는 레스토랑. 맛도 맛이지만 넓은 식사 공간, 중국풍의 고풍스러운 분위기까지 더해져 여행자와 현지인 모두에게 인기다. 이 집의 인기 메뉴는 달큰한 육즙이 톡 터지는 **샥스핀 샤오롱빠오(魚翅小龍包)**와 **피시로슈마이(魚子蒸燒賣)**. 조금 더 특별한 맛을 원한다면 **팬프라이드 포크 팬케이크(北京煎肉并)**를 추천한다. 독특한 식감의 **프론 망고 세서미 프리터스(芝麻香芒筒)**도 맛있다. 2인 기준 대여섯 가지 딤섬과 한두 가지 디저트를 주문하면 배부르게 먹을 수 있다.($35 내외)

찾아가기 NE DT **MRT 차이나타운(Chinatown) 역** A출구로 나와 직진. 트렝가누 스트리트가 나오면 우회전 후 우측에 위치. 상가 아래에 보이는 간판을 잘 보고 따라가면 2층으로 향하는 계단이 있다. 역에서 도보 5분 **주소** 20 Trengganu Street, #02-01 **가격** 샤오롱빠오(3피스) $5.8~, 피시로슈마이(3피스) $6~, 팬프라이드 포크 팬케이크 $7.5~(중국 차 $3.6~, 땅콩 $2~ 별도) **MAP** P.090A **2권** P.096

여행자들은 모르는 현지인 맛집 / 중궈 라미엔 샤오롱빠오 Zhong Guo La Mian Xiao Long Bao

차이나타운 콤플렉스 안에 입점된 호커로 샤오롱빠오와 자장면을 전문으로 한다. 주문과 동시에 쪄 내는 샤오롱빠오와 입에 착착 감기는 자장면을 함께 먹으면 더 맛있는데, 가격도 매우 저렴해 부담도 적다. 대신 다소 시끌벅적한 분위기, 냉방 시설이 갖춰져 있지 않아 식사를 다 하고 나면 땀범벅이 된다는 점은 아무래도 아쉽다.

찾아가기 NE DT MRT **차이나타운(Chinatown)역** A출구로 나와 트랭가누 스트리트가 나오면 쭉 직진. 2층 135번 가게 **주소** #2-135, 335 Smith Street, Chinatown Complex **가격** 자장면(4번 메뉴) $4.5, 샤오롱빠오(1번 메뉴) $7 **MAP** P.090A **2권** P.097

35년 전통의 딤섬 / 징후아 샤오츠 Jing Hua Xiao Chi 京华小吃

1989년 개업 후 단 한 번도 메뉴 구성을 바꾸지 않고 매일 수산시장에서 신선한 식재료를 가져오는 등, 옛 맛을 그대로 보존하고 있다. 유독 오랜 단골손님이 많은 것도 이 때문이다. 광동성 전통 스타일의 딤섬과 산동성의 면 요리들이 주를 이루는데, 그중에서도 **샤오롱빠오(小笼包/5번 메뉴)**와 산동성 군만두 요리 **산시엔궈티에(三鲜锅贴/2번 메뉴)**가 가장 인기 있는 메뉴다. 현지인들은 다진 돼지고기를 고명으로 넣은 중국식 비빔면 **자장미엔(炸酱面/10번 메뉴)**과 함께 먹는다. 한자로 적힌 간판만 걸려 있으니 한자 상호명을 알아 가거나 번지수로 찾는 편이 좋다. **현금 결제만 가능.**

찾아가기 TE MRT **맥스웰(Maxwell) 역** 3번 출구 맞은편 **주소** 21 Neil Road **가격** 샤오롱빠오(7피스) $9~, 산시에 구워티에(10피스) $10~, 시금치 반찬 $8.5~, 국수류 $5.8~ **MAP** P.091G **2권** P.097

MANUAL 11

이색 요리

싱가로프에서 즐기는 아시아 요리

다양한 민족과 인종, 문화가 섞여 있는
아시아의 멜팅 포트(Melting Pot) 싱가포르.
식문화도 예외가 아니라서 문화적 다양성만큼이나
이색적이고 독특한 음식들을 손쉽게 맛볼 수 있다.
장거리 여행을 떠나지 않고도 즐기는
세계 이색 요리 먹방! 싱가포르 여행의 특권이다.

어묵 맛이 끝내줘요!

아 테 테오츄 피시볼 누들
Ah Ter Teochew Fishball Noodle

찾아가기 EW **MRT 탄종 파가(Tanjong Pagar) 역** G출구로 나와 차광막을 따라 직진. 차광막이 끝나는 지점의 아모이 스트리트 푸드 센터 1층 **주소** 14 Maxwell Road, #01-14 Amoy Street Food Centre
가격 스몰 $4~, 미디엄 $5~, 라지 $6~
MAP P.091H

가업을 이어받아 3대째 운영하는 역사 있는 어묵 국수집. 모든 맛집들이 그러하듯 '어묵 국수' 딱 하나로 승부를 본다. 국물에 재료를 넣어주는 수프(Soup)식과 국물만 따로 나오는 드라이(Dry)식으로 먹을 수 있는데, 수프식이 더 인기 있다. 손수 빚은 어묵과 면발은 탱글탱글한 식감을 자랑하고, 다진 돼지고기와 새우 살은 풍미를 느끼게 한다. 국물의 담백하고 깊은 맛은 '캬' 소리가 절로 나온다. 여기에 시원한 음료나 디저트를 곁들이면 금상첨화가 따로 없다. 점심시간대면 어김없이 긴 대기 줄이 생기는 곳으로, 식사 시간을 살짝 피하는 것을 추천한다. 2인 기준 미디엄 사이즈를 시키면 양이 살짝 부족하고, 라지 사이즈는 조금 많은 정도다. 미슐랭 가이드에 소개되었다.

싱가포르에서 꼭 맛봐야 할 면요리 BEST 6

락사(Laksa)
페라나칸 요리로 생김새와 달리 호불호가 갈린다. 코코넛 밀크와 카레로 맛을 냈기 때문인데 지역에 따라 들어가는 재료가 다르고 맛도 천지차이다. 싱가포르에선 카통(Katong)락사가 대중적이다.

호키엔미(Hokkien Mee)
중국 복건성에서 유래한 볶음 국수로 중국인 선원들이 전파했다. 달걀과 새우, 돼지고기, 오징어를 넣고 센불에 볶아 불맛이 난다. 조금 느끼하지만 우리 입에 잘 맞는다.

피시볼누들(Fishball Noodle)
탱글탱글한 어묵을 넣은 어묵 국수다. 국물이 시원하고 뒷맛이 깔끔해 해장용으로도 좋고, 아침 식사로도 손색없다.

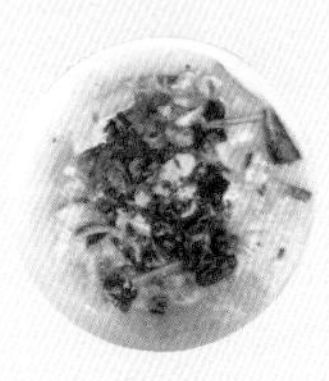

호펀(Hor fun)
말레이시아식 해물국수. 닭고기와 해산물이 푸짐하게 들어가 우리나라의 칼국수와 맛이 비슷하다. 이포(Ipoh)식 호펀이 우리 입에는 잘 맞는다.

퀘티아오(Kway Teow)
싱가포르 사람들이 가장 즐겨먹는 면요리로 넓고 얇은 쌀국수에 콩나물, 새우, 돼지고기를 넣은 후 돼지기름에 볶아 만든다. 식감이 흐물흐물해 호불호는 갈린다.

완탕미(Wanton Mee)
차슈와 덤플링, 양념장을 넣어 매콤달콤한 맛이 잘 어우러지는 볶음 국수로 입맛이 없을 때 먹으면 입맛이 돈다. 호커센터나 로컬 식당에서 쉽게 맛볼 수 있다.

힘이 솟아나는 보양식 한 끼

송파 바쿠테

Songfa Bak Kut Teh

松發肉骨茶

현지인과 여행자들 사이에서 가장 인기 있는 바쿠테집. 1969년 개업 후 50년 가까운 세월 동안 한결같은 맛을 지켜온 덕분에 수십 년 단골손님도 많다. 6년 연속 미슐랭 가이드의 빕구르망에 선정돼 영업시간 내내 장사진을 이룬다. 고기 부위에 따라 다양한 메뉴를 내놓고 있지만, 역시나 **바쿠테(Pork Ribs Soup)**가 가장 인기다. 후추 간이 되어 얼큰하고 깊은 맛의 육수는 계속 리필이 가능한 것도 매력. 여기에 밥을 말아 먹거나 **중국식 야채 반찬**(Kai Lan)이나 싱가포르식 커피인 **코피(Kopi)**를 곁들이면 든든한 한 끼로 손색없다. 비슷한 위치에 본점과 분점이 들어서 있는데, 모퉁이에 있는 매장이 본점이다. 다만 식사 시간대에는 한참을 서서 기다릴 수도 있으니 식사 시간 전후로 가거나 차이나타운포인트 지점에 가는 것이 좋다. 분점은 월요일에도 영업한다. QR코드를 스캔한 뒤 메뉴를 고르는 식이라 주문은 간단하다.

튀긴 빵
Dough Fritters $2

바쿠테
스몰 $8.3~, 라지 $10.3~

중국식 야채반찬
Kai Lan $4.5

바쿠테가 뭐예요?

싱가포르에선 보양식으로 '바쿠테'라는 음식을 즐겨 먹는다. **바쿠(Bak Kut; 肉骨)는 돼지갈비를, 테(Teh; 茶)는 차를 뜻하는데**, 굳이 해석하자면 '돼지갈비로 만든 차'쯤 된다. 한입 먹어보면 딱 갈비탕 맛이다. 여기에 후추 간까지 되어 있어 얼큰하고 매운맛도 끝내준다.

찾아가기 NE MRT 클락키(Clarke Quay) 역 E출구로 나와 뉴브리지로드를 건너면 바로 보인다.
주소 11 New Bridge Road, #01-01
MAP P.121H **2권** P.123

동파육
Braised Pork Belly $8.8

무타박 100년 맛집

싱가포르 잠잠

Singapore Zam Zam

1908년 개업한 '100년 맛집'. 100년 넘게 이 집의 베스트셀러로 군림한 메뉴는 이름조차 생소한 **무타박(Murtabak)**이다. 로티 차나이 반죽을 얇게 편 다음, 그 안에 달걀, 양파, 다진 고기, 마늘, 갖은 야채 등을 넣고 기름에서 지진 중동식 부침개 요리. 먹기 좋게 썰어 놓은 무타박은 함께 나오는 매콤한 카레에 찍어 먹고, 약간 느끼하다 싶으면 단호박을 케첩에 찍어 먹는 것으로 입안을 달래면 된다. 양이 많은 편이라서 가장 작은 사이즈를 주문해도 2인분은 된다. 조금 부족하다 싶을 만큼만 주문해보고 추가 주문하는 것이 현명하다. 주방 일부를 공개해 무타박 만드는 모습을 직접 볼 수 있다. 가게 앞에서 파는 카티라(KATIRA)라는 음료도 인기다. 향신료를 싫어하는 사람들은 비추천.

찾아가기 EW DT MRT 부기스(Bugis) 역 B출구로 나와 도보 5~10분 **주소** 697, 699 North Bridge Road **가격** 양고기 무타박 $7~21, 소고기 무타박 $6~20, 치킨 무타박 $18
MAP P.137C **2권** P.140

무타박 맛의 비밀! 로티 차나이

로티 차나이는 아무런 양념 없이 밀가루 반죽을 여러 겹 겹쳐 구워 만든 일종의 팬케이크 종류다. 인도나 말레이시아에서는 아주 대중적인 요리로 주로 카레에 찍어 먹는다. 로티 차나이가 얼마나 바삭하고 쫄깃하게 구워지느냐에 따라 무타박의 맛이 좌우된다. 싱가포르에서 쉽게 먹을 수 있는 로티 프라타(Roti Prata) 역시 로티 차나이의 일종이다.

진짜 인도식 브리야니

야카다 무슬림 푸드
YAKADER Muslim Food

제대로 된 **나시브리야니**를 먹으려면 이곳을 빼놓을 수 없다. 주인이 인도에서 건너온 이주민이라 '인도의 맛'을 느낄 수 있다. 유독 이 집을 찾는 단골손님이 많은 이유다. 취급하는 메뉴라 해봐야 나시브리야니가 전부. 손님은 닭고기, 양고기, 생선 중 어떤 고기를 곁들여 먹을지만 정하면 된다. 나시(밥)의 매콤한 향부터가 예사롭지 않은데, 맛은 더 예사롭지 않다. 매콤함이 입안 가득 퍼진 다음에는 달달하고 담백한 끝맛이 감돈다. 여기에 더 매콤한 오이 반찬을 곁들이면 금상첨화! 인도 요리에 푹 빠지게 될지도 모르겠다.

찾아가기 NE DT **MRT 리틀 인디아(Little India) 역** C출구로 나오자마자 보이는 텍카 센터 1층 259번 가게 **주소** 665 Buffalo Road, #01-259 Tekka Ctr
가격 나시브리야니 $5.5~
MAP P.128I

멜론만한 피시헤드 커리!

바나나 리프 아폴로
Banana Leaf Apolo

리틀 인디아에 2개의 지점을 운영할 만큼 맛으로 인정받는 인도 요리 레스토랑. 1974년 개업 후 40년이 넘는 세월 동안 이 집 최고의 인기 메뉴는 기네스북에도 등재된 생선 머리로 만든 **피시헤드 커리**다. 매콤 알싸한 양념 맛과 부드러운 생선 머릿살이 다소 충격적인 비주얼마저 잊게 한다. 양이 많아서 2~4인 기준 스몰 사이즈를, 5~6인 기준 미디엄 사이즈를, 6인 이상일 경우 라지 사이즈를 주문하면 알맞다. 이 외에도 **탄두리 치킨이나 칠리 프론(Chilli Prawn), 인도식 빵 난** 등이 인기 있고, 인도식 밥 '브리야니'를 추가하면 배부르게 먹을 수 있다. 음료수는 달콤, 부드러운 맛이 일품인 인도식 요구르트 **라씨(Lassi)**를 추천.

피시 헤드 커리가 뭐예요?
어두육미(魚頭肉尾)란 이 음식을 두고 하는 말이 아닐까 싶다. 말 그대로 인도식 카레에 성인 손바닥 크기만 한 생선 머리가 함께 나오는 음식으로, 생긴 건 혐오스럽지만 상상 이상의 맛을 선사한다. 여러 명이 함께 먹는 음식이다 보니 최소 2~3명 이상은 되어야 다 먹어치울 수 있다. 1~2명이거나 비주얼이 징그러워 내키지 않는다면 생선 몸통으로 만든 피시 미트 커리(Fish Meat Curry)에 도전해볼 것. 커리에 밥을 비벼 먹거나 인도식 빵 난을 커리에 찍어 먹는다.

찾아가기 NE DT **MRT 리틀 인디아(Little India) 역** E출구로 나와 우회전. 레이스코스로드를 따라 직진하면 오른쪽에 보인다. 역에서 도보 5분 이내
주소 54 Race Course Road
가격 피시 헤드 커리 스몰 $28.8~, 미디엄 $33.6~/ 탄두리 치킨 반 마리 $17.9~, 한 마리 $32.3~/ 칠리 프론 $22.7~, 망고 라씨 $5~
MAP P.128I **2권** P.132

맛깔진 매운맛이 당기는 곳

붐부
Bumbu

아랍 스트리트 옆에 새로 떠오르는 칸다하 스트리트는 레스토랑과 바, 카페 등으로 변화하고 있는 중이다. 붐부는 타이-인도네시안 퀴진을 표방하며 합리적인 가격에 맛있는 음식을 제공한다. 겉은 숍 하우스, 내부는 페라나칸 앤티크 가구로 독특한 분위기를 낸다. 아랍 스트리트에서 뭘 먹어야 할지 모를 때, 한 끼 잘 먹고 싶을 때 추천한다. 음식량이 꽤 되므로 사람이 많을수록 다양한 음식을 맛볼 수 있다. 텔록 아이어와 패러 파크에도 지점이 있다.

찾아가기 EW DT MRT 부기스(Bugis) 역 B출구로 나와 도보 5분 후 노스브리지로드에 있는 래플스 병원 앞 교차점에서 술탄 모스크 정문을 지나 칸다하 스트리트로 들어가 우회전한다.
주소 44 Kandahar Street **가격** $20~
MAP P.137C **2권** P.140

조금 다른 음식을 찾는다면

파기 소레
Pagi Sore

주변 직장인에게 입소문이 나면서 점심시간에 가면 한참 기다려야 하니 1시 정도에 가보자. 매콤한 음식이 많아 우리 입맛에 맞다. 바나나 잎에 삼각형으로 밥이 싸여져 나오는데, 잎을 접시 삼아 반찬을 덜어 먹으면 된다. 삼발 소스는 매운 소스인데, 여러 종류의 고추를 버무린 것으로 인도네시아 음식에서는 빠질 수 없다. 삼발 소스를 사용한 아쌈 피시는 맵지만 파인애플을 넣어 달콤하기도 하다. 타후 텔로는 두부 튀김을 달걀로 덮어 위에 간장 소스를 끼얹은 것이고, 사야 로데는 카레 소스에 야채를 넣어 짭짤하게 끓인 것이다. 비프 렌당은 장조림 맛이 나는 소고기 스튜 같은 음식이다.

[파기 소레 파이스트]
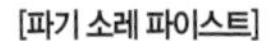
찾아가기 DT MRT 텔록 아이어(Telok Ayer) 역 B출구로 나오면 길 건너편
주소 88/90 Telok Ayer Street, Far East Square **가격** $35~
MAP P.091D **2권** P.098

SPECIAL PAGE

맛있는 밥 한 끼, 나시 Nasi

동남아 대부분이 쌀을 주식으로 하고 있고, 증기를 이용해 밥을 짓는 방법 역시도 크게 다르지 않다.
다만 찰기가 없는 쌀이라는 점이 다른데, 이 쌀을 말레이어로 나시(Nasi)라 한다.
가격이 저렴하고 한국인의 입맛에도 잘 맞는 나시 요리만 골라 먹어도 맛있는 여행에 무리는 없어 보인다.

나시고렝

Nasi Goreng

말레이어로 고렝은 '볶는다'라는 뜻이다.
나시고렝은 말 그대로 볶음밥이다. 보통은 닭다리나 달걀, 오이를 곁들이고 바삭한 식감의 멸치를 밥에 비벼 먹는데, 기름기가 적고 담백해 입맛이 당긴다. 참고로 나시(밥) 대신 미(면)를 볶은 일종의 볶음면 '미고렝' 역시도 맛있다.

나시레막

Nasi Lemak

레막은 말레이어로 '기름, 지방'을 뜻한다.
튀긴 멸치, 오이를 밥에 비벼 먹는 것은 나시고렝과 비슷하지만 볶음밥 대신 기본 쌀밥을 쓰고, 삼발 소스와 볶은 땅콩을 곁들인다는 것이 차이점이다. 싱가포르에서 가장 쉽게 만나볼 수 있는 음식 중 하나다.

나시브리야니

Nasi Bryani

다른 나시 요리와는 다르게 남인도 지역 음식이다.
나시에 카레를 넣고 볶아내 노란빛을 띠는데, 야채와 닭고기나 양고기 등을 곁들여 먹는다. 매콤한 맛이 가히 중독적이라 점심 식사로 알맞다. 인도식 음식은 원래 손으로 집어 먹는 것이 원칙인데, 리틀 인디아의 텍카 센터 같은 곳은 손을 씻을 수 있는 개수대가 따로 마련되어 있다.

나시 파당

Nasi Padang

파당이라는 지역(인도네시아 수마트라 섬에 있다)에서 먹는 음식이라는 뜻이다. 흰 쌀밥(나시)에 파당 특산 요리를 함께 먹는 요리로, 야채나 해산물, 두부 요리의 일종인 타후텔러 등과 곁들여 먹는 것이 일반적이다. 한국인 입맛에 가장 잘 맞고, 가격이 저렴해서 뷔페에 온 듯 이것저것 골라 먹는 재미가 남다른 음식.

MANUAL 12

디저트 & 간식

당신의 여행을 달콤하게 책임질 Dessert

'시작이 반'이라는 말, '먹방'에 있어서 만큼은 다르게 해석되어야 한다. 먹방의 끝을 장식하는 '디저트'야말로 먹는 것의 즐거움을 행복한 기억으로 남겨줄 '반'이기 때문이다. 날씨가 더우면 식욕도 줄기 마련이지만 싱가포르에서는 그 반대다. 당신의 먹방 여행의 절반을 달콤하게 채워줄 디저트들을 소개한다.

싱가포리언들이 인정한 디저트

디저트 아 볼링 Dessert Ah Balling

아는 사람만 간다는 숨겨진 디저트집. 열대과일 디저트를 선보이며 까다로운 싱가포리언들의 입맛을 단박에 사로잡았다. 메뉴마다 붙여진 번호로 주문하는 게 편한데 추천 메뉴로는 망고와 망고 시럽 위에 포멜로(중국 자몽)를 뿌려 새콤달콤한 맛이 중독적인 **망고 포멜로(Mango Pomelo/29번)**와 망고 사고, 용과, 키위, 딸기 등 다양한 과일을 넣은 화채 **사고 망고 아이스 위드 푸르츠(Sago Mango Ice with Fruits/24번)**, 아무리 비싼 메뉴도 $4가 넘지 않으니 가격 부담 없이 마음껏 시켜 먹어도 좋겠다. 딱 하나 아쉬운 점이 있다면 영업시간이 짧아서 시간을 잘 맞춰 가야 한다는 정도다.

망고 포멜로

찾아가기 아모이 스트리트 푸드 센터(P.098) 2층 **주소** 7 Maxwell Road, #02-113 Amoy Food Centre
가격 망고 포멜로 $2.2, 망고 사고 위드 푸르츠 $2.8 **MAP** P.090

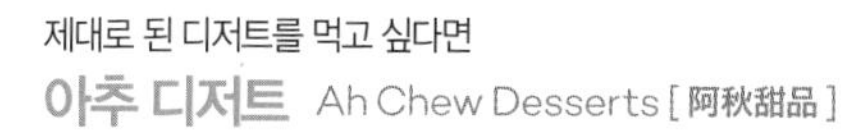

망고 사고

제대로 된 디저트를 먹고 싶다면

아추 디저트 Ah Chew Desserts [阿秋甜品]

홍콩, 광동 스타일의 디저트 전문점으로 무려 50가지가 넘는 메뉴를 선보인다. 이 집의 대중적이지만 결코 평범하지 않은 디저트 맛에 홀린 사람이 한둘이 아니다. "한 번도 안 먹어본 사람은 있어도, 한 번만 먹어본 사람은 없다"는 얘기도 이런 연유에서 나왔으리라. 두 칸으로 나눠진 가게 중 왼쪽 칸에서 점원에게 자리를 배정받은 후, 오른쪽 칸의 카운터에 가서 배정받은 테이블 번호를 얘기하고 주문하는 방식이다. 달걀을 우유에 풀어 푸딩처럼 만든 **밀크 스팀 에그(Milk Steam Egg/鮮奶炖蛋)**가 대표적인 메뉴. 달걀찜과 우유 푸딩의 중간쯤 되는 독특한 맛이다. 달달하고 부드러운 맛에 망고의 향이 가득한 **망고 사고(Mango Sago/芒果西米露)**도 반드시 먹어봐야 할 디저트로 통한다. 자리마다 음식 사진과 자세한 설명이 담긴 메뉴판이 비치되어 있어 주문하기에 편리하다.

찾아가기 EW MRT 부기스(Bugis) 역 C출구로 나와 좌회전. 노스브리지로드를 건너 리앙쇼 스트리트로 진입. 역에서 도보 5분
주소 1 Liang Seah Street, #01-10,11 Liang Seah Place **가격** 밀크 스팀 에그 $3.3~, 망고 사고 $4~, 아이스크림(3스쿠프) $4.4~
MAP P.136J **2권** P.141

시원한 빙수가 먹고 싶을 때

메이 홍 위엔 디저트 Mei Heong Yuen Dessert [味香園]

한국인 여행자들 사이에서 '미향원'이라는 이름으로 더 알려진 빙수 · 디저트 전문점. 명성에 비해 맛이 떨어져서 추천하고 싶지 않지만 저렴한 가격을 원한다면 한번 가볼 만하다. 대표 메뉴는 망고 빙수. 타이완식으로 얼음을 갈아 빙질이 아주 부드럽다. 먼저 자리를 잡은 다음, 카운터로 가서 메뉴를 주문하는 식이며, 이때 테이블 번호를 함께 알려줘야 한다. 양이 많아 두 명이서 빙수 하나면 충분하다. 선택시티 3층에도 지점이 있다.

찾아가기 NE DT MRT 차이나타운(Chinatown) 역 A출구에서 뒤돌아 나와 뉴브리지로드가 나오면 좌회전. 템플 스트리트로 들어가는 초입에 위치. MRT 역에서 3~5분 **주소** 63-67 Temple Street
가격 망고 빙수, 깨 빙수 $5.5~ **MAP** P.091C **2권** P.095

PLUS TIP 한 가지 더 먹는다면!
싼 맛에 먹고, 시원해서 먹고! 아이스크림 샌드위치
큼지막하게 썰어낸 네모난 아이스크림을 식빵이나 과자 사이에 끼워 넣은 이색 디저트. 디저트 전문점에서 먹는 디저트보다는 다소 투박하고 소탈한 맛이지만, 저렴한 가격대와 독특함이 최고의 무기다. 취향대로 아이스크림 맛을 고르면 즉석에서 아이스크림을 잘라 만들어주는데, 그 과정을 지켜보는 것도 재미있다. 주로 싱가포르 강변(클락키, 아시아 문명 박물관)과 올드시티(에스플러네이드 공원/파당), 오차드 지역의 노점에서 쉽게 만날 수 있다. 가격대는 보통 $2~.

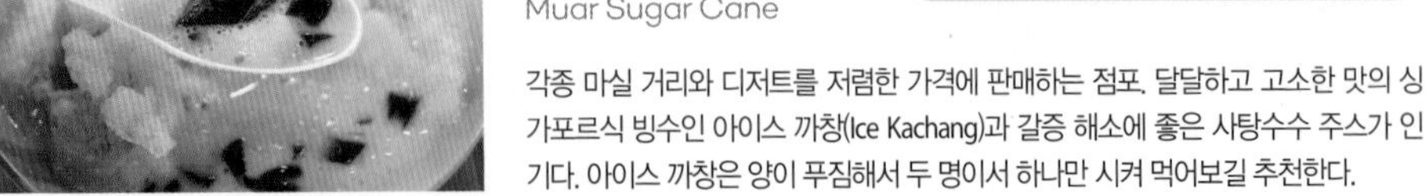

아이스 까창이 맛있는 집

무어 슈거 케인
Muar Sugar Cane

각종 마실 거리와 디저트를 저렴한 가격에 판매하는 점포. 달달하고 고소한 맛의 싱가포르식 빙수인 아이스 까창(Ice Kachang)과 갈증 해소에 좋은 사탕수수 주스가 인기다. 아이스 까창은 양이 푸짐해서 두 명이서 하나만 시켜 먹어보길 추천한다.

찾아가기 맥스웰 푸드 센터(P.095) 내에 위치 **주소** #01-78 Maxwell Food Centre, 1 Kadayanallur Streat
가격 아이스 까창 $2~, 캔 음료 $1~, 젤리 음료 $2~2.5, 사탕수수 주스 $1.5 **MAP** P.090

싸고 맛있다.

디저트 퍼스트 Dessert First

대만식과 한국식 퓨전 빙수를 맛볼 수 있는 곳. 들어가는 재료의 질이 좋은 편이고, 양도 적당하다. 부동의 인기 메뉴는 망고 빙수(Mango Shaved Ice/ 2번 메뉴). 양이 적은 듯 보이지만 실제는 많아서 1인 1빙수 하기엔 조금 버겁다. 메뉴명에 '스노우 아이스(Snow Ice)'가 붙어있는 것은 향을 추가한 것이므로 추천하지 않는다.

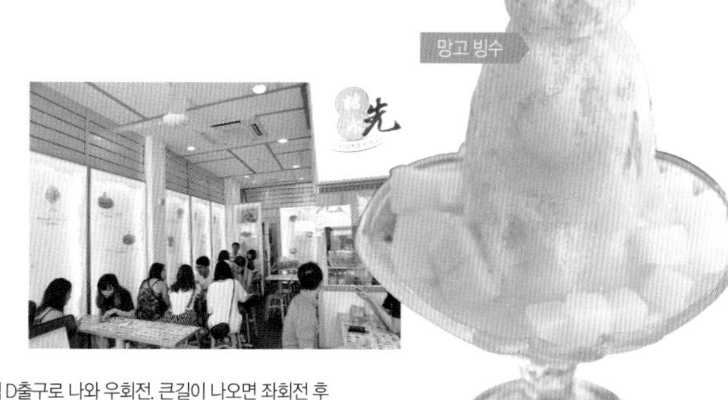

망고 빙수

찾아가기 EW DT MRT **부기스(Bugis) 역** D출구로 나와 우회전. 큰길이 나오면 좌회전 후 리앙쇼 스트리트(Liang Seah Street)로 들어간다. **주소** 8 Liang Seah Street #01-04
가격 망고 빙수 $7.5~, 디저트 $3.8~5.5 **MAP** P.136J **2권** P.141

밀크 티

콩의 변신은 무죄!

코이 떼 Koi Thé

콩을 재료로 한 마실 거리와 버블티를 전문으로 하는 대만의 체인 카페. 코이(KOI)라는 이름 역시 콩 '두(豆)' 자를 시계 방향으로 90° 돌린 것이다. 쫀득쫀득한 타피오카 펄이 특히 맛있는 버블티와 부드럽고 달콤한 맛의 밀크티가 대표적인 메뉴. 들어가는 재료에 따라 세부 메뉴를 다양하게 구분해놓고 있고, 주문 시 당도(Sugar Level)를 조절할 수 있어서 편리하다.(0~120%) 대부분의 지점에 앉을 자리가 없어 테이크아웃을 해야 하며, 주요 쇼핑몰과 중심가에 30개가 넘는 체인점이 들어서 있어 찾기 쉽다.

찾아가기 CC NE MRT **하버프런트(Harbourfront) 역**과 바로 연결된 비보시티 지하 2층
주소 #B2-06B Vivo City Shopping Mall, Harbourfront Walk **가격** 티 미디엄 $2.2, 라지 $3~4.7, 밀크티 미디엄 $2.9~3.3, 라지 $4~4.7 **MAP** P.109② **2권** P.115

구수함에 푹 빠지다

라오 반 소야 빈커드 Lao Ban Soya Beancurd

'소야 빈커드(豆花)'는 콩을 갈아 응고시켜 커드화한 디저트로, 싱가포르에서 처음 만들어진 몇 안 되는 음식이다. 모양은 연두부를 쏙 빼닮았지만 그보다 훨씬 구수하고 달달하다. '강추'하는 집은 라오 반 소야 빈커드. 첨가물을 거의 사용하지 않고 콩 본연의 달달함과 구수함을 잘 살렸다는 평가를 받고 있으며, 특유의 부드러운 식감까지 살아 있다. 평이 깐깐한 싱가포르의 미식 전문지 〈마칸수트라〉에서는 이곳을 두고 '죽어도 반드시 먹어봐야 한다(Die Die Must Try)'라고 극찬하기도 했다. 무난하면서도 인기 있는 '오리지널 소야 빈커드', 콩을 갈아 두유 맛과도 흡사한 '소야 밀크'는 반드시 먹어볼 것.

소야 밀크

오리지널 소야 빈커드

찾아가기 맥스웰 푸드 센터(P.095)에 위치 **주소** 1 Kadayanallur Street, #01-91 Maxwell Food Centre **가격** 오리지널 소야 빈커드 $1.5~, 소야 밀크 $1.5~ **MAP** P.090

디저트로 하는 예술

투에이엠 디저트바 2am: dessertbar

제니스 웡은 세계적인 셰프와 파티시에에게 사사한 후 자신의 디저트 레스토랑을 창업하였다. 단순한 디저트가 아니라 레스토랑에서 공들여 만든 식사를 대접받는 느낌을 준다. 마치 접시가 캔버스가 되어 그림을 그리는 듯하다. 디저트 '바'라는 이름답게 바 분위기로 꾸며져 있고 디저트마다 어울리는 술을 추천하고 있다. 디저트를 만드는 과정도 볼 수 있고 사진 요청에도 흔쾌히 응해준다. 파라곤, 래플스 시티 쇼핑센터, 티 갤러리아에서 선물용 초콜릿이나 찹쌀떡도 판매하고 있다. 크레파스 형태와 색을 구현한 초콜릿과 로컬 음식과 음료 맛을 가진 찹쌀떡이 특이하다.

찾아가기 CC **MRT 홀랜드 빌리지(Holland Village) 역** C출구로 나와 직진한 후 홀랜드 쇼핑센터 끝에서 우회전하여 뒷 건물로 들어간다.
주소 21a Lorong Liput
가격 시그니처 디저트 $22~, 칵테일 $22~
MAP P.085A **2권** P.086

초콜릿 디저트의 모든 것!

오풀리 초콜릿 Awfully Chocolate

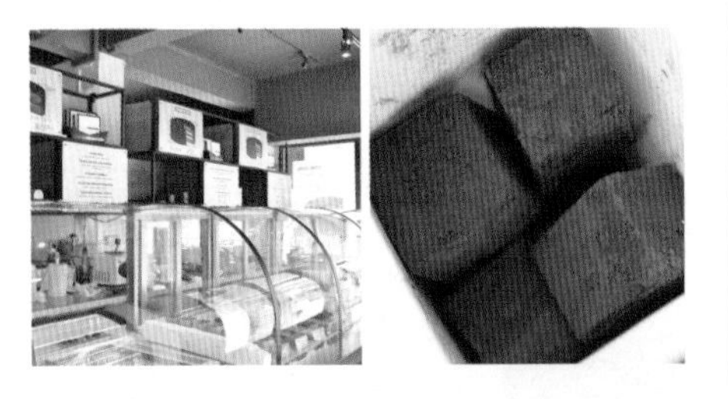

인기 있는 수제 초콜릿집. 기본 메뉴이자 이 집의 베스트셀러는 **다크 초콜릿 트뤼프(Dark Chocolate Truffles)**이다. 전문점 못지않은 맛의 **헤이(hei/黑) 아이스크림**도 인기다. 프랑스어로 '불에 그을린 크림'이라는 뜻의 **크림 브륄레(White Chocolate Creme Brulee)**는 촉촉한 화이트 초콜릿 크림 위에 캐러멜화된 설탕을 덧씌운 프랑스 디저트로, 상상 이상의 조화와 달콤함이 압권이다. 주요 쇼핑몰과 번화가에 입점해 있지만 대부분 테이크아웃만 가능. 접근성이 가장 좋은 지점은 아이온 오차드(지하 4층)와 래플스시티(지하 1층).

찾아가기 NS EW **MRT 시티홀 역** A출구와 연결된 래플스시티 쇼핑센터 지하 1층 **주소** 252 North Bridge Road, #B1-52 Raffles City **가격** 헤이 아이스크림(1스쿠프) $4.9~, 크림 뷜레 $7~, 다크 초콜릿 트뤼프(100g당) $13.5~(개당 약 $1.6~) **MAP** P.037C

휘낭시에! 휘낭시에! 휘낭시에!

앙리 샤르팡티에 Henri Charpentier

최근 싱가포르에서 인기 있는 휘낭시에 전문점으로 일본에 본점이 있다. 과자세트의 일부는 일본에서 수입해오고 휘낭시에는 직접 굽는다. 2013년에 세계에서 가장 많이 팔린 휘낭시에로 기네스북에 올라갔다. 바로 구운 것을 사면 고소하며 진한 버터맛이 느껴진다. 다소 비싼 가격에도 불구하고 항상 사람이 많다. 커피도 맛있다.

찾아가기 NS **MRT 서머셋(Somerset) 역**에서 D출구로 나와 오차드 센트럴로 들어간다. **주소** #01-18, Orchard central, 181 Orchard Road **가격** 피낭시에 플레인 $3.1~
MAP P.066J **2권** P.077

드디어 싱가포르 상륙!

타이청 베이커리 Tai Cheong Bakery

요즘 이곳이 뜨겁다. 기본 대기 시간 20분. 길 때는 40분을 서서 기다려야 겨우 계산대 앞에 설 수 있을 지경이다. 이미 홍콩에서는 '만인의 에그타르트 맛집'으로 인정받는 타이청 베이커리가 드디어 싱가포르 지점을 냈다. 홍콩의 맛을 그대로 옮겨왔다는 평을 받고 있으며 보들보들한 식감은 본점보다 한 수 위라는 얘기가 있을 정도. 테이크아웃만 가능하며 매장 바로 앞에 서서 먹을 수 있는 공간이 마련돼 있다. 줄이 가장 긴 시간은 오후 2~4시 사이. 식사 시간 전이 대기 줄이 가장 짧다.

찾아가기 NS TE **MRT 오차드(Orchard) 역** 3번 출구로 연결된 위스마 아트리아 바로 옆. 다카시마야 쇼핑센터 지하 2층
주소 Takashimaya Shopping Centre #B208-5, 391 Orchard Road
가격 에그타르트 4개 $7.6~ **MAP** P.066J **2권** P.074

에그타르트

생긴 것만큼 맛있는 케이크

플로르 파티스리 Flor Patisserie

로컬들에게 잘 알려진 여성 취향 파티스리로 주로 조각 케이크와 타르트, 쿠키 등을 전문으로 하고 있다. 그중에서도 저온에서 살짝 얼린 '아이스 치즈 타르트(Ice Cheese Cake)'가 인기 있는데, 크림치즈 특유의 풍미도, 치아 사이를 파고드는 식감도 재미있다. 조각 케이크는 '스이카(Suica)'나 유즈롤(Yuju Roll)' 등 생크림이 들어간 것으로 고르면 보통 이상의 맛을 보장하며, 시즌 한정 케이크도 다양하게 출시되고 있다.

조각 케이크

찾아가기 NE DT **MRT 차이나타운(Chinatown) 역** A출구로 나와 직진. 사우스브리지로드가 나오면 우회전 후 직진. 네일로드(Neil Road)에서 덕스턴로드(Duxton Road)로 진입 후 첫 번째 갈림길에서 언덕으로 올라간다.
주소 2 Duxton Hill #01-01 **가격** 아이스 치즈타르트 $3.85~, 조각 케이크 $6.9~ **MAP** P.091G **2권** P.097

자부심을 가지고 있는 디저트

파티스리 G Patisserie G

케이크와 마카롱을 전문으로 하는 베이커리 카페다. 젊은 감각의 깔끔한 인테리어와 중독적인 달콤한 맛으로 젊은 싱가포리언들을 사로잡았다. 쇼케이스 안에 줄지어 진열된 케이크를 보며 뭘 먹어야 할지 고민스럽다면 친절한 점원에게 추천을 받자. 초코 헤이즐넛 크런치 위에 다크 초콜릿 무스와 초코 머랭을 씌워 최고의 달콤함을 경험할 수 있는 시그니처 케이크 **지 스폿(G Spot)**이 가장 유명하며 **레몬 타르트(Lomon Tart)**와 아몬드 크루아상, 다양한 쇼트케이크와 티라미수, 마카롱도 골고루 인기 있다.

지 스폿

찾아가기 DT CC **MRT 프로미나드(Promenade) 역** A출구로 나와 도보 2분. 밀레니아 워크 1층 **주소** 9 Raffles Boulevard, #01-40 Millenia Walk
가격 지 스폿 $9~, 레몬타르트 $7.5~, 아몬드크루아상 $5~, 주스 $3~4
MAP P.060D **2권** P.063

MANUAL 13

파인 다이닝

분위기 좋은 파인 다이닝 레스토랑 BEST 9

여행지에서 밥 한 끼 정도는 특별해야 한다. 분위기 있는 곳에서 한 식사 한 끼가 여행 전체를 더욱 풍성하게 만들어주기 때문이다. 나이트라이프와 식문화가 잘 발달된 싱가포르라면 더더욱 그렇다. 당신의 뻔하고 평범할 뻔한 여행을 특별하게 만들어줄 파인 다이닝(Fine-Dining) 레스토랑을 소개한다.

1 커피가 세트 구성에 포함되어 있는지 확인하자

세트에 포함된 경우도 많지만 적게는 $7++, 많게는 $15++까지 별도로 받는 경우가 많다. 직원이 추가 요금이 붙는다는 사실을 알려주지 않는 경우도 많으니 먼저 물어보도록.

2 알라카르트식으로 주문이 되는지 확인하자

단품으로 주문할 수 있는 알라카르트(A La Carte)식 주문이 더 저렴한 경우가 많고, 마음대로 코스를 짤 수 있다. 물론 같은 구성이라면 세트가 훨씬 저렴하다.

3 특정 음식에 알레르기 반응이 있거나 못 먹는 음식이 있는 경우 서버에게 미리 이야기하자

코스 메뉴에는 매우 많은 종류의 재료가 들어가기 때문이다.

4 점심시간의 런치코스 메뉴를 노리자

대부분의 레스토랑은 세트 런치나 런치코스를 제공하고 있어 최대한 저렴한 가격에 식사를 하고 싶을 때는 점심시간을 노리는 게 현명하다.

5 적어도 테이블 홀딩 시간에 맞추자

예약 시간에 늦어서도 안 되겠지만, 피치 못할 사정으로 늦는 경우는 예약한 시간 이후 15~20분까지만 테이블을 홀딩(Holding)해주고 있으며, 그보다 더 늦을 경우는 노쇼(No Show)로 간주해 예약 취소 처리가 된다.

6 물은 글라스로 주문하자

물은 공짜로 준다.
단, 메뉴판에 표기된 보틀(Bottle)은 별도의 요금을 받는다.
주문 시 따뜻한 물(Warm Water)인지 얼음물(Ice Water)인지 묻는 경우가 있다.

파인 다이닝 레스토랑을 제대로 즐기는 12 TIPS

7 방문 전에 레스토랑 홈페이지에서 대략적인 메뉴를 보고 가자

현장에서 설명을 듣는 것도 좋지만 요리에 문외한이라면 알아듣기 힘든 용어들이 많아 '예습'이 필요하다. 대부분의 레스토랑은 홈페이지에 자세한 메뉴를 올려두고 있다.

8 예약 취소는 최소 이틀 전에

일부 레스토랑의 경우 예약 취소나 변경도 하지 않고 예약 시간에 나타나지 않는 노쇼 고객에 대해 자동으로 대금을 청구하고 있다. 예약에 변동이 생기거나 취소할 경우 최소 이틀 전에는 연락을 줘야 한다.

9 컨펌 메일을 확인하자

홈페이지에서 예약하면 예약 확인 메일이 온다. 이는 예약을 완료했다는 것이지 확정된 '컨펌 메일'이 아니기 때문에 최종 컨펌 메일이 왔는지 반드시 확인해야 한다. 대개 예약 후 48시간 내에 최종 컨펌 메일이 온다.

10 드레스 코드가 있는 경우가 대부분이다

정장이나 오피스룩을 갖춰 입을 필요까지는 없지만 최소한의 예의는 지키자. 남성의 경우 민소매나 짧은 바지, 비치 웨어나 슬리퍼 등은 안 된다.

11 한국인 직원이 있는지 확인하자

파인 다이닝 레스토랑에 한국인 직원이 있는 경우가 있다. 아무래도 한국인이 편하므로 한국인이 있는지 물어보자.

12 '커피' 주문 시 주의점!

음식과 커피를 동시에 주문하면, 커피가 먼저 나올 수 있으므로 '커피' 서브 타임을 정해주자. 'Please serve coffee later/after the meal'이라고 말하면 된다.

©JAAN Restaurant

1. 잔 레스토랑 *Jaan Restaurant*

러블리한 분위기와 최고의 음식!

고대 산스크리트어로 '그릇'을 뜻하는 단어 'Jaan'에서 이름을 딴 모던 브리티시 퀴진 레스토랑. 좌석이 35석에 불과해 프라이빗한 식사를 하려는 연인들이 많이 찾는다. 영국 요리의 재해석을 모토로, 보고 먹는 재미는 물론 상상하게끔 하는 창의적인 요리를 선보이고 있다. 최근에는 '아시아 최고의 레스토랑'부문 32위에, **미슐랭 가이드로부터 2스타**를 획득하는 등 제2의 전성기를 누리고 있다. 처음 프렌치 요리를 접하는 사람에게도 거부감이 없다는 것이 특징. **4코스 런치 메뉴**를 이용하면 비교적 합리적인 가격대에 근사한 식사를 즐길 수 있다.(토요일은 주문 불가능) 코스 구성은 시즌별로 변동되며, 홈페이지에서 확인할 수 있다. 한국인 직원이 있어서 메뉴 추천이나 메뉴 설명 등을 듣기에 편한 것도 장점. '스마트 엘레건트'의 드레스 코드가 있으며 **7세 이상의 어린이만 입장이 가능하다. 홈페이지 예약 필수.**

찾아가기 NS EW **MRT 시티홀(City Hall) 역** A출구에서 바로 연결된 스위소텔 스탬퍼드 호텔 로비에서 69, 70, 71층으로 가는 전용 엘리베이터를 타고 70층에서 내려 직원의 안내를 받으면 된다.
주소 Level 70, Swissotel The Stamford, 2 Stamford Road **가격** 4코스 런치 $198~, 8코스 디너 $388~
MAP P.037D **2권** P.043

PLUS TIP

1. 샹들리에의 비밀!

메인다이닝 홀이 최근 전면 새단장했다. 이탈리아 무라노의 유리공예 장인이 만든 기존 샹들리에 유리를 재활용해 손 모양의 장식품으로 재탄생했다. 또, 혹한의 기후에서도 잘 자라는 산사나무로 샹들리에의 기본 틀을 만들었는데, 커크 셰프의 강인한 정신을 상징한다고 한다. 다이닝 홀의 가구들도 최고급이다. 프랑스의 피에르 프레이(Pierre Frey), 발리의 뮈블스 아시아(Muebles Asia)사의 제품만 사용해 색다른 분위기를 풍긴다.

2. 창가 자리를 사수하라!

20석. 절반에 불과한 창가 자리(Window Seat)는 그야말로 '치열한 경쟁'을 거쳐야 할 만큼 자리 맡기가 어렵다. 될 수 있으면 서둘러 예약하는 편이 좋고, 예약 시 반드시 창가 자리를 달라고 할 것. 늦어도 보름 전에는 예약을 마치는 것이 안전하다.

2. 그린우드 피시 마켓 센토사 *Greenwood Fish Market Sentosa*

완벽한 분위기! 최고의 시푸드!

가족이 운영하는 레스토랑으로 싱가포르에서 굴로 유명하다. 다양한 곳에서 온 굴을 맛볼 수 있다. 신선함을 유지하기 위해 미국, 캐나다, 오스트레일리아, 뉴질랜드 등에서 비행기로 생선을 공수해 온다. 각지에서 온 생선의 종류와 조리 방법을 선택할 수 있다. 해산물 요리가 메인이지만, 그 외에도 샐러드, 샌드위치, 파스타. 버거 등 메뉴가 다양하다. 차가운 시푸드 플래터와 찐 보스턴 로브스터가 추천메뉴. 센토사섬에 있어 바다와 요트를 보며 식사할 수 있다.

찾아가기 CC NE **MRT 하버프런트(Habourfront) 역** E출구로 나와 비보 시티의 택시 승강장에서 택시를 탄다.
주소 #01-04, Quayside Isle, 31 Ocean Way
가격 $60~
MAP P.108F **2권** P.115

3. 가리발디 이탈리안 레스토랑 *Garibaldi Italian Restaurant & Bar*

정통 이탈리안 퀴진을 맛보다

싱가포르 최고의 이탈리안 레스토랑. **미슐랭 가이드로부터 1스타**를 획득하는 등 대외적으로도 인정받고 있다. 대부분의 재료를 이탈리아에서 공수해 와 사용하는 것을 철칙으로 삼고 있는데, 수프와 파스타류가 특히 맛있고, 달달한 디저트류도 놓쳐서는 안 된다. 다소 높은 가격대의 메뉴가 부담스럽다면 애피타이저와 메인 디시, 디저트가 포함된 **3코스 세트 런치**를 주문하자.(토 · 일요일 주문 불가) 최근에는 이곳의 시그니처 요리만 맛볼 수 있는 '가리발디 시그니처 코스 메뉴'도 선보여 좋은 반응을 얻고 있다. 4000여 종의 와인을 보유하고 있는 것으로도 유명한데, 레스토랑 곳곳에 보이는 대형 와인셀러에는 웬만한 종류의 와인은 모두 갖추고 있다. 드레스 코드는 스마트 캐주얼. 무료 와이파이 이용 가능. 예약 추천.

찾아가기 EW DT **MRT 부기스(Bugis) 역** C출구로 나와 빅토리아 스트리트를 따라 직진. 국립도서관 건물이 나오면 우회전해 노스브리지로드를 건너면 진입로가 보인다. 역에서 도보 5~10분 거리. 택시 탑승 시 기본요금
주소 36 Purvis Street, #01-02
가격 세트 런치 $39~, 가리발디 시그니처 3코스 $108~(와인 페어링 시 $48 추가), 칵테일 $22~, 목테일 $15~
MAP P.136J **2권** P.141

4. 오션 레스토랑 *Ocean Restaurant*

바닷속에서 코스 요리 먹어볼 터?

S.E.A 아쿠아리움 안에 자리한 레스토랑으로, 한쪽 벽면 전체가 대형 수조로 이뤄져 있어 물고기들을 마주 보며 식사할 수 있다. 미슐랭 2스타를 받은 올리비에 벨렝이 내놓는 음식들도 수준급이다. 메뉴 구성이 자주 바뀌며 홈페이지에 추천메뉴를 게시하고 있다. 좌석 수가 그리 많지 않아 어떤 시간대에 가더라도 예약은 필수다. 예약은 홈페이지에서 가능하며, 최소 3일 전에는 예약해두는 것이 좋다. 드레스 코드는 스마트 엘리건트이다.

찾아가기 레스토랑 입구가 총 두 군데다. S.E.A. 아쿠아리움 지하 1층에서 바로 이어지는 출입구와 실내 주차장과 연결되는 입구인데, 그중 전자는 아쿠아리움 입장권이 있어야 한다는 단점이 있고, 후자는 찾아가기가 까다롭다는 단점이 있다. 아쿠아리움을 볼 생각이라면 전자를 선택하는 것이 좋다.
주소 S.E.A. Aquarium, Level B1M, 8 Sentosa Gateway
가격 목테일, 칵테일 $8~10, 3코스 런치 $72~, 4코스 런치 $148~, 6코스 런치 $188
MAP P.109③ **2권** P.114

5. 군더스 레스토랑 *Gunther's Restaurant*

부담 없이 즐기는 수준급 프렌치 코스

2010년 기준 전 세계 84위, 2016년 아시아 43위에 랭크된 모던 프렌치 레스토랑. 소고기를 얇게 썰어내고 그 위에 소스를 얹은 와규 카르파쵸 비프(Wagyu Carpacco Beef)나 타이거 새우와 토마토, 타라곤(허브의 일종)만으로 맛을 낸 타이거 프론 파스타(Tiger Prawn Pasta)를 맛보면 역시 미슐랭 3스타 레스토랑에서 활약했던 셰프 맞다 싶다. 이곳이 더욱 매력적인 이유는 '착한 가격'이다. 드레스 코드는 스마트 캐주얼. 최소 3~5일 전에 예약 필수.

찾아가기 NS EW MRT 시티홀(City Hall) 역 A출구와 연결된 래플스시티 쇼핑센터에서 노스브리지로드를 따라 10분쯤 직진. 국립도서관 바로 맞은편에 퍼비스 스트리트가 있다. 시티홀 또는 부기스(Bugis) 역에서 택시 탑승 시 기본요금
주소 36 Purvis Street, #01-03
가격 시즈널 런치 3코스 $80
MAP P.136J **2권** P.141

6. 임페리얼 트레저 슈퍼 페킹 덕 레스토랑 *Imperial Treasure Super Peking Duck Restaurant*

북경보다 맛있다!

임페리얼 트레저 그룹에서 운영하는 여러 레스토랑 중 하나로, 특히 파라곤 지점은 **베이징 덕 전문점이다.** 2017년부터 3년 연속 미슐랭 가이드에서 별 하나를 받았다. 베이징 덕은 하루 전까지는 예약해야 하며 반 마리도 가능하니 인원에 따라 선택하자. 베이징 덕은 고기부터 먹은 후에 남은 고기를 볶아 양상추에 얹어 먹는 것을 추천한다. 딤섬 메뉴는 종이에 수량을 체크해서 주면 된다. 음식이 전반적으로 신선하며 딤섬류가 특히 그렇다. 꼭 베이징 덕이 아니더라도 질 좋은 중국 음식을 먹고 싶다면 추천한다.

찾아가기 NS TE MRT 오차드(Orchard)역 1번 출구로 나와 오른쪽 방향으로 도보 10분 **주소** #05-42, 290 Orchard Road, Paragon **가격** 베이징 덕 한 마리 $138~, 베이징 덕 제외 식사 $50~ **MAP** P.066J **2권** P.075

7. 번트 엔즈 *Burnt Ends*

핫한 호주식 모던 그릴 하우스

스타터부터 디저트까지 모두 그릴 메뉴로 이루어졌다는 것이 재미있다. 메뉴 구성이 조금씩 바뀌기 때문에 매일 새로운 메뉴판을 찍어낸다고. 이 집의 시그니처 디시 리크(Leek, Hazelnut and Brown Butter)나 양고기(Lamb and Harissa), 본 매로우 번(Bone Marrow Bun)을 추천. 배부르게 식사하려면 1인 $70~80 정도로 만만치 않은 가격대다. 또, 음식 대부분이 기름기가 많고, 낯선 식재료를 많이 쓰는 편이라 그릴 요리에 익숙치 않다면 괜한 곤욕일 수 있다. 방문 30일 전부터 홈페이지 예약을 받고 있다. 미슐랭 가이드 1스타를 획득 후 이 집의 분위기와 딱 맞는 뎀시힐로 확장이전했다.

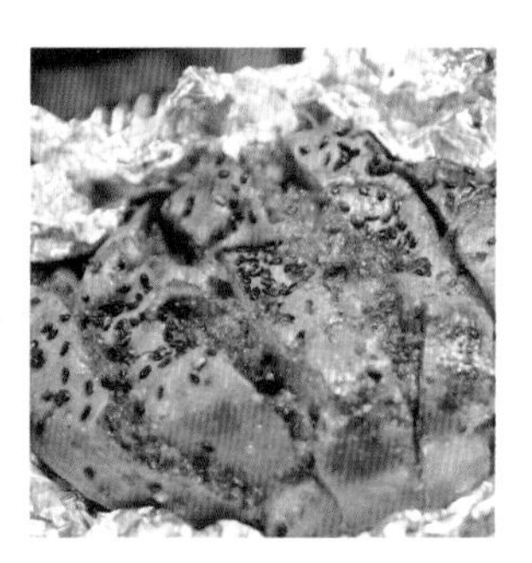

찾아가기 NS TE MRT 오차드(Orchard) 역에서 뎀시힐 셔틀버스나 택시 탑승 **주소** 7 Dempsey Road **가격** 리크 $22~, 양고기 $14~, 본 매로우 번 $15~ **MAP** P.080A **2권** P.080

다이닝홀

8. 레자미 *Les Amis*

제대로 된 프렌치 요리를 맛보려거든

싱가포르에서 가장 핫한 프렌치 레스토랑. 일단 이력부터 참 화려하다. 싱가포르 최초의 독립 파인 다이닝 레스토랑, 4년 연속 아시아 베스트 50 안에 선정, 2017년에는 아시아 16위에 오른 것도 모자라 미슐랭 2스타를, 2019년에는 3스타를 획득했다. 세바스티앙 르피노이(Sebastien Lepinoy) 헤드 셰프가 내놓는 음식들도 재미있다. 프렌치식 요리 기법을 따르되 세심한 터치나 플레이팅은 동양식을 접목한 것이 무척 새로운 부분이다. 디너는 비싼 감이 있지만, 런치 시간을 공략하면 부담이 덜하다. 한국인 서버는 없지만 어디 나무랄 데 없는 서비스를 제공한다. 미슐랭 3스타 획득 후 이제는 정말 예약하기 어려운 곳 중 하나가 되어 버렸다. 최소 2주 전에 예약 권장. 스마트 캐주얼의 드레스코드가 있다.

TIP 이 메뉴 놓치지 마오

코스 구성이 자주 바뀌는 편인데, 제철 음식이 특히 맛있기로 소문났다. 특히 5~6월의 아스파라거스는 절대 놓치지 말아야 할 메뉴다. 프렌치 레스토랑답게 빵과 디저트도 수준급인데, 식전빵과 함께 나오는 버터는 전 세계 10여 군데의 레스토랑에만 공급되는 최고급 자체 제작 무염버터라고.

TIP 와인에 숨어 있는 비밀

특이하게도 와인 저장고 바닥을 프랑스 보르도에서 직접 공수해온 자갈을 깔았다. 여기에는 꽤 흥미로운 이유들이 숨어 있다. 첫 번째가 습도 유지를 하기 위해서. 두 번째가 데커레이션을 위해. 마지막 이유가 혹시라도 와인병을 떨어트렸을 때 깨지는 것을 방지하기 위해서라고 한다. 아무렴, 가장 비싼 와인이 약 1억 4,700만 원이라니 그럴 만도. 참고로 보유 와인리스트의 양(2,000종류, 3,000병 이상)과 질도 아시아 최고 수준이며 와인 가격대도 아주 부담스럽지는 않아 글라스나 반병 단위로 주문해서 한껏 기분 내기에도 적당하다. 나에게 맞는 와인이 궁금하다면 서버에게 문의하자.

찾아가기 NS TE MRT **오차드(Orchard) 역** 지하도를 따라 이세탄 스코츠로 나온다. 바로 옆 건물인 쇼센터(Shaw Centre) 1층 **주소** 1 Scotts Road, #01-16 Shaw Centre **가격** 3코스 런치 $305~, 4코스 런치 $395~
MAP P.066E **2권** P.076

9. 컷 Cut

맛있는 스테이크와 더 맛있는 스타터!

미슐랭 2스타 셰프 볼프강 퍽(Wolfgang Puck)이 운영하는 아메리칸 스타일의 스테이크 레스토랑. 워낙 분위기가 로맨틱하고 음식에 대한 만족도가 높아 예약하지 않으면 식사를 할 수 없을 만큼 인기를 끌고 있다. 최상급 육류만을 사용한 탐스러운 스테이크도 맛있지만 스타터의 완성도가 높다고 입소문이 난 만큼 스테이크만 주문하는 우를 범하지 말길. 스타터로는 해산물 요리를 추천한다. 스타터 메뉴는 주기적으로 바뀐다. 2인 기준 1~2개의 스타터와 스테이크 각 하나씩 주문하면 알맞다.(1인당 $110~130 수준) 스마트 캐주얼의 드레스 코드가 있다. 최소 5일 전에 예약 추천. 미슐랭 가이드 1스타를 획득했다.

ⓒMarina Bay Sands Hotel

TIP 스테이크 주문 방법

많은 한국인들이 스테이크 주문 방법을 잘 몰라서 쓸데없이 많은 돈을 지출하거나 너무 많은 양을 주문하는 경향이 있는데, 스테이크도 '똑똑한 주문 방법'이 있다는 사실!

메뉴판의 굵은 글씨는 육류의 원산지와 품종, 어떤 사료를 먹여 키운 것인지, 연령을 나타내고 **그 아랫부분의 가는 글씨**는 고기의 부위를 나타낸다. 식전빵과 스타터가 있기 때문에 1인분 기준 150~200g 정도 주문하면 알맞고, 아무리 많이 먹는다고 해도 250g이면 충분하다. 또 여러 명이 나눠 먹을 수 있는 **셰어(Share)**를 부탁하면 인원수에 맞게끔 잘라서 내어준다. 추천 부위는 필레(Fillet)나 좀 더 대중적인 립 아이(Rib Eye) 정도면 무난하다. 직원들이 메뉴 선택을 도와주기도 하니 뭘 골라 먹을지 모를 때는 직원을 부르도록.

찾아가기 DT CE MRT **베이프런트 (Bayfront) 역**과 바로 연결된 숍스 앳 마리나베이 샌즈 지하 1층
주소 2 Bayfront Avenue, Suite B1-71, The Shoppes at Marina Bay Sands
가격 스타터류 $32, 스테이크 미국산 A.Prime 등급 $110, 호주산 블랙 앵거스(black Angus) $98~
MAP P.049D **2권** P.054

MANUAL 14

하이 티&뷔페

우아하게 차 한잔 어때요?

애프터눈 티는 과거 영국의 상류층이 차와 함께 다과를 즐기며 사교 활동을 벌이는 것이었고, 하이 티는 노동자 계층이 저녁 전에 먹는 새참 같은 것이었다. 그러나 현재는 두 가지가 혼용되고, 곁들이는 음식 종류도 변화하였다. 이름이 어찌 됐건 차와 케이크 등 디저트 위주와 식사가 될 만한 음식도 나오는 뷔페의 두 가지로 나누어진다. 분위기를 중시하는 사람, 유명한 장소를 방문해보고 싶은 사람은 첫 번째 스타일이, 가격 대비 성능이 중요한 실속파, 디저트에 관심 없는 사람은 두 번째 스타일이 적합하다.

숲 속의 아침
로즈 베란다 Shangri-la Hotel The Rose Veranda

세계 음식과 로컬 음식이 공존하는 뷔페식 하이 티. 디저트는 예쁜 세팅만큼 맛도 훌륭하다. 락사, 딤섬은 반드시 먹어봐야 한다. 전반적으로 음식이 맛있는데 생선초밥이 약간 아쉬움을 준다. 차 종류가 164가지에 달하고, 커피는 카푸치노가 훌륭하다. 호텔의 천장이 높고, 계단을 올라가면 통유리로 자연 채광이 들어와 밝고 화사한 분위기 속에서 우아하게 식사를 즐길 수 있다. 창가 쪽은 미리 예약하는 편이 좋고, 인터넷으로 예약하면 할인도 되니 활용하자. 한국인 직원이 있는 경우도 있다. 다만, 오차드로드에서도 걷기에 먼 편이므로 MRT 역에서 택시를 타는 것이 좋다.

찾아가기 출발지 혹은 NS TE MRT **오차드(Orchard) 역**에서 택시를 이용하여 샹그릴라 호텔로 향한다. **주소** 22 Orange Groove Road, Mezzanine Level Tower Wing **가격** 성인 $56~, 어린이 $28~ **MAP** P.066A **2권** P.072

명품 하이 티
그랜드 로비 The Grand Lobby

래플스 호텔이 재단장 후 티핀룸과 애프터눈티를 분리하였다. 시크교 복장을 한 도어맨이 문을 열어주는 정문을 지나 야자나무 정원을 거쳐 들어간다. 크림색의 호텔은 천장이 높고 대리석이 깔려 있어 특유의 우아한 분위기를 자아낸다. 케이크와 샌드위치 모두 맛이 훌륭하다. 과일은 신선하고 커피향도 좋다. 가격이 비싸지만 싱가포르에서 가장 유명하고 전통적인 영국식 애프터눈티를 원하는 사람이라면 이곳이 적합하다. 예약은 필수.

찾아가기 NS EW **MRT 시티홀(City Hall) 역** B출구로 나와 래플스시티 쇼핑센터 방향으로 길을 건너 쇼핑센터를 오른쪽에 두고 도보 2분 후 브라스바사로드에서 길을 건너면 래플스 호텔이 보인다. **주소** 1 Beach Road **가격** $88~(2인 기준) **MAP** P.037B **2권** P.043

3 로컬들의 모임 장소
스파이시즈 카페 Spices Cafe

애프터눈티 뷔페로, 다른 곳보다 시간이 길다는 장점이 있다. 로컬 음식으로만 이루어져 있다. 어묵을 바나나 잎에 감싸 구운 오타(Otah), 해산물과 생선 초밥, 사테, 딤섬, 락사를 비롯한 각종 면, 볶음밥 등이 있고 디저트도 아이스 카창, 판단 케이크, 퀘, 두리안 무스, 테타렉 등 페라나칸 전통 디저트가 많다. 분위기보다 로컬 음식이 궁금하다면 가보자. 웹사이트에서 예약하면 프로모션이 있는 경우가 있다. 런치 뷔페 시간은 12:00~14:30.

찾아가기 NS TE MRT **오차드(Orchard) 역** 12번 출구로 나와 길을 건너 도비곳 역 방향으로 도보 5분
주소 100 Orchard Road, Concorde Hotel
가격 월~금요일 성인 $45~ 어린이 $25~, 토 · 일 · 공휴일 성인 $48~ 어린이 $25~
MAP P.067K **2권** P.073

4 접근성이 좋은
라임 Lime

파크 로얄 호텔의 애프터눈티로, 두 가지 메뉴 중 하나를 선택할 수 있다. 비싼 쪽은 커피 혹은 차의 무제한 리필이 가능하다. 호텔치고 가격이 매우 저렴한 편이고 음식이 전통적인 애프터눈티에 가깝다. 삼단 트레이에 올려진 케이크, 샌드위치 등은 둘이 먹기에 충분한 양이다. 애프터눈티를 즐긴 후에 차이나타운이나 클락키, 래플스 플레이스 등으로 이용도 용이하다.

찾아가기 NE DT MRT **차이나타운(Chinatown) 역** E 출구 또는 **클락키(Clarke Quay) 역** A 출구에서 도보 5분
주소 3 Upper Pickering Street, PARKROYAL on Pickering **가격** $52~(2인)
MAP P.121L **2권** P.122

5 사진이 중요한 사람이라면 브라세리 르 사브어 Brasserie Les Saveurs

주중에는 한가하고 주말에는 매우 붐빈다. 규모가 크지 않지만 디저트가 다양하고 셋팅이 예쁘다. 식사가 될만한 것은 샌드위치, 초밥과 캘리포니아롤이 있다. 3단 트레이도 양이 많다. 커피가 없고 차만 있으며, 종류는 다양하지만 세인트 레기스 싱가포르 티 블렌드를 추천한다. 호텔 외부에 페르난도 보테로의 작품이 있으니 감상해보자.

찾아가기 NS TE MRT 오차드(Orchard) 역 5번 출구로 나와 지하보도를 이용하여 윌록 플레이스로 나온 후 탕린 로드 방향으로 도보 10분 **주소** L1, 29 Tanglin Road
가격 성인 월~금요일 $59~ 토 · 일요일 $66~, 어린이(4~12세) 월~금요일 $30~ 토 · 일요일 $34~
MAP P.066E **2권** P.073

6 본고장에서 맛보는 TWG 티 TWG Tea

차 종류가 너무 많아 고르기가 어려울 정도다. 미리 어떤 종류가 있는지 알고 가는 것이 좋고, 유명하다고 해서 꼭 갈 필요는 없다. 고급스러운 빅토리아풍 인테리어가 특징이다. 차는 포트에 우린 상태로 담겨져 나온다. 여러 종류의 차가 들어간 마카롱은 한국보다 저렴하니 먹어보자. 대표적인 차와 마카롱이면 분위기를 즐기는 데 부족함이 없다. 세트 메뉴는 구성이 약하다. 사진 촬영을 제지당하는 경우가 종종 있다.

TWG 티 앳 아이온 오차드
찾아가기 NS TE MRT 오차드(Orchard) 역 5번 출구에서 지하로 연결 **주소** 2 Orchard Turn, #02-21, ION Orchard **가격** 티 세트 $20~ **MAP** P.066I **2권** P.074

7 엘리자베스 여왕이 다녀간 분위기 있는 찻집 티 챕터 Tea Chapter

싱가포르를 대표하는 유명 찻집으로 유명인사들의 사랑방 노릇을 톡톡히 하고 있다. 특히, 엘리자베스 여왕 부부가 앉았다는 자리를 보존해놓은 여왕의 방(Queen's Room)에서 그녀가 마셨다는 우롱차의 일종인 '여왕의 차(Imperial Golden Cassia)'를 마셔보는 것은 어떨까. 음용 전에 20년 경력의 티마스터가 직접 다도법을 알려줘 훨씬 더 품격 있게 티타임을 즐길 수 있는 것이 이곳만의 매력. 곁들이는 다과로는 로즈티에 쫀득한 라이스볼을 넣은 'Rose Tea Rice Balls'를 추천. 1인당 최소 주문 금액이 $8로 정해져 있으며, 엘리자베스 여왕이 차를 마셨다는 티룸(Tea Room)은 별도 입장료 $10가 추가로 부과된다. 남은 차는 포장해 갈 수 있다.

찾아가기 TE MRT 맥스웰(Maxwell) 역 3번 출구 맞은편 **주소** No. 9 & 11 Neil Road **가격** 여왕의 차 $28~, 다과류 $3~8
MAP P.091G **2권** P.098

MANUAL 15

카페

싱가포르에서 카페를 찾는 것은 쉬운 일이 아니다. 워낙 땅값과 임대료가 비싸기 때문이다. 간단한 디저트류를 판매하는 우리나라 카페와 다르게 식사류는 물론, 심지어는 바나 펍을 겸하는 것도 비슷한 이유에서다. 카페의 음식 퀄리티나 맛도 어느 정도 보장되는 만큼 '식사'를 하는 것도 나쁘지 않다. 여기 음식 맛과 분위기를 보장하는 싱가포르 카페 14곳을 소개한다.

나에게 맞는 카페 타입은?

A 커피 한 잔이라도 분위기 좋은 곳에서 마시고 싶어!

❶ 캐노피 카페
❷ PS. 카페 뎀시힐

B 커피 전문점 원두를 골라보자!

❶ 바샤 커피
❷ 커피 아카데믹스
❸ 펀치

C 오직 싱가포르에서만 만날 수 있는 독특한 콘셉트의 카페가 궁금해!

❶ 마이 어썸 카페
❷ 막스 앤 스펜서 카페
❸ 카페 밀 앤 무지
❹ 휠러스 야드
❺ 체셍후앗

D 싱가포르 사람들이 자주 찾는 곳에 가고 싶어!

❶ 토스트박스
❷ 티옹바루 베이커리
❸ 난양 올드 카페
❹ 프리베

로컬 음료 주문법

로컬 커피는 코피가 아니라 꼬삐로 발음한다. 차는 떼(Teh)이다. 이 로컬 커피와 설탕, 연유, 논데어리 크리머(non–dairy creamer)–일명 '프림'의 조합에 따라 명칭이 달라진다. 복잡해 보이지만 기본적인 것만 알면 주문하기 쉽다. 자신 있게 가서 외쳐보자. 꼬삐와 떼부터 천천히 따라 해보자. 아이스를 원한다면 뒤에 삥을 붙이고, 꼬쏭은 설탕을 빼달라는 것이다. 충분히 달기 때문에 적당한 단맛을 원한다면 바닥까지 젓지 않아야 한다.

• 꼬삐 Kopi	커피 + 연유 + 설탕
• 떼 Teh	차 + 연유 + 설탕
• 꼬삐(떼) 삥 Kopi(Teh) Peng	아이스커피 + 연유 + 설탕
• 꼬삐(떼) 오 Kopi(Teh) O	커피 + 설탕
• 꼬삐(떼) 오 삥 Kopi(Teh) O Peng	아이스커피 + 설탕
• 꼬삐(떼) 오 꼬쏭 Kopi(Teh) O Kosong	블랙커피 + ~~연유~~ + ~~설탕~~
• 꼬삐(떼) 오 꼬쏭 삥 Kopi(Teh) O Kosong Peng	아이스커피 + ~~연유~~ + ~~설탕~~
• 꼬삐(떼) 씨 Kopi(Teh) C	커피 + 프림 + 설탕
• 꼬삐(떼) 씨 삥 Kopi(Teh) C Peng	아이스커피 + 프림 + 설탕
• 꼬삐(떼) 씨 꼬쏭 Kopi(Teh) C Kosong	커피 + 프림
• 꼬삐(떼) 씨 꼬쏭 삥 Kopi(Teh) C Kosong Peng	아이스커피 + 프림
• 꼬삐(떼) 가오 Kopi(Teh) Gao	진한 커피 + 연유 + 설탕
• 꼬삐(떼) 수타이 Kopi(Teh) Siew Dai	커피 + 연유 + 설탕 적게
• 꼬삐(떼) 씨 수타이 Kopi(Teh) C Siew Dai	커피 + 프림 + 설탕 적게

당신의 여행을 더욱 빛나게 해줄

캐노피 카페

The Canopy Cafe

특급 호텔에서나 누릴 수 있을 법한 멋진 뷰와 맛있는 음식. 저렴한 가격대와 분위기까지. 이 정도면 100점 만점에 2000점이라도 주고 싶은 심정이다. 바닷바람 시원하게 불어오는 야외석에 앉아 골프 코스와 마천루를 보고 있으면 사라졌던 감성까지 솟구치는 느낌이랄까. 음식 가격도 비싸 봐야 $10 내외. 주머니 가벼운 여행자들이 즐기기에 이보다 좋을 수 없다. 아직은 극소수의 현지인들만 알음알음 찾아오는 '숨은 명소'라는 희귀성까지 갖췄다. 딱 하나 단점이라면 외진 곳에 있어 택시를 이용해야 한다는 것. 골프장 손님이 많은 주말은 붐빌 수 있으니 평일 해 질 무렵에 찾아가 일몰과 야경을 모두 보고 나오도록 하자.

찾아가기 ① 택시가 가장 편한 교통수단이다. CC **MRT 스타디움(Stadium) 역**에서 택시를 타면 평일 퇴근시간 기준 $10~15 내외다. 캐노피 카페보다는 '마리나베이 골프 코스(Marina Bay Golf Course)'라고 목적지를 말하자. 돌아올 때는 콜택시를 이용하는 편이 좋다. ② 대중교통 이용 시 CC **MRT 마운트배튼(Mountbatten) 역** B출구로 나와 158번 버스를 타고 종점(Costa Rhu Condo)에서 하차 후, 류크로스를 따라 도보 10분
주소 80 Rhu Cross, #02-01 **가격** $10~

숲 속에서 즐기는 달콤한 디저트 타임

PS. 카페 뎀시힐

PS. Café Dempsy Hill

소위 '핫 플레이스'에만 지점을 내는 것으로 유명한 체인 카페. 그 중에서도 가장 유명한 곳이 뎀시힐 지점. 3면이 통유리로 만들어진 실내에 들어서면 울창한 숲 속에 들어온 듯한 느낌마저 든다. 유리벽 너머로 키 큰 열대나무와 너른 잔디밭이 펼쳐지기 때문이다. 창가 자리가 '명당석'으로 통하는 것은 당연지사. 그렇기에 경쟁도 치열하다. 지점마다 다른 케이크를 맛볼 수 있다는 것도 새롭다. 추천 메뉴로는 향긋한 향과 달콤한 맛이 좋은 디저트 파인애플 머랭 파이(Pineapple Meringue Pie)를 추천. 브런치나 식사류도 최소 평균치 이상은 된다. 워낙 인기 있는 곳이라 다소 소란스럽다는 것만 제외하면 아주 매력적인 공간임에 틀림없다. 예약을 받지 않는다.

찾아가기 NS TE **MRT 오차드(Orchard) 역**에서 뎀시힐 셔틀버스나 택시 10분 **주소** 28b Harding Road **가격** 파인애플 머랭 파이 $14~, 음료 $10~ **MAP** P.080A **2권** P.080

B 커피 전문점

왕 대접 받으며 커피 한 잔

바샤 커피
Bacha Coffee

요즘 싱가포르에서 가장 인기있는 커피숍. 스몰 럭셔리(Small Luxury) 전략을 내세워 브랜칭 론칭을 하자마자 왕좌의 자리에 올랐다. 중동의 으리으리한 궁전을 떠올리게 하는 인테리어에서 입이 떡. 눈 닿는 곳마다 번쩍번쩍한 것이 꼭 별천지에 온 것만 같다. 이곳에서만 누릴 수 있는 경험도 특별하다. 테이블마다 황금빛 주전자와 커피 잔, 결정 설탕, 바닐라 빈 등이 준비돼 있고, 손님의 입맛에 꼭 맞춘 커피를 추천하는 커피 마스터도 항시 대기중이다. 기껏 커피 한 잔일 뿐인데 '왕의 식탁'에 앉은 기분마저 든다. 워낙 인기 있는 곳이라 대기 시간이 길다. 오픈런 추천.

찾아가기 NS TE **MRT 오차드(Orchard) 역**과 연결된 아이온 오차드 1층 **주소** 2 Orchard Turn #01-15/16 ION Orchard Mall **가격** 커피 $12~ **MAP** P.066E **2권** P.074

TIP 브랜드 로고에 숨은 진실
브랜드 로고에는 1910이라는 숫자가 적혀 있어 오래된 브랜드같지만 사실은 단순히 모로코의 유명 커피 하우스인 '다 엘 바샤 팰리스'가 지어진 연도라고. 2019년에 론칭한 바샤커피가 스스로를 고급스럽게 포장한 방법이었고, 이것이 대중에게 제대로 스며든 것이다.

오차드 로드다운 화려한 카페

커피 아카데믹스
The Coffee Academics

특별히 드레스 코드가 있는 것은 아니지만 차려입고 온 손님이 많으므로 참고하자. 커피 아카데믹스가 입점해 있는 스코츠 스퀘어가 오차드 로드에서도 고급스러운 분위기를 가지고 있기 때문이다. 커피는 매우 신선하고 맛있지만 양이 적은 편이다. 반면 음식은 양이 넉넉하다.

찾아가기 NS EW **MRT 시티홀(City Hall) 역** A출구에서 지하로 연결 **주소** #B1-12, 252 North Bridge Road, Raffles City Shopping Centre **가격** 스페셜티 커피 $10~ **MAP** P.037C **2권** P.045

힙스터가 찾아오는

펀치
Punch

찾아가기가 다소 어렵지만 로컬 힙스터가 가는 곳을 가보고 싶으면 가보자. 펀치 맞은편에 경찰서가 있으니 지표로 삼으면 된다. 시기에 따라 원두가 바뀌고 매우 신선하다. 테라스가 있어 분위기가 좋고 브런치를 먹으러 오는 로컬들이 있어 음식은 재료가 소진되면 매진되기도 한다. 일찍 문을 닫기 때문에 브런치 시간에 방문하는 편이 좋다. 직원들이 친절하고 메뉴를 추천해주니까 참고하자. 샌드위치가 맛있다는 평.

찾아가기 NE **MRT 클락키(Clark Quay) 역** E출구로 나와 길을 건너 우회전 후 차이나타운 방향으로 내려가다 노스 카날 로드에서 좌회전 후 도보 2분 **주소** 32 North Canal Road **가격** 아이스 아메리카노 $5~ **MAP** P.121K

한약방을 개조한 카페

마이 어썸 카페

My Awesome Cafe

원래는 한약방이던 건물을 카페로 개조해 영업하고 있는데, '한약방'이라는 정체성은 그대로 유지했다고. 한자로 쓰여진 옛 간판이 여전히 남아 있는 것도, 조제실 목제 약통이나 물통이 카페 한편에 자리하고 있는 것도 그런 이유에서다. 카페의 태생적 부분이 동양적이었다면 판매하는 음식들은 서양식을 따르고 있다. 브런치 메뉴는 물론 웨스턴 디시가 주를 이루고 있으며 유러피안 식사 메뉴들도 다양하다. 특히 바리스타 대회에서 우승한 경력이 있는 바리스타의 수준급 커피를 놓치지 말자. 저녁이 되면 근사한 펍으로 변신하기도 한다.

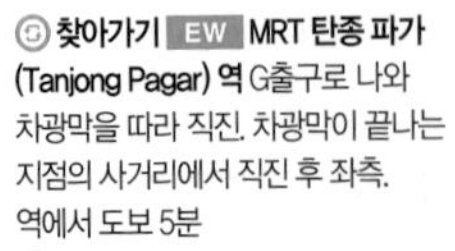

찾아가기 EW **MRT 탄종 파가(Tanjong Pagar) 역** G출구로 나와 차광막을 따라 직진. 차광막이 끝나는 지점의 사거리에서 직진 후 좌측. 역에서 도보 5분
주소 202 Telok Ayer Street
가격 메인디시 $18~30, 커피 $3~6
MAP P.091H **2권** P.096

숍 인 숍 카페

막스 앤 스펜서 카페

Marks & Spencer Cafe

막스 앤 스펜서가 영국이 아닌 싱가포르에 최초로 카페를 열었다. 캐롯 케이크가 유명하고 실제로 맛도 있다. 조용한 편이며 쇼핑 후에 쉬기 좋다. 커피 세트와 티 세트, 삼단 트레이로 애프터눈티도 가능하다. 저녁 5시부터 7시 반까지는 해피 아워로 와인과 칵테일, 맥주 등도 마실 수 있다.

찾아가기 NS TE **MRT 오차드(Orchard) 역** E출구에서 패터슨워크를 통해 연결 **주소** #01-01, Wheelock Place, 501 Orchard Road **가격** 애프터눈 스콘/케이크 세트 $10~ 브리티시 애프터눈 티 세트(2인) $30~ **MAP** P.066E **2권** P.077

무인양품이 카페도?!

카페 앤 밀 무지

Café&Meal MUJI

주문하기 전에 메뉴를 살펴보고 줄을 서자. 간이 세지 않고 세트를 시키면 영양소 균형이 맞추어진 느낌이 든다. 색도 예쁘고 고르는 재미가 있다. 퇴근시간이면 로컬 젊은이들이 몰려 식사를 하거나 포장하는 모습을 볼 수 있다. 파라곤에도 매장이 있다.

찾아가기 NS EW **MRT 시티홀(City Hall) 역** A출구와 연결된 래플스시티 쇼핑센터로 들어간다. **주소** #02-020/22, Raffles City Shopping Centre, 252 North Bridge Road **가격** $15~ **MAP** P.037C **2권** P.045

자전거와 함께 식사 한 끼

휠러스 야드
Wheeler's Yard

엄밀히 말하자면 음식 맛보다는 카페의 독특한 콘셉트로 입소문이 났다. 소심하게 그려진 화살표를 따라 허름한 창고 안으로 들어서면 종업원보다 먼저 자전거가 손님을 맞이한다. 테이블 위에서부터 벽면까지 자전거용품들로 꾸몄다. 이쯤 되면 자전거로 도배했나 싶은데, 더 재미있는 사실은 창고 절반은 자전거 판매 · 수리점이 들어와 있고, 자전거 대여 서비스도 제공한다는 것. 맛이나 양에 비하면 결코 저렴한 것도 아니고, 음식 주문부터 서빙까지 손님이 직접 해야 한다는 것은 조금 아쉽다. 음료보다는 주말 브런치 메뉴가 현지인에게 인기있는데, 음식 가격이 비싼 편이라서 여러 명이 하나의 메뉴를 나눠 먹을 수 있는 '플래터 Platter' 메뉴를 많이 주문한다. 메뉴 구성이 자주 변경되는 편이라서 방문할 때 마다 새로운 메뉴를 맛볼 수 있다는 점도 이곳만의 장점이다. 손님이 많은 시간대에는 테이블이 끈적끈적하기도 하는데, 물티슈를 가져가면 요긴하다. 예약 불가.

찾아가기 NS **MRT 노베나(Novena) 역** B출구로 나와 택시 탑승. 기본요금 정도 나온다. 5분 소요 **주소** 28 Lor Ampas
가격 브런치 $16~

옛 철물점의 화려한 변신

체셍후앗
Chye Seng Huat Hardware

이 카페가 라벤더 지역 상권마저 바꿔놓고 있다. 뭐가 얼마나 대단하냐고? 그 사연을 알고 나면 놀랄 거다. 밖에서 보면 도저히 카페라고 생각 못 할 낡은 건물은 원래 철물점이었다. 카페 한쪽 벽면을 차지하고 있는 철골 구조물이나 양철 대문, 낡은 조명등, 오래된 창틀까지 거의 모든 인테리어 요소는 철물점 것을 유지하거나 보수한 것으로(테이블과 유리창 정도가 새로 만든 것이라고) 그 스토리와 오래된 건물 특유의 분위기가 싱가포르 젊은이들의 마음을 뒤흔들어놨다. 커피콩을 볶고 커피를 내리기까지의 전 과정을 깐깐하게 진행하고 있는데, 별도의 건물에 커피 볶는 기계가 있을 정도로 커피에 대한 자부심도 높다.

찾아가기 EW **MRT 라벤더 (Lavender) 역** B출구로 나와 혼로드(Horne Road)를 따라 도보 10분. 또는 A출구에서 145번 버스를 타고 두 정거장 **주소** 150 Tyrwhitt Road
가격 커피 $5~10
MAP P.129G **2권** P.132

싱가포르인의 커피 브레이크

토스트 박스
Toast Box

야쿤 카야 토스트가 전통적인 스타일이라고 하면, 토스트 박스는 좀 더 현대적인 스타일이다. 여기 저기에 매장이 많아 접근성이 좋다. 메뉴가 많아 주문하기 어려울 수 있으니 로컬 음료 주문법(P.165)을 참고하자. 커피와 차가 $1에서 $2 사이이고, 식사는 $7 이내이다. 지점에 따라 음료와 음식 가격이 다르므로 놀라지 말자. 락사, 미시암, 미레부스, 커리 치킨 등의 음식도 본격적으로 팔고 있으며, 아침에는 나시레막을 맛볼 수 있다. 싱가포르의 음식을 먹어보고 싶지만 호커센터는 가기 어려운 상황이라면 토스트 박스가 훌륭한 대안이 될 수 있다. 간식이라면 피넛 버터 토스트를 추천한다. 로컬도 식사와 간식이 필요할 때 들리는 곳이다.

아이온 오차드 토스트 박스
ION Orchard Toast Box
찾아가기 NS TE MRT 오차드(Orchard) 역 E출구에서 지하 2층으로 연결 주소 #B4-03D, ION Orchard, 2 Orchard Turn
가격 음료 $3~, 식사 $7~
MAP P.066I 2권 P.074

빵만 팔지 않아요

티옹바루 베이커리
Tiong Bahru Bakery

티옹바루를 재조명받게 만든 대표적인 숍 중 하나이다. 빵집으로 유명해서 사 가는 사람도 많지만 주말에 가면 브런치 혹은 디저트를 즐기는 사람들로 북적북적하다. 크루아상이 유명하지만 부드럽지 않아 마치 과자를 먹는 느낌이다. 오히려 과일을 이용한 타르트나 빵이 더 맛있다. 커피도 맛있는데, 포티 핸즈와 같은 회사에서 운영하고 있어 커피의 질에도 꽤 신경을 쓰고 있음을 알 수 있다. 티옹바루 베이커리 본점이 가장 좋지만 래플스 시티 쇼핑 센터와 탕 백화점에도 지점이 있으니 본점을 가기 어렵다면 이 두 곳에 들리는 것이 편하다. 쇼핑몰도 항상 사람이 많고 테이블 간격은 좁은 편.

찾아가기 EW MRT 티옹바루(Tiong Bahru) 역에서 B출구로 나가 길을 건너 티옹바루로드 끝에서 우회전해서 생포로드가 시작된다. 우회전하여 도보 5분 주소 56 Eng Hoon Street, #01-70 가격 음료 $5~, 크루아상 $2.9~
MAP P.102B 2권 P.103

전통의 커피 하우스

난양 올드 커피
Nanyang Old Coffee

맛은 그렇게 특별한 것이 없지만 전통적인 의미의 싱가포르 커피와 간식을 느낄 수 있는 곳이다. 강렬한 붉은색 인테리어는 사진 찍기 좋으며, 커피의 역사와 과거 물건을 전시한 작은 박물관이 있다. 차이나타운에서 지쳤을 때 커피와 카야토스트 등으로 잠시 쉬어가기 좋다.

찾아가기 NE DT MRT 차이나타운(Chinatown) 역 B출구로 나와 스미스 스트리트와 사우스브리지 로드 교차점에서 도보 3분 주소 268 South Bridge Road 가격 $3~ MAP P.090A 2권 P.099

커피 + 식사 + 담소

프리베
Privé

민트색 로고가 눈에 띈다. 주로 1층에 오픈되어 있는 매장이 많고 오차드 로드에서 밖에 앉을 수 있는 몇 안 되는 카페다. 쉬면서 길거리 구경하기 좋은 곳이다. 메뉴가 다양하고 직원도 친절하다. 하루 종일 식사가 가능한 것도 장점. 오차드 로드에만 세 곳이 있고 클락키, 아시아문명박물관, 차임스 등에도 매장이 있다.

찾아가기 NS TE MRT 오차드(Orchard) 역 5번 출구에서 패터슨워크를 통해 연결 주소 #01-K1, Wheelock Place, 501 Orchard Road 가격 커피류 $7~ MAP P.066E 2권 P.076

오차드 로드가 보이는

프로비도

The Providore

모던 오스트레일리안 퀴진을 표방하는 프로비도는 식재료 전문점으로 시작하여 카페와 베이커리 등으로 영역을 넓혔다. 샌드위치 빵이 두껍고 맛있는데 그릴드 베지 샌드위치를 추천한다. 양이 많고 따뜻한 샌드위치가 특징이다. 파스타는 추천하지 않는다. 브런치 시간은 정해져 있다. 오차드 로드에서 아침을 시작하기에 적합한 곳이다.

찾아가기 NS MRT **서머셋(Somerset) 역**에서 B출구로 나와 길을 건너 만다린 갤러리 2층 **주소** #02-05, Mandarin Gallery, 333A Orchard Road **가격** 샌드위치 $17~
MAP P.066J **2권** P.075

싱가포르 강가의 아침

토비스 에스테이트

TOBY's Estate

커피와 브런치가 맛있기로 소문난 호주의 플래그십 체인 카페. 입소문이 얼마나 대단한지 조금만 늦어도 빈 자리 찾기가 힘들 만큼 인기다. 물가에 비해 저렴한 브런치 메뉴가 인기 있는데, 스크램블 에그, 소시지, 샐러드 등으로 차려지는 오늘의 아침(Today's Breakfast)이나 계란, 베이컨, 버섯, 소시지 등이 들어간 브레키 오브 챔피언스(Brekkie of Champions)를 추천. 여기에 국제대회에서 수차례 수상한 경력이 있는 바리스타의 커피 한 잔으로 입가심까지 하면 이보다 더 향긋한 아침은 없을 듯! 무료 와이파이 이용 가능.

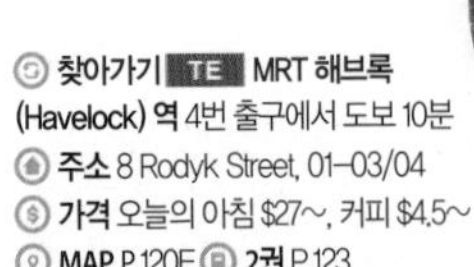

찾아가기 TE MRT **해브록(Havelock) 역** 4번 출구에서 도보 10분
주소 8 Rodyk Street, 01-03/04
가격 오늘의 아침 $27~, 커피 $4.5~
MAP P.120E **2권** P.123

작은 아지트

시메트리

Symmetry

'비싼 건 그렇다 치고, 맛도 없는 것이 브런치'라 여겼다면 한 번만 더 속는 셈 치고 이곳에 와 보시라. 비싸게 받아먹는(?) 것은 매한 가지지만, 맛 하나만큼은 엄지손가락이 척! 하고 올라가는 곳이니 말이다. 대중적으로 가장 인기 있는 메뉴는 브런치로만 제공되는 시메트리 에그 베네딕트($27). 하지만 개인적인 평가로는 살구 꽁포트의 녹진한 단맛과 오리콩피의 부드러운 질감, 크루아상의 향긋함이 잘 어우러지는 Duck Leg Confit을 더 높게 평가하고 싶다(월~금요일 오후 2~5시에만 주문 가능). 운치 있는 야외석을 갖추고 있다는 것도 나름 매력적이다. 문제는 가끔 때아닌 담배 연기 테러를 당할 수 있다는 것. 조심, 또 조심해서 자리를 정하자.

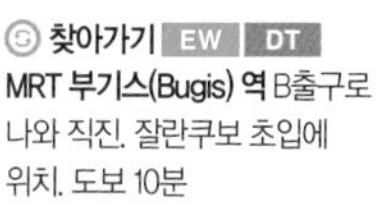

찾아가기 EW DT **MRT 부기스(Bugis) 역** B출구로 나와 직진. 잘란쿠보 초입에 위치. 도보 10분
주소 9 Jin Kubor #01-01
가격 덕렉컨핏 $31~
MAP P.137C **2권** P.140

다양한 브런치 메뉴

와일드 허니

Wild honey

일단 '근사한 분위기'에 대한 기대감은 접는 것이 좋다. 오로지 맛. 그 이상 그 이하도 아니다. 메뉴는 '세계의 아침 식사'를 콘셉트로, 다양한 문화권의 요리들을 선보이는데, 부담스럽지 않을 정도의 매콤함이 한국인 입맛에도 잘 맞는 튀니지안(Tunisian)이나 일반 브런치 카페에서도 쉽게 접할 수 있는 유러피안(Europian)을 추천. 만다린 갤러리 지점이 그나마 조용하고 예약하기도 쉽다. 예약 추천.

찾아가기 NS **MRT 서머셋(Somerset) 역** B출구로 나와 좌회전. 서머셋로드를 따라 직진 후 첫 번째 교차로에서 우회전. 만다린 갤러리 3층. 도보 3분 **주소** 333A Orchard Road, #03-02 **가격** $25~
MAP P.066J **2권** P.075

TIP 브런치 똑똑하게 즐기기

❶ **비 오는 날을 노리자!** 인기 있는 브런치 카페의 경우, 비 오는 날을 공략하면 테이블을 잡기 훨씬 수월하다. 또, 손님이 적은 경우는 훨씬 좋은 응대를 받을 수 있으며 특유의 운치도 덤으로 챙길 수 있으니, 이쯤이면 1석3조!

❷ **디저트 주문은 삼가자!** 디저트를 주로 하는 디저트 카페에 비해 브런치 전문 카페의 경우, 가격대에 비해 맛이 떨어지고 양도 적다. 거기에 17%의 세금이 더 붙으면 가격 차가 확! 난다는 사실.

❸ **셰어(Share)를 이용하자.** 브런치 메뉴들 대부분이 양이 좀 많은 편이다. 많이 먹을 자신이 없다면 일단 하나만 주문하거나, 일행이 있는 경우에는 셰어를 해달라고 해서 나눠 먹는 것을 추천. 사이드 디시도 나중에 추가 주문하는 것이 좋다.

MANUAL 16

만족도 높은 레스토랑

가본 곳만 담았다

제 아무리 미슐랭 레스토랑이라 한들,
아주 근사한 분위기와 왕대접 부러울 것 없는 서비스가 있다한들
지나치게 비싸면 남의 얘기가 되곤했다.
값비싼 일류 레스토랑을 가야 만족스런 식사를 하란 법 없다.
적정선 이상의 맛을 보장하면서도 가격이 괜찮은 곳.
아마 당신이 그토록 원했던 곳일테다.

동팡메이스
東方美食

이렇게 팔아서 남는 게 있을까 한국인 여행자에게 동방미식이라는 이름으로 더 유명한 집. 가성비로 이곳을 따라올 곳은 많지 않다. 더구나 음식 맛과 양을 동시에 따진다면 더더욱 그렇다. 중국 스촨/북동부 음식을 전문으로 하는데 메뉴 가짓수만 160가지가 넘는다. 어떤 메뉴를 주문해도 2~3인분 같은 1인분이 나오므로 2명 기준 메뉴 2~3가지에 밥 한공기면 배 터지게 먹을 수 있다. 여행자들에게 워낙 인기 있어서 식사 시간대에는 대기 줄이 생기기도 하는데, 오후 2~5시 사이의 한가한 시간대에는 대기 없이 바로 식사할 수 있다(12~14, 19~21시가 가장 복잡하다). 사진과 영어 메뉴명이 첨부된 메뉴판이 있어 주문이 어렵지 않다.

찾아가기 NE DT **MRT 차이나타운(Chinatown) 역** A출구로 나와 뒤돌아 나오면 큰길이 나오는데 우회전하면 보인다. 바로 옆 식당과 헷갈릴 수 있으니 간판을 잘 보고 들어가자.
주소 195 New Bridge Road
MAP P.090A **2권** P.095

추천 메뉴 BEST4 이외에도 양저우차오판(153번 메뉴/$6~), 슈이자오(160번 메뉴/$6~), 스촨탄탄면(146번 메뉴/$6~)을 추천.

꿔바로우 锅包肉
Pan– Fried Meat
(103번 메뉴 / $13.8~)
한국의 찹쌀탕수육이라 생각하면 이해가 쉽다. 지금껏 먹어본 꿔바로우 중에 최고였다.

판치에 차오단 番茄炒蛋
Fried Egg with Tomato
(37번 메뉴 / $10.9~)
토마토 달걀볶음. 에그 스크램블에 자작하게 볶은 토마토가 섞인 맛이라면 이해가 쉬울 듯.

진자오 차오 로우스 尖椒炒肉丝
Shredded Meat with Hot Chilli
(83번 메뉴 / $11~)
채를 썬 돼지고기와 매콤한 고추를 함께 넣어 볶은 요리. 매운 편이라 그냥 먹기엔 부담스럽고 밥반찬으로 딱 좋다.

파이구 치에즈 排骨茄子
Pork Rib with Eggplant
(69번 메뉴 / $11~)
돼지갈비와 길게 썬 가지를 매콤한 소스와 함께 볶은 음식. 고수 향에 민감한 사람이라면 고수를 빼달라고 하자(중국어로 부야오 샹차이라고 하면 된다).

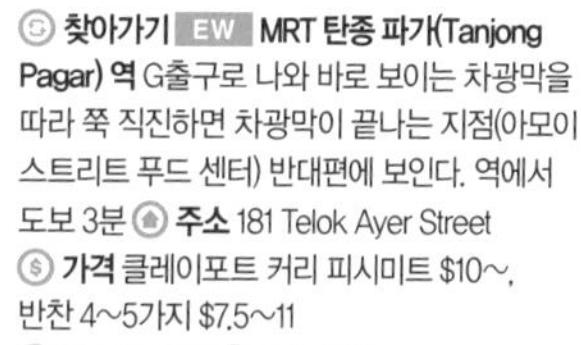

골드 오션 커리 피시헤드
Gold Ocean Curry Fish Head

싱가포르 최고의 밥집 가게 상호명처럼 피시헤드 커리가 주메뉴지만, 30가지에 육박하는 반찬들도 수준급 이상. 웬만한 고급 레스토랑 뺨친다. 다소 비싼 가격과 충격적인 비주얼 때문에 피시헤드 커리 먹기가 꺼려진다면, 맛은 거의 같지만 머리 대신 몸통을 넣어 먹음직스럽게 만든 클레이포트 커리 피시미트(Claypot Curry Fish Meat)를 주문해보자. 신맛과 단맛이 오묘하게 잘 어우러져 태국의 그린 커리와도 비슷한 맛을 내는 커리와 생선살이 찰떡궁합을 이룬다. 가게 안의 진열대에 놓인 수십 가지의 반찬들 중 먹고 싶은 것만 골라 담는 즐거움도 빠질 수 없다. 대부분의 반찬이 맛있지만 그중 닭고기와 돼지고기, 해산물 종류를 주문하면 실패할 확률이 거의 없다. 어떤 반찬을 골라야 할지 감이 잡히지 않는다면, 다른 손님들이 많이 먹는 것이 무엇인지 눈여겨보는 것도 하나의 요령이다.

찾아가기 EW **MRT 탄종 파가(Tanjong Pagar) 역** G출구로 나와 바로 보이는 차광막을 따라 쭉 직진하면 차광막이 끝나는 지점(아모이 스트리트 푸드 센터) 반대편에 보인다. 역에서 도보 3분 **주소** 181 Telok Ayer Street
가격 클레이포트 커리 피시미트 $10~, 반찬 4~5가지 $7.5~11
MAP P.091H **2권** P.098

딘타이펑
Din Tai Fung

딤섬의 원조! 세계적인 딤섬 레스토랑. 입안에서 톡 터지는 육수와 소의 맛이 끝내주는 샤오롱빠오(Steamed Pork Dumplings/小笼包/2502번 메뉴) 이 외에도 칠리크랩과 돼지고기로 만든 소가 매콤달콤한 맛이 일품인 마시에시엔로우빠오(Steamed Chilli Crab and Pork Bun/辣蟹鲜肉包/4519번), 게살로 소를 만든 시에펀샤오롱빠오(Steamed Crab Meat with Pork Xiao Long Bao /蟹粉小笼包/2515번)도 반드시 먹어봐야 한다. 21개의 체인점이 큰 쇼핑몰이나 관광 명소에 입점해 있어 쉽게 찾아볼 수 있다. 1인당 1~2만 원이면 배부르게 먹을 수 있다. QR코드를 찍어 편하게 주문할 수 있다.

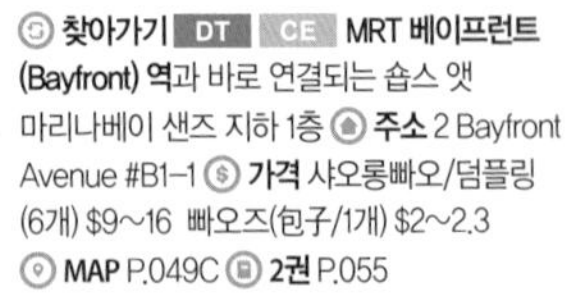

찾아가기 DT CE MRT 베이프런트(Bayfront) 역과 바로 연결되는 숍스 앳 마리나베이 샌즈 지하 1층 **주소** 2 Bayfront Avenue #B1-1 **가격** 샤오롱빠오/덤플링(6개) $9~16 빠오즈(包子/1개) $2~2.3 **MAP** P.049C **2권** P.055

사브어
Saveur

말도 안 되는 가격 예약을 하지 않으면 퇴짜 맞을 확률 90%의 인기 음식점. 일류 레스토랑 뺨치는 음식 맛도 인기 요인이지만, 거품을 뺀 음식 가격으로 더욱 사랑받는다. 오죽하면 '누구나' 프랑스 요리를 즐길 수 있도록 하는 것이 영업 방침일 정도다. 앙트레(Entree)와 메인 디시, 디저트로 구성된 3코스 런치 메뉴(3-Course Lunch)가 가장 인기 있는데, 이 집의 시그니처 메뉴이자 싱가포르에서 가장 맛있다고 정평이 난 오리 콩피 요리(Duck Confit)와 스테이크 프릿츠(Steak Frites)가 유명하다. 또, 단품주문(Al La Carte) 메뉴도 가격대가 착해서 가격 대비 가장 맛있는 프랑스 요리를 맛보고 싶은 여행자들에게 강력 추천한다. 최소 5일 전에 홈페이지에서 예약할 것. 최근 3코스 디너($55)도 개시해 인기몰이 중이다.

찾아가기 EW DT MRT 부기스(Bugis) 역 C출구 로 나와 빅토리아 스트리트를 따라 직진. 국립도서관 건물이 나오면 우회전해 노스브리지로드를 건넌다. **주소** 5 Purvis Street, #01-04 **가격** 3코스 런치 $40 **MAP** P.136J **2권** P.142

메인으로 나온 오리 콩피 요리($10 추가)

트라피자
Trapizza

해변에서 피자 한 조각 센토사 실로소 비치에 위치한 피자 하우스. 센토사 물가대비 음식값이 저렴하고 해변 풍경을 바라보며 식사를 할 수 있어 여행자들에게 인기 있다. 적당한 가격대에 여유롭게 식사할 수 있다는 것 정도가 장점. 시칠리아나 피자(Siciliana Pizza)나 피자 디마레(Pizza di Mare) 등이 인기 있는 편이다. 온라인 예약 및 테이크아웃 가능하며 야외석이라 덥다는 것은 감안하자.

찾아가기 SE **센토사 익스프레스 비치(Beach) 역**에서 비치트램을 타고 실로소 비치에 내리면 해변가에 보인다. **주소** 10 Siloso Beach Walk Sentosa **가격** 피자 디마레 $28, 시칠리아나 피자 $29~, 음료 $6~12 **MAP** P.108C **2권** P.114

쁠레
Poulet

로스트 치킨 마니아 대중화된 프렌치 레스토랑으로, 닭이 주재료이다. 캐주얼하게 프랑스 음식을 맛본다는 기분으로 들어가보자. 구운 통닭에 버섯과 와인, 레몬, 블랙 페퍼, 크랜베리 등 5가지 소스 중 원하는 것을 선택해서 함께 먹는다. 소스가 세련된 프렌치 요리를 완성한다. 재료가 매우 신선하고 입안에 넣는 순간 닭고기의 부드러움이 전해져 온다. 다만, 양이 많은 편은 아니다. 메뉴개발을 자주 하는 편이라 변동이 있을 수 있다.

[쁠레 래플스시티] **찾아가기** EW NS **MRT 시티홀(City Hall) 역** A출구에서 에스컬레이터를 타고 래플스 쇼핑센터로 들어간다. **주소** 252 North Bridge Road, #B1-65/66, Raffles City Shopping Centre **가격** $20~ **MAP** P.037C **2권** P.044

엘리멘
Elemen

채식에 관심 있다면 채식주의자를 위한 레스토랑이지만 아닌 사람이 가도 맛있게 먹을 수 있다. 주로 아시안 퓨전 음식으로, 건강에 좋은 재료를 사용했다. 음식에서 창의력이 느껴지고 정성이 많이 들어가 있다. 코스와 단품이 모두 있지만 여러 가지를 맛볼 수 있는 코스를 추천한다. 양은 적당한 편. 표고버섯이 들어간 라이스롤과 두부요리를 추천한다.

찾아가기 DT CC **MRT 프로미나드(Promenade) 역** A출구에서 밀레니아 워크로 연결된다 **주소** #01-75A/76, Millenia Walk, 9 Raffles Boulevard **가격** $30~ **MAP** P.060D **2권** P.062

동아 이팅 하우스
Tong Ah Eating House

전설을 맛보다! 1939년 개업해 3대째 전통을 잇고 있는데, 엄지 손가락을 치켜드는 맛만큼은 여전하다. 살짝 데친 왕새우와 야채를 삼발 소스에 버무린 다음, 센 불로 빠르게 볶아낸 삼발 프론(Sambal Prawn $18~)은 매콤달콤한 맛에 자꾸만 끌리는 마법의 음식. 치킨 마니아라면 우리나라의 순살 치킨 내지는 닭강정과 흡사한 맛의 디프 프라이드 치킨(Deep Fried Chicken)은 어떨까. 입안 가득 머무르는 매콤달콤한 맛이 중독적인데, 속살까지 양념이 잘 배어 있어 밥반찬 삼아 먹기에도 그만이다.

찾아가기 TE **MRT 맥스웰(Maxwell) 역** 3번 출구로 나와 케옹색 로드로 들어간다. **주소** 35 Keong Saik Road **가격** 프레그런트 치킨 스몰(1~2인분) $13~, 홈메이드 라임 주스 $1.7~ **MAP** P.091G **2권** P.096

스시테
Sushi Tei

일본 음식의 모든 것 젊은이와 직장인이 분위기를 내고 싶을 때 가는 일본 음식점이다. 계절별 특선 요리가 항시 준비되어 있다. 회전초밥부터 일품요리, 캘리포니아롤, 스키야키까지 메뉴가 너무 많아 고르기가 어렵다. 단, 사시미는 종류도 적고 한국보다 비싸므로 피하자. 특히 스키야키는 약간 변형되었지만 일본보다 싸게 먹을 수 있으니 꼭 먹어보자. 고기 추가는 괜찮지만 우동면 추가는 비싸므로 차라리 밥을 주문하자. 정통 일식부터 퓨전 일식까지 전반적으로 맛이 있으니 도전해보자.

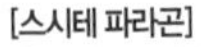

[스시테 파라곤]

찾아가기 NS TE MRT 오차드(Orchard) 역 1번 출구에서 서머셋(Somerset) 역 방향으로 도보 10분 **주소** 290 Orchard Road, #05-04/05, Paragon **가격** $25~ **MAP** P.066J **2권** P.075

다 파올로 피자 바
Da Paolo Pizza Bar

정통 이탈리안 피자 1989년에 가족끼리 작게 시작한 음식점이 지금은 기업이 되었다. 매장이 위치한 홀랜드 빌리지는 서양인 밀집 거주지역이고, 따라서 정통 서양 레스토랑들이 많다. 다 파올로 피자 바도 그중 하나로, 싱가포르 전역에 있는 대표적인 이탈리안 레스토랑이라고 할 수 있다. 이탈리아식 얇은 피자가 일품이다. 화덕에서 바로 구워내 풍미가 살아 있고, 도우의 식감이 좋다. 셰프 스페셜은 그때그때 테마에 맞춰 바뀌는데 선택 시 후회할 일이 없다. 직원들이 친절하고 가족 단위 방문이 많기 때문에 아이와 함께 가면 장난감이나 그림 그리는 도구를 제공한다.

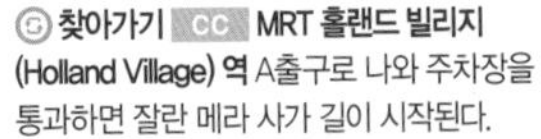

찾아가기 CC MRT 홀랜드 빌리지(Holland Village) 역 A출구로 나와 주차장을 통과하면 잘란 메라 사가 길이 시작된다. **주소** #01-46, 44 Jaran Merah Saga **가격** $30~ **MAP** P.085B **2권** P.086

남남
Nam Nam

국물이 끝내줘요 베트남 출신의 주방장이 5년간 준비해서 개업한 곳으로, 베트남 쌀국수를 합리적인 가격에 제공하는 것을 목표로 한다. 자리를 먼저 잡고 주문서에 메뉴를 체크한 후 카운터에 가서 돈을 낸다. 셀프서비스이기 때문에 저렴하고, 사이공의 길거리 음식이라는 콘셉트에 맞는다. 그날그날 준비한 재료만큼만 판매하므로, 원하는 메뉴가 없을 수도 있다. 국물이 짠 편이지만 진짜 베트남 쌀국수에 가까운 맛이고, 추가하는 토핑의 종류도 다양하다. 매장에 따라 맛이 약간씩 차이가 있으므로 래플스시티 쇼핑센터 지하 혹은 선텍시티 지점을 추천한다.

[남남 래플스시티] **찾아가기** NS EW **MRT 시티홀(City Hall) 역** A출구에서 에스컬레이터를 타고 래플스시티 쇼핑센터로 들어간다.
주소 252 North Bridge Road, #B1-46/47, Raffles City Shopping Centre **가격** $15~ **MAP** P.037C **2권** P.044

테이스트 파라다이스
Taste Paradise

화려한 인테리어를 자랑하는 레스토랑 광둥요리와 현대 중국 식문화를 조화시킨 파인다이닝. 싱가포르 주요 요식업 회사 중 하나인 파라다이스 그룹에 속해 있다. 로컬들이 자주 찾는 레스토랑이고 비즈니스하는 사람들도 보인다. 인테리어가 화려하고 직원들이 친절하다. 계란 노른자를 입힌 새우 튀김 요리(Crisp-fried Prawns tossed Salted Egg York)와 이푸(Eefu) 누들을 추천한다. 내부가 넓은 편이 아니므로 미리 예약하고 쇼핑몰을 둘러 본 후에 가는 것이 좋다.

찾아가기 NS TE **MRT 오차드(Orchard) 역** 5번 출구에서 지하로 연결 **주소** #04-07 **가격** $35~ **MAP** P.066I **2권** P.073

푸티엔
Putien

최근에 잘나가는 레스토랑 작은 매장에서 출발하여 입소문이 나면서, 매장을 늘려가고 있다. 맛과 가격 모두 괜찮다. 내부 인테리어는 전형적인 차이니스 레스토랑과 다르며, 맛으로 승부하고 있다. 테이블에 놓여 있는 칠리소스는 푸티엔이 자랑하는 맛으로, 보존료가 안 들어가 있고 판매도 한다. 음식에 따라 살짝 찍으면 향을 더해주므로 매운 것을 좋아한다면 꼭 먹어보자. 키치너 로드에 있는 본점이 2016년부터 2023년까지 7번이나 미슐랭 가이드 별 하나를 받았다.

[푸티엔 래플스시티] **찾아가기** NS EW **MRT 시티홀(City Hall) 역** A출구로 나와 래플스시티 쇼핑센터 안으로 들어간다.
주소 252 North Bridge Road, #02-18 Raffles City Shopping Centre
가격 $25~ **MAP** P.037C **2권** P.044

MANUAL 17

호커 센터

싱가포르다운 음식을 찾는다면?
바로 이곳! 호커 센터

그 나라의 식문화를 이해하기 위해서는 서민들의 식탁에 앉아봐야 한다.
여행자들의 특별하고 값비싼 비일상적 식탁 말고, 현지인들의 일상적인 식탁은
어떤 모습을 하고 있을까? 호커 센터에 그 답이 있다.

☞ 호커 센터란?

1년 내내 날씨가 덥고 습하기 때문에 로컬들은 요리하는 것을 즐기지 않는다. 그렇다고 한국처럼 배달 음식이 흔치도 않다. 그 대신 집이나 회사 주변에서 외식을 자주 하는데, 대표적인 곳이 바로 '호커 센터'다. 쉽게 말해 작은 음식 점포들이 다닥다닥 붙어 있는 곳으로, 각각의 점포는 '호커(Hawker)'라 부른다. 싱가포르 전역에 118개의 호커 센터가 운영되고 있는데, 정부가 나서서 거주지 밀집 지역과 환승 지점에 대규모 호커 센터를 짓는 등 호커 센터의 청결 및 시설 관리에 힘을 쏟고 있다. 또, 서민 생활 안정을 위해 호커 임대료가 무척 저렴하기 때문에 판매되는 음식도 매우 저렴해 서민들이 자주 찾는다.

☞ 호커 센터 '제대로' 즐기기

✔ 헤매지 않고 주문하기

1 자리부터 맡아놓자.
손님이 몰리는 식사 시간대에는 앉을 자리가 없는 경우가 허다하다. 음식 주문하기 전에 자리부터 맡아두는 센스가 필요하다. 휴지나 신문이 놓인 자리는 이미 누군가 있다는 표시이므로 앉지 않는다. 치안은 좋은 편이나 가방은 놓지 않는 것이 좋다.

2 주문 시 'Having here?(여기서 먹는지?)'에 Yes/No로 답한다.
가져가는 테이크 어웨이(Take away)도 싱가포르에서는 매우 일반적이기 때문! 포장이라면 용기 값을 받을 수 있다.

3 쟁반에 젓가락, 소스 등을 담은 후 음식이 나올 때까지 기다린다.

4 식사를 마친 뒤 식기반납을 반드시 하자.
2021년 개정된 법으로 인해 자신이 이용한 테이블을 치우지 않았다가 적발되면 벌금형을 받을 수 있다. 쓰레기를 무단으로 투기하는 행위도 마찬가지로 법의 처벌을 받는다.

5 휴무가 각기 다르다.
호커 센터는 3개월에 한 번씩 1~2일에 걸쳐 정기휴일이 있다. 문을 닫고 대대적인 청소 및 위생 관리에 들어간다. 운이 없는 경우라면 가는 날에 정기휴무 일수도 있다.

6 현금 결제만 가능하다.

✔ 가게번호 읽는 방법

비슷비슷한 가게들이 밀집해 있는 호커 센터 안에서 특정 가게를 찾는 일은 생각보다 어렵다.
그럴 때는 가게번호(Stall number)만 알고 있으면 편리하다. 예를 들어 '#02-03' 번호를 가진 가게가 있다 치자. 여기서 우리가 알 수 있는 정보는 3개다. 2층에 있는 3번 가게라는 것과 번호가 빠르니 입구에서 아주 가깝거나 멀 것이라는 것. 상당수의 호커 센터 입구에는 가게번호가 적힌 평면도를 세워놓고 있다.

02-93

✔ 내게 맞는 호커 센터 찾기

➔ 소문난 맛집 vs 숨은 맛집
관광객에게 유명한 호커센터와 현지인들이 많이 찾는 호커센터. 맛으로는 밀리지 않는 곳들만 추렸으니 둘 중 어떤 식탁에 앉을지 입맛에 따라 골라보자.

➔ 전통과 역사의 맛
전통의 맛으로 유명한 호커 센터만 따로 빼서 묶어두었다. 차이나타운 콤플렉스는 중국 음식, 텍카 센터는 인도 음식이 많아서 이색적인 맛을 느끼고 싶을 때 찾으면 좋다.

	호커 센터	지역/함께 둘러보면 좋을 스폿	특징
관광객이 많이 가는 곳	맥스웰 푸드 센터	차이나타운/차이나타운, 불아사, 클럽 스트리트	싱가포르에서 가장 유명한 호커 센터
현지인이 많이 가는 곳	아모이 스트리트 푸드 센터	탄종 파가/티엔 혹 켕 사원, 안시앙힐	숨어 있는 맛집이 많은 곳
	티옹바루 마켓	티옹바루/홀스 슈 블록, 탄종 파가	싱가포르 호커의 전통
전통과 역사의 맛	차이나타운 콤플렉스 푸드 센터	차이나타운/차이나타운	진정한 중국식이 궁금하다면
	텍카 센터	리틀 인디아/리틀 인디아	인도식 한 끼

여행자 PICK!
관광객에게 유명한 곳

맥스웰 푸드 센터 Maxwell Food Centre

여행자들 사이에서 가장 유명한 푸드 센터로, 항상 사람들로 붐빈다. 무려 100개가 넘는 가게가 모여 있어, 뭘 먹어야 하나 한참 고민해야 할 만큼 다양한 요리를 맛볼 수 있다. 24시간 영업을 하는 가게에는 '24시간 영업 스티커'를 붙여놓아 구분하기 쉽다. 식사 시간에는 앉을 자리가 없을 수 있으니 식사 시간을 조금만 피하자.

찾아가기 TE **MRT 맥스웰(Maxwell) 역** 2번 출구로 나와 뒤돌면 바로 보인다. **주소** 1 Kadayanallur Street
MAP P.091G **2권** P.095

맥스웰 푸드 센터 추천 맛집

시사켓 타이 푸드 Sisaket Thai Food

저렴한 가격에 제대로 된 태국 음식을 맛볼 수 있는 점포. 개인적으로 싱가포르 취재 기간 중 가장 많이 다녔던 단골 밥집이다. 다양한 메뉴 및 세트 메뉴를 맛볼 수 있지만, 태국식 볶음밥인 **팟카파오 무쌉(2번 메뉴)**이 가장 맛있고, 양도 푸짐하다. 메뉴마다 사진이 붙어 있어 주문하기도 쉽다. 포장 가능.

주소 #01-85
가격 팟카파오 무쌉 $5.5~, 세트 메뉴 $6.5~

★ **티엔티엔&아 타이**
소울 푸드 매뉴얼 P.100에서 자세히 소개

★ **무어 슈거 케인**
디저트 매뉴얼 P.120에서 자세히 소개

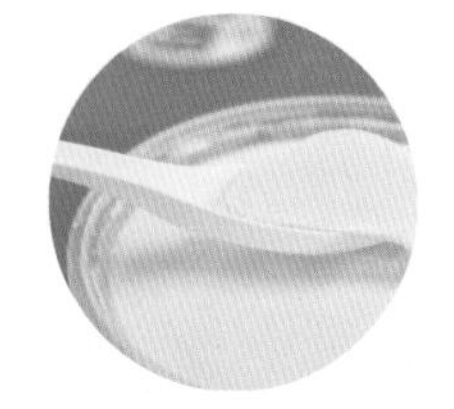

★ **라오 반 소야 빈커드**
디저트 매뉴얼 P.121에서 자세히 소개

티옹바루 마켓
Tiong Bahru Market

티옹바루는 싱가포르의 국민주택인 HDB가 시작된 곳이다. 사람이 있으면 필연적으로 밥을 먹어야 하니 1945년에 길에서 시작된 호커가 1950년대에 현재 터에 자리를 잡았다. 다른 호커 센터와 달리 방문하는 사람 중 거주자 비율이 가장 높다. 요 몇 년 간 티옹바루는 새로운 장소를 찾는 젊은이들에게 인기가 있지만, 연령대가 있는 현지인 사이에서는 티옹바루 마켓이 더 유명하다. 그만큼 전통적이고 오랜 기간 운영한 호커들이 있다는 이야기가 된다. 옛 향수를 가지고 일부러 찾아오기도 하며, 많은 호커센터에서 티옹바루라는 이름을 붙인 곳들을 찾아볼 수 있다. 가격이 저렴한 편이므로 작은 사이즈로 여러 음식을 주문해보는 것을 추천한다.

찾아가기 EW **MRT 티옹바루(Tiong Bahru) 역** B출구로 나가 길을 건너 티옹바루로드 끝까지 가면 오른 쪽에 생포로드가 시작된다. 우회전하여 도보 3분 후 티옹바루 마켓이 보인다. **주소** 30 Seng Poh Road **가격** $3~ **MAP** P.102B **2권** P.103

티옹바루 마켓 추천 맛집

티옹바루 프라이드 쿼티아오
Tiong Bahru Fried Kwayteow

항상 줄이 있는 편이고 티옹바루 쿼티아오라는 이름이 티옹바루 마켓에서 나온 것으로 보인다.

주소 #02-11 **가격** $3~

홍헝 프라이드 프론미
Hong Heng Fried Sotong Prawn Mee

보통 프론미는 국물이 있는 경우가 많은데 이곳은 볶음으로만 팔며 오징어가 들어가는 것이 특징이다.

주소 #02-01 **가격** $2.5~

티옹바루 하이나니즈 본레스 치킨라이스
Tiong Barhu Hainanese Boneless Chiken Rice

뼈를 뺀 치킨라이스. 생강소스가 느끼함을 잡아준다.

주소 #02-82

가격 스팀 치킨라이스 $3~

왕왕 핫 앤 콜드 비버리지
Wang Wang Hot & Cold Beverages

슈가 케인 주스를 눈 앞에서 바로 짜준다. 호커 센터가 아니라면 쉽게 보기 어려우니 마셔보자. 얼음을 넣을지 말지는 미리 이야기해야 하고, 가격이 달라진다.

주소 #02-27 **가격** $2~

티옹바루 빠오
Tiong Bahru Pau

60년대부터 영업한 곳으로, 늦게 가면 만두가 없을 수 있다. 친절하지는 않지만 저렴한 가격에 훌륭한 맛을 가지고 있다.

주소 #02-18/19 **가격** $1.5~

아모이 스트리트 푸드 센터 Amoy Street Food Centre

여행자들보다는 현지인, 특히 인근 회사원들이 많이 찾는 푸드 센터로 2층 규모다. 건물 양쪽 끝에 2층으로 올라가는 계단이 있다. 회사원들의 출퇴근 시간에 맞춰 영업하는 점포가 많아 주말과 공휴일, 저녁 시간대에는 문을 닫기도 한다. 점포 수는 많지 않지만 젊은 층의 입맛에 맞춘 퓨전 요리와 디저트 전문점은 물론이고, 전통 로컬 음식점까지 다양해서 메뉴 선택의 폭이 넓은 것이 장점이다.

찾아가기 EW **MRT 탄종 파가(Tanjong Pagar) 역** G출구로 나와, 바로 보이는 차광막을 따라 도보 1분. 차광막이 끝나는 지점 **주소** 7 Maxwell Road **MAP** P.091H **2권** P.098

아모이 스트리트 푸드 센터 추천 맛집

바나나 리프
Banana Leaf

인도네시아 스타일의 갖가지 맛있는 반찬을 골라 담아 먹을 수 있는 밥집. 매콤한 맛의 중독성 짙은 반찬이 한국인 입맛에 아주 잘 맞는다. 사이드 디시 ₵40~80, 메인 디시 $1.5~2.5, 밥 ₵30 선으로 아주 저렴한 한 끼 식사가 가능하다.

주소 #02-93

비즈미 티 스톨
BISMI TEA STALL

1958년 개업한 테타릭 전문점으로, 60년 전통을 이어가고 있다. 현재는 가업을 이어받아 모하메드 아민(Mohamed Ameen) 씨가 2대째 운영 중이다. 인도네시아, 말레이시아 캐머런 하일랜드, 인도의 차 등을 섞어, 그만의 레시피대로 만든 테타릭은 그의 자랑 중 하나다. 맛을 제대로 내기 위해 아무리 바빠도 레시피대로 만드는 것을 철칙으로 여기고 있어 대기 시간이 길어지기 일쑤라고.

주소 #02-85

★ **디저트 아 볼링**
디저트 매뉴얼 P.119에서 자세히 소개

★ **아 테 테오츄**
이색 요리 매뉴얼 P.113에서 자세히 소개

전통과 역사의 맛

차이나타운 콤플렉스 푸드 센터
Chinatown Complex Food Centre

차이나타운 콤플렉스는 들어가면 분위기에 압도당하는데, 1층에는 중국풍의 물건들을 사러 온 사람들이 보이고, 2층으로 올라가면 200여 개의 호커가 모여 있다. 가격 대비 음식 질을 따진다면 매우 만족할 것이다. 생각보다 규모가 크다. 지하 1층은 재래시장이다.

찾아가기 TE MRT 맥스웰(Maxwell) 역 1번 출구로 나와 좌회전. 2층에 위치 주소 Level 2, 335 Smith Street, Chinatown Complex MAP P.090A 2권 P.097

차이나타운 콤플렉스 푸드 센터 추천 맛집

푸드 스트리트 프라이드 퀘티아오 미
Food Street Fried Kway Teow Mee

주문하면 바로 볶아주기 때문에 면발이 살아 있고 시푸드를 선택할 수 있다. 차퀘티아오 역시 어디서든 파는 음식이지만 맛있게 하는 가게를 만나기는 의외로 어려운데 이곳은 볶은 정도와 간이 모두 알맞다.

주소 #02-173 가격 퀘티아오 $3~, 시푸드 퀘티아오 $5~

리엔 허벤지 클레이포트
Lian He Ben Ji Clay Pot

추천 메뉴는 **클레이포트 치킨라이스**인데, 기름은 약간만 첨가해 우리 입맛에도 잘 맞는다. 전반적으로 신선하고 질이 좋은 재료를 사용하며, 양도 푸짐하고 가격도 저렴하다. **미슐랭 빕구르망 선정.**

주소 #02-198, 199 가격 클레이포트 치킨라이스 $5~

라오 판 호커 찬
Lao Fan Hawker Chan

미슐랭 1스타를 획득한 집. 단돈 2달러짜리 치킨라이스와 누들이 인기다. 재료가 떨어져 못 먹을 수도 있는데 스미스 스트리트에 분점이 있다.

주소 #02-126 가격 치킨라이스 $2~

시엠와이 사테
CMY Satay

식어도 맛있으니 배가 부르다면 테이크아웃이라도 하자. 사테 비훈은 사테 소스에 비훈 국수를 비벼 먹는 것이다.

주소 #02-168 가격 돼지고기·양고기·닭고기 ₵60 최소 10개부터 주문. 사테 비훈 $4~

중궈 라미엔 샤오롱빠오
Zhong Guo La Mian Xiao Long Bao

한국인 입맛에 아주 잘 맞는 자장미엔(4번 메뉴/$3.5)과 군만두, 샤오롱빠오(2,1번 메뉴/$6)를 파는 집.

주소 #02-135 가격 자장면 $4.5~

텍카 센터
Tekka Centre

리틀 인디아 지역에서 뭘 먹어야 할지 모를 때, 저렴하게 즐기고 싶을 때, 인디안(Indian) 레스토랑이 부담스러울 때, 이보다 더 적격인 곳은 없다. 다른 푸드 센터와는 다르게 재래시장과 붙어 있어 이색적 인 볼거리도 갖췄다. 인도 음식이 주를 이루지만, 중국 음식, 말레이 음식, 무슬림 음식 등 다양하다. 최근 리노베이션 공사를 마치고 깔끔하게 재단장했다.

찾아가기 NE DT MRT 리틀 인디아(Little India) 역 C출구로 나오자마자 보인다. **주소** Level 1, 665 Buffalo Road, Tekka Centre **MAP** P.128I **2권** P.132

텍카 센터 추천 맛집

테마섹 인디안 로작
Temasek Indian Rojak

인디안 로작은 오뎅이나 튀김과 채소를 잘라 소스에 찍거나 비벼 먹는 것이다. 로작 소스에 땅콩, 커리, 말린 새우 등이 들어 있다. 적당히 골라서 나눠 먹는 것이 좋다. 맛있는 곳을 만나기가 쉽지 않으므로 여기서 먹어보자.

주소 #01-254 **가격** $4~

팍 카쉬미리 딜라이트
Pak Kashmiri Delight

치킨 티카 마살라의 종류가 많고 줄이 매우 길다. 주인아저씨가 친절하다. 치킨 티카 마살라와 난을 주문해 먹어보자.

주소 #01-250 **가격** 치킨 티카 마살라 $3~, 탄두리 치킨 $4~, 플레인 난 $1~

나브 탄두르
Nav Tandoor

탄두리 치킨의 재료인 닭이 신선하고, 굽는 과정을 보며 먹을 수 있다. 난도 주문하면 화덕에 바로 구워준다. 차파티는 통밀로 구운 얇고 납작한 빵인데 궁금하면 시도해보자.

주소 #01-271 **가격** 탄두리 치킨 한 조각 $4~, 플레인 난 $1~, 차파티 $1~

알 라만 로얄 프라타
Ar-Rahman Royal Prata

싱가포르에서 먹은 것 중 가장 맛있는 프라타였다. 부드러우면서도 적당한 두께와 기름기가 훌륭한 맛을 낸다. 이걸 먹기 위해 텍카 센터를 방문할 정도.

주소 #01-248 **가격** 플레인 프라타 ¢90, 초콜릿 프라타 $2~

리리신 핫 앤 콜드 비버리지
Ri Ri Xin Hot & Cold Beverage

평범한 음료수 가게지만 코코넛으로 차별화가 된다. 리틀 인디아 전체에 코코넛이 많아 한 번은 먹게 된다. 코코넛은 태국산이 맛있지만 늘 나오는 것은 아니고 계절을 탄다.

주소 #01-278 **가격** 코코넛(태국) $2.5~, 코코넛(말레이시아) $2.2~

[special]

대형 쇼핑몰에 입점해 있는, 푸드 리퍼블릭

food republic

→ 푸드 리퍼블릭 앳 비보시티
food republic @Vivo City
찾아가기 CC NE MRT 하버프런트 역 주소 Level 3, 1 Harbourfront Walk Vivo City
MAP P.109 2 2권 P.114

→ 푸드 리퍼블릭 앳 위스마 아트리아
food republic @Wisma Atria
찾아가기 NS TE MRT 오차드 역 주소 435 Orchard Road, Level 4, Wisma Atria
MAP P.066J 2권 P.076

→ 푸드 오페라 앳 아이온 오차드
Food Opera @ION Orchard
찾아가기 NS TE MRT 오차드 역 주소 2 Orchard Turn, #B4-03/04 Ion Orchard
MAP P.066I 2권 P.073

대형 쇼핑몰에 거의 다 입점해 있는 푸드코트. 지점마다 이름은 조금씩 다르다. 정성이 듬뿍 들어간 로컬푸드를 저렴하게 마음껏 맛볼 수 있는 것은 물론이고, 다소 어둡고 지저분한 호커 센터의 단점을 보완해 누구나 쾌적하게 식사를 할 수 있도록 만들었다. 입점 상점 수와 음식 종류도 상당히 다양해서 동남아 각지의 음식을 모두 만날 수 있고, 맛도 어느 정도 보장되므로 후회할 확률이 거의 없다. 여행자들이 가장 많이 찾는 지점은 비보시티 3층에 위치한 지점으로, 센토사 익스프레스 탑승장 바로 맞은편에 있다.

푸드 리퍼블릭 비보시티 인기 맛집

리버사이드 인도네시아 비비큐
Riverside Indonesia BBQ #03-12

식사 시간대면 어김없이 긴 대기 줄이 생기는 인도네시아 비비큐 전문점. 즉석에서 구운 닭고기 아얌빵강(Ayam Panggang)과 쫄깃쫄깃한 오징어 볶음 소똥빵강(Sotong Panggang), 야채볶음과 밥, 달걀 프라이까지 푸짐하게 나오는 '아얌빵강+소똥빵강 세트 메뉴(7번 메뉴/$8.5)'가 인기 있다. 야채 반찬 추가 시 $1가 추가된다.

총팡 나시레막
Chong Pang Nasi Lemak/忠邦椰浆饭 #03-04

나시레막을 전문으로 하는 인도네시아 음식점. 나시레막도 맛있지만 다양한 반찬을 입맛대로 골라 먹을 수 있다. 반찬 하나당 $3 선으로 저렴하고, $10면 충분히 배를 채울 수 있다.

미니 웍 Mini Wok

시리얼 새우를 맛있게 먹었던 사람이라면 주목! 밥 위에 시리얼 범벅을 한 닭고기를 올리고 각종 야채와 달걀 프라이를 넣어 비벼 먹는 시리얼 치킨라이스(Cereal Chicken Rice, $6.8~) 한입이면 시리얼 새우 못지않은 맛의 향연을 느낄 수 있다. 닭고기 대신 새우가 들어간 시리얼 프론 라이스(Cereal Prawn Rice, $6.8~)도 인기 있다. 동남아 음식에 대한 거부감이 있는 사람에게 특히 추천한다.

SHOPPIN

G

MANUAL 18

싱가포르 쇼핑 팁

기본 중의 기본 싱가포르 쇼핑 입문

SALE

1 싱가포르 세일

현지인이 연중 세일이라고 농담할 정도로 세일을 자주 하는 싱가포르지만, 공식적으로 대다수 상점이 세일에 들어가는 기간을 그레이트 싱가포르 세일(GSS)이라고 부른다. 5월 말부터 7월 말까지 두 달 동안 가장 많은 상점이 가장 높은 할인율로 참가한다. 창고 대방출 기간이므로 물건 질도 꼼꼼히 살펴보아야 한다. 구멍이 나거나 좀먹은 옷도 교환 · 환불이 어려운 경우가 많기 때문이다. 30%부터 70%까지 할인 폭이 크고 몇 개 이상 구매하면 추가 할인을 제공하는 등의 프로모션도 활발하다. 전혀 세일을 하지 않는 브랜드를 제외하고는 럭셔리도 한 달 정도는 세일을 한다. 그다음으로는 크리스마스 세일과 설날 세일이 있다. 크리스마스 세일 기간에는 11시까지 영업을 하기도 한다. 크리스마스와 설날이 지나고 나면 할인 폭이 30%는 50%로 커지기도 한다. 세일의 이유도 여러 가지다. 각종 휴일 및 기념일은 당연하고, 예를 들어 백화점 창립기념일, 어머니날, 아버지날, 스승의 날, 밸런타인데이, 부활절 등 기념일에 맞춘 세일도 진행하니 1년 중에 세일이 아닌 날을 찾기가 더 어려울 정도다.

TIP 환불 · 교환 불가를 내세우는 곳이 많으니 조건을 구매 전에 확인하자.

2 쇼핑 팁

대부분의 쇼핑몰들이 할인 혜택을 주는 프로그램을 가지고는 있으나, 실제로 해당되어 할인을 받기는 쉽지 않다. 그래도 프로모션을 하는 신용카드나 여행자 혜택이 있는지 항상 확인하자. 콘시어지에 가면 쇼핑몰이나 백화점 지도를 주는 곳이 많다. 설날 전날에는 슈퍼마켓을 비롯하여 많은 상점들이 일찍 문을 닫는다. 설날 당일과 다음 날은 백화점이 문을 닫는 경우가 많고, 쇼핑몰은 문을 열어 우리나라의 설과 비슷한 풍경이다. 이 기간에 여행하는 사람은 필요한 것이 있다면 미리 준비해두자.

WOMAN 옷 사이즈

한국	44	55	66	77	88
	85	90	95	100	105
	XS	S	M	L	XL
U.S.	0~2	4~6	8~10	12~14	16~18
U.K.	8	10	12~14	16~18	20~22
EU	34	36	38	40	42

WOMAN 신발 사이즈

한국	220	230	240	250	260
U.S.	5	6	7	8	9
U.K.	3	4	5	6	7
EU	35	36	37	38	39

MAN 옷 사이즈

한국	85	90	95	100	105	110
U.S.	XS	S	M	L	XL	XXL
U.S./U.K.	34	36	38	40	42	44
EU	44	46	48	50	52	54

MAN 신발 사이즈

한국	240	250	260	265	275	285
U.S.	6	7	8	8.5	9.5	10.5
U.S./U.K.	5.5	6.5	7.5	8	8.5	9.5
EU	38	39	41	42	43	44

3 세금 환급

$100 이상 구매 시 세금 환급을 받을 수 있다. 단, 드물게 부가세가 없는 상점도 있으므로 계산 전에 물어보자. 세금 환급을 위해서는 반드시 여권이 있어야 한다. 계산할 때 여권을 제시하면 영수증과 함께 세금 환급서를 준다. 이 서류를 모아 공항에서 GST Refund라고 쓰인 환급 창구에 가서 수속을 밟으면 된다. 기계에 한국어 서비스도 있고, 잘 모르겠으면 직원에게 도움을 청하자. 탑승 수속 전에도 카운터가 있으므로 수속 전에 처리하고 짐을 부치는 것이 편리하다. 잊었을 경우에는 출국심사 카운터를 지나 면세 지역에서 하면 된다. 환급금은 현금 혹은 카드 입금을 선택할 수 있다. 원칙적으로 환급을 위해서는 구매한 물건을 가지고 있어야 하므로 탑승 수속 전에 하는 것이 좋다. 세금 환급은 16세 이상부터 가능하다. 자세한 방법은 2권(P.024) 참고

MANUAL 19

쇼핑 거리

이민족의 문화를 품은 쇼핑 거리

이국적인 분위기를 느끼고 싶다면 이 네 곳을 주목하자.
1819년 싱가포르가 무역항으로 개발되며 이민이 시작되었고, 쇼핑 거리들이 곧 싱가포르의 역사다.
사람이 모이는 곳은 시장이 들어서기 마련이고, 이 거리들은 각각의 역사적 전통과
현대의 삶이 연결되어 있음을 보여준다. 중국계 이민자의 차이나타운,
인도계 이민자의 리틀 인디아, 해상무역상 후예들의 아랍 스트리트,
가장 큰 길거리 쇼핑센터인 부기스 스트리트까지 완전히 다른 분위기를 가지고 있다.
생동감 넘치는 거리에서 그들의 문화에 빠져보자.

차이나타운
[Chinatown]

리틀 인디아
[Little India]

아랍 스트리트
[Arab Street]

부기스 스트리트
[Bugis Street]

Chinatown

싱가포르 이민의 역사를 간직하고 있는 차이나타운

하루 종일 거리가 사람들로 붐비고, 대형 호커 센터부터 중국계 상점들의 본점이 있는 곳이다. 거리마다 작은 가게들이 옷부터 향신료까지 중국과 관련된 물건들을 팔고 있다. 비첸향과 림치관의 본점은 물론, 현지에서 유명한 육포 가게에 들러 맛을 비교해보는 것도 재미있다. 이 외에도 옥을 주로 취급하는 금은방, 고가구 및 고미술상, 약재상, 건강식품 판매점 등이 차이나타운 특유의 분위기를 형성하는 데 한몫하고 있다.

찾아가기 NE DT **MRT 차이나타운(China town) 역** A출구로 나오면 파고다 스트리트로 바로 연결
주소 Pagoda Street **MAP** P.090~091 **2권** P.088

파고다 스트리트 & 트렝가누 스트리트 Pagoda Street & Trengganu street

파고다 스트리트와 트렝가누 스트리트는 차이나타운의 중심가로, 차이나타운을 방문한 관광객은 거쳐갈 수 밖에 없는 곳이다. 관광객을 상대로 한 기념품 숍들이 곳곳에 있으며, 3~4개에 10달러씩 묶어 파는 것이 많다. 싱가포르의 상징 멀라이언, 마리나베이샌즈, 국기 등을 형상화한 티셔츠, 열쇠고리, 마그넷, 병따개, 과자, 스노우볼, 스마트폰 커버 등 다양한 제품을 볼 수 있다.

Little India

재스민 향기 넘치는 리틀 인디아

거리는 온갖 가게로 넘쳐나지만 눈으로만 감상하고, 쇼핑은 24시간 문을 여는 무스타파에서 해결하자. 인도 특유의 정교하고 세밀한 세공 제품을 판매하는 금은방이 많고 전당포도 많다. 힌두 사원이 있다 보니 사원에 바치는 장식용 꽃다발을 파는 가게도 흔히 보인다. 인도에서 온 음악 CD, 잡지, 기념품 등 소품을 판매하는 가게도 특이하다. 텍카 센터는 바틱 제품과 자수가 놓인 의류, 인도 전통 의상을 대량으로 판매하고 있어 구경하는 재미가 있다.

찾아가기 NE DT MRT **리틀 인디아(Little India) 역**에서 E출구로 나오면 바로 버팔로로드를 따라 내려간다.
주소 Serangoon Road **MAP** P.128I **2권** P.126

리틀 인디아 아케이드 Little India Arcade

주로 관광객을 대상으로 한 작은 숍들이 모여 있다. 인테리어 소품 및 전통 의상, 의류, 가구, 기념품, 서적, 전자제품 등을 판매한다. 헤나 문신을 하는 곳도 있는데, 크기와 무늬에 따라 가격은 달라진다. 시간이 없는 사람은 여기만 둘러봐도 인도의 강렬한 색과 특유의 향을 느낄 수 있다. 흥정은 필수.

찾아가기 NE DT MRT **리틀 인디아(Little India) 역**에서 E출구로 나와 버팔로로드를 따라 끝까지 온 후 길을 건넌다. **주소** 48 Serangoon Road **MAP** P.128I **2권** P.133

머플러 $20

지엠 기프트 오브 세레니티 GM Gift of Serenity

매장이 4곳이나 있다. 길거리에 보이는 곳이 작은 매장이고 큰 곳은 안으로 들어가면 있다. 머플러, 다용도함, 가방, 인테리어 소품 등 화려한 색이 눈길을 끈다.

주소 #01-75/76, #01-80/81

셀레브레이션 오브 아트 Celebration of Arts

가이드북 제시하면 10% 할인

모든 물건을 인도나 파키스탄에서 수입해 온다. 핸드메이드 제품이고, 다른 곳과 차별화되는 물건이 있다. 저렴한 기념품부터 옷, 질 좋은 수공예품까지 가격의 폭이 넓다. 원하는 걸 찾을 때까지 찬찬히 뒤져보자.

주소 #01-71/72

쿠션 커버 $38

Arab Street + Haji Lane

바자 스타일의 쇼핑을 원한다면 아랍 스트리트 + 하지 레인

카펫을 사고 싶은가. 구경이라도 하고 싶다면 아랍 스트리트로 가자. '캄퐁 글람'이라고도 알려져 있는 이 지역은 말레이계 이주민이 정착했던 지역으로, 지금도 전통 의상 부티크와 직물 및 바틱 제품을 파는 가게가 많다. 부소라 스트리트는 음식점이 많고 쇼핑지로서의 가치는 크지 않다. 하지 레인은 몇몇 로컬 브랜드와 편집숍이 모여 있는 거리이다. 주로 젊은 주인들이 운영하는 특이한 숍들이 많고, 아기자기한 소품과 패션이 주를 이룬다. 가격대가 다양하고, 반나절 둘러보기에 좋다.

찾아가기 EW DT **MRT 부기스(Bugis) 역**에서 BHG 백화점 통과 후 래플스 병원 방향으로 직진하면 아랍 스트리트
주소 Arab Street **MAP** P.137C **2권** P.134

세라피 카펫 Serapi Carpets

주인아저씨의 아버지 때부터 시작한 오래된 숍이다. 아랍 스트리트에 9개의 숍을 갖고 있다. 카펫을 살 경우에는 반드시 핸드메이드인지 따져봐야 한다. 흥정이 필요한데, 주인 사둘라 씨에게 가이드북을 보여주면 더 깎아주기로 했으니 흥정해보자.

찾아가기 EW DT **MRT 부기스(Bugis) 역**에서 BHG 백화점 통과 후 래플스 병원 방향으로 직진하다가 아랍 스트리트에서 비치로드 쪽으로 도보 2분 **주소** 86 Arab Street **가격** 코스터 $5~, 다용도 카펫 $15~
MAP P.137C **2권** P.142

유토피아 Utopia

부소라 스트리트에 있는 숍 중 가장 쇼핑할 가능성이 높은 곳이다. 면과 리넨, 바틱 제품이 많으며 로컬 디자이너가 디자인한 화려한 색상과 꽃무늬가 특징이다.

찾아가기 EW DT **MRT 부기스(Bugis) 역** B출구로 나와 도보 5분 후 노스브리지로드에 있는 래플스 병원 앞 교차점에서 부소라 스트리트 오른편에 있다. **주소** 50 Bussorah Street **가격** $30~
MAP P.137C **2권** P.142

Bugis Street

저렴하고 활기찬 부기스 스트리트

부기스 스트리트라는 이름은 붙어 있지만 시장에 가깝다. $10에 3개, 5개라고 쓰여 있는 기념품을 비롯해 주스도 $1에 마실 수 있다. 2층, 3층에는 작은 가게들이 다닥다닥 붙어 있는데 대부분 $10에서 $20면 살 수 있다. 중학생부터 20대 초반까지가 주 고객이고, 중국산이 대부분이다. 한국산도 많으므로 확인이 필요하다. 1층 바깥에서는 두리안을 쌓아놓고 그 자리에서 잘라주므로 먹어보는 건 어떨까.

찾아가기 EW DT **MRT 부기스(Bugis) 역** 하차 후 C출구로 나와 빅토리아 스트리트 방향으로 직진 **주소** 3 New Bugis Street
가격 매장별 상이 **MAP** P.136F **2권** P.143

MANUAL 20

—

쇼핑몰

쇼핑몰의 모든 것!
나에게 맞는 쇼핑몰 찾기

SHOPPING MALL

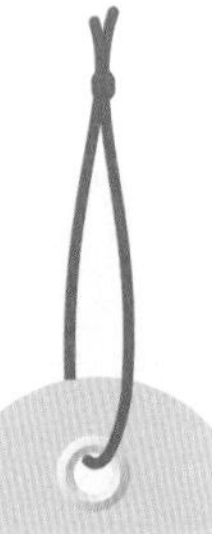

누구나 반드시 들를 것!

- 아이온 오차드
- 니안시티

나를 위해 아낌없이 투자한다면!

- 만다린 갤러리
- 파라곤

가족 모두 지름신 주의

- 포럼 더 쇼핑몰
- 비보시티

다 보고 시간이 남으면

- 래플스시티 쇼핑센터
- 더 숍스 앳 마리나베이 샌즈
- 부기스 정션 & 부기스 플러스
- 313@서머셋
- 밀레니아 워크
- 선텍 시티

이 많은 물건을 누가 다 살까.
발에 채일 정도로 물건이 많은 곳이 싱가포르의 쇼핑몰이다.
오차드로드는 전체 거리가 쇼핑몰이라고 보아도 무방하다.
얼핏 보면 비슷해 보일 수 있지만, 자세히 보면
쇼핑몰마다 니즈에 따라 차이 나는 상점들이 있어 찾는 재미가 있다.
쇼핑몰 분류에 맞춰 쇼핑몰을 방문해보자.

[special]

영국의 대표적인 유통업체 막스 앤 스펜서

Marks & Spencer

막스 앤 스펜서는 영국의 대표적인 유통업체로, 1884년에 설립되어 시대의 흐름에 따라 점차 사업 영역을 넓혀왔다. 싱가포르 내의 많은 쇼핑몰에 입점해 있으며, 윌록 플레이스에 있는 가장 큰 매장에서는 냉동식품까지 판매하고 있다. 패션 상품뿐 아니라, 속옷, 목욕용품, 식료품 등을 함께 판매하는 영국 현지의 특징을 그대로 가져온 복합 매장이다. 아동부터 60대까지의 컬렉션을 보유하고 있어 부모님 선물에도 적합하다. 틴케이스에 들어 있는 과자는 귀여운 것부터 고급스러운 느낌을 주는 것까지 여러 종류가 있으며, 커피와 함께 즐기기 좋다. 바스 제품도 향이 다양하고 중간 가격대라 선물에 적합하다. 작은 와인은 사서 호텔에서 마셔보자.

막스 앤 스펜서 윌록 플레이스 Marks & Spencer Wheelock Place
찾아가기 NS TE MRT 오차드(Orchard) 역 4번 출구에서 지하보도로 윌록 플레이스 연결
주소 501 Orchard Road, #01-01, Wheelock Place MAP P.066E

막스 앤 스펜서 비보시티 Marks & Spencer Vivo City
찾아가기 CC NE MRT 하버프런트(Harbourfront) 역 E출구에서 지하로 연결
주소 No1, Harbourfront Walk, #01-46, Vivo City MAP P.109 2

없는 거 빼고 다 있다! 무스타파 센터

Mustafa Centre

무스타파의 전체 직원이 1800여 명이다. 감이 오지 않는가? 빌딩 2개가 연결되어 있으며 새벽 2시까지 영업하고, 30만 가지 이상의 상품이 있다고 한다. 하루 종일 둘러봐도 찬찬히 본다면 다 못 볼 정도이다. 어마어마한 수량과 저렴한 가격으로 승부하며, 크게 나누면 슈퍼마켓, 의약품, 화장품, 신발류, 의류, 보석, 가전제품 등을 판매한다. 우체국 서비스, 여행 업무, 환전도 가능하다. 구형 전자제품부터 인도에서 수입한 온갖 종류의 물건들까지 원하는 어떤 것도 찾을 수 있지만 디스플레이는 기대하지 않는 것이 좋다. 인도의 화장품인 히말라야 수분 크림은 한국인 관광객도 즐겨 찾는 쇼핑 아이템이다. 이 외에도 각종 목욕 및 헤어, 구강용품도 판매하는데 특히 치약을 추천한다. 치약은 파라벤프리이고 베지테리언을 위한 것이 특이하다. 저렴한 휴대용 크기의 호랑이 연고도 판매한다.

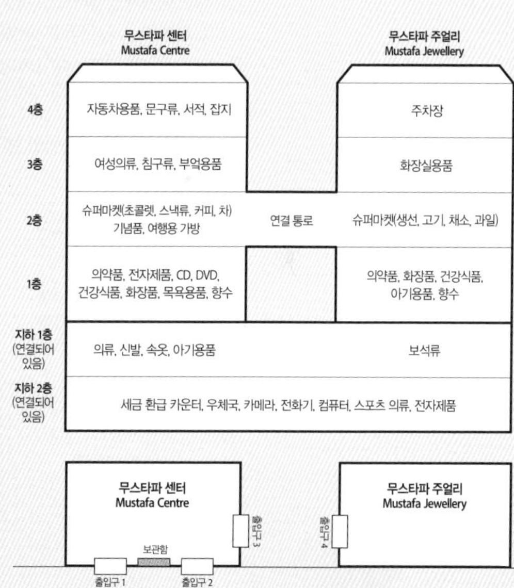

찾아가기 NE MRT 패러 파크(Farrer Park) 역 G출구로 나와 세랑군로드 방향으로 길을 건너 세랑군 플라자를 보며 내려가다 사이드 알위로드로 좌회전
주소 145 Syed Alwi Road MAP P.128F 2권 P.133

Part 1
놓칠 수 없어!

싱가포르를 여행하는데 시간이 여유롭지 않다면 이 두 쇼핑몰만 둘러봐도 충분하다. 짧은 시간에 알짜 쇼핑을 할 수 있다.

ION Orchard
쇼핑몰계의 절대 강자, 아이온 오차드

2009년에 생긴 대형 쇼핑몰로 유리와 거울 벽면으로 되어 있는 외관이 특이하며 미래지향적인 디자인이다. 밤에 조명이 켜졌을 때 빛을 발한다. 지하 4층부터 지하 1층까지는 푸드코트와 SPA 브랜드, 잡화 등이 있으며 1층에서 4층까지는 명품과 글로벌 브랜드가 입점해 있다. 입점 브랜드가 300여 개에 달하므로 사실상 생각할 수 있는 건 거의 다 있다. 다만 내부 구조가 복잡해서 길을 잃기 쉽고, 오래 다니다 보면 공기가 답답하게 느껴진다. 체력이 많이 필요하므로 쇼핑에 올인한다는 마음가짐으로 편한 신발을 신고 가자. 층마다 미디어폴이 설치되어 있으므로 확인 후 가는 것이 좋다.

찾아가기 NS TE MRT **오차드(Orchard) 역** 5번 출구에서 지하로 연결 **주소** 2 Orchard Turn, ION Orchard **MAP** P.066E **2권** P.070

ION Orchard	
5층	카페
4층	식당가
3층	패션
2층	시계 TWG
1층	브랜드 부티크
지하1층	패션
지하2층	패션 뷰티
지하3층	패션 식당
지하4층	푸드오페라 뱅가완솔로 간식 디저트 등

☞ 아이온 오차드에서 가봐야 할 브랜드

COS

코스 |
H&M이 야심 차게 준비한 프리미엄 브랜드. 중저가 브랜드 H&M과 비교하면 비싸지만 모던한 디자인과 고급스러운 제품을 찾는다면 마음에 들 것이다. 아동복도 특이하고 남성복도 멋지다. 액세서리 디자인도 시크하다.

주소 #03-23/23A
가격 $100~

Rabeanco

라빈코 |
이탈리아에서 수입한 가죽으로 만든 가방이 대표적이다. 다양한 색상이 있고 염색이 뛰어나다. 저렴하지는 않지만 가죽임을 감안하면 합리적인 편이다.

주소 #B1-24
가격 $300~

Pull and Bear

풀 앤 베어 |
도회적인 젊은이를 타깃으로 한 스페인의 패션 및 악세서리 브랜드이다. 저렴한 가격이 강점이고, 한마디로 하면 패스트 패션이다. 실제로 매장에도 10대와 20대 초반이 가장 많다. 세일을 만나면 10달러 이하로도 옷을 살 수 있다.

주소 #B2-08
가격 $15~

Ngee Ann City
누구든 한 번 들어가면 나올 수 없는 니안시티

도시 안의 도시를 추구하는 니안시티는 쇼핑과 식도락을 제공하는 것을 목표로 한다. 입점한 브랜드는 130여 개이며, 그중 가장 큰 것은 다카시마야 백화점이다. 백화점과 연결되어 있기 때문에 돌아보기가 편하고, 4층에 싱가포르 최대 서점인 키노쿠니야가 있다. 다카시마야 백화점과 니안시티를 전부 둘러보려면 하루가 걸린다. 1층에는 명품 브랜드가, 지하에는 SPA 브랜드 및 잡화 등 다양한 숍이 있다. 5층의 전자제품을 파는 베스트덴키 매장도 관심 있는 사람은 들러볼 만하다. 식당가도 훌륭하다.

찾아가기 NS TE **MRT 오차드(Orchard) 역** 2번 출구로 나와 오른쪽 방향으로 도보 10분 또는 3번 출구로 나와 다카시마야 백화점 표시를 따라 지하보도로 10분 **주소** 391 Orchard Road, Ngee Ann City
MAP P.066J **2권** P.070

	Ngee Ann City
5층	식당가, 전자제품
4층	식당가, 아동, 스포츠, 서점
3층	패션
2층	브랜드 부티크, 패션, 식당가
1층	브랜드 부티크
지하1층	홈인테리어, 패션, 뷰티
지하2층	패션, 뷰티, 식당가

☞ 니안시티에서 가봐야 할 브랜드

rue Madame

루 마담 |
프렌치 시크를 표방하는 편집숍으로 캐주얼부터 스마트 캐주얼, 정장까지 다양한 범위를 커버한다. 소재도 좋고 아기자기한 디자인도 예쁘다. 매장 면적이 넓지 않지만 물건은 많다. 가격대는 조금 있는 편.

주소 #03-13C
가격 $200~

Guardian

가디언 |
가디언은 다른 드럭스토어와는 달리 가운을 입은 약사가 있다. 일반적으로 드럭스토어에서 판매하는 물품은 물론, 혹시 급히 약이 필요한 경우에는 상담을 거쳐 구매할 수 있다. 일반적인 가디언보다 가디언 플러스는 매장 규모가 크고 물건이 많다.

주소 #B1-15/23
가격 $5~

Part 2
남다른 취향과 재력

'나는 언제나 남과 달라!' 라고 생각한다면 그리고 쇼핑 자금에 여유가 있다면 망설이지 말고 다음에 소개하는 두 곳의 쇼핑몰로 향하길 바란다. 전통의 강자 파라곤, 작지만 취향이 뚜렷한 만다린 갤러리, 당신의 선택은 어디?

Mandarin Gallery
유니크한 것을 찾고 싶다면 만다린 갤러리

5성 만다린 호텔 옆에 있는 쇼핑몰이다. 갤러리는 빌딩 명칭일 뿐, 실제로는 쇼핑몰이다. 기존 유명 브랜드가 지겨운 사람들이라면 들러볼 것을 추천한다. 1층의 하이엔드 브랜드부터 2층의 자체적으로 선정한 부티크와 패션 브랜드를 만날 수 있다. 굳이 사지 않더라도 사람이 많지 않아 독특한 물건들을 차분히 볼 수 있고, 우아한 분위기의 레스토랑과 카페에서 조용히 식사를 즐기기에 적합하다.

찾아가기 NS **MRT 서머셋(Somerset) 역** B출구로 나와서 313@서머셋 빌딩을 통과해서 길 건너서 도보 5분
주소 333A Orchard Road, Mandarin Gallery, Singapore 238897 **MAP** P.066J **2권** P.071

	Mandarin Gallery
4층	식당가
3층	와일드허니, 미용실, 클리닉
2층	프로비도, 레프트풋
1층	빅토리아 시크릿 스니커덩크, 배스앤바디웍스

☞ 만다린 갤러리에서 가봐야 할 브랜드

Bimba Y Lola

빔바 이 롤라 |
질 좋은 가죽 소재의 가방으로 유명한 스패니시 패션 브랜드. 컬러와 패턴을 자유자재로 활용한 모던하면서도 유니크한 스타일의 가방이 뛰어나다. 아기자기한 액세서리와 예쁜 신발도 많다.

주소 #01-04
가격 $50~

Elephant & Coral

엘리펀트 앤 코럴 |
파카(영국), 워터맨(프랑스), 쉐퍼(미국) 같은 대중적인 브랜드의 컬렉션 아이템부터 만년필 주요 브랜드를 취급한다. 레터링도 가능하다.

주소 #03-03
가격 $150~

Paragon
원조 명품관 파라곤

파라곤은 아이온 오차드가 생기기 전까지 전통적인 명품관이었다. 지금도 번잡한 것이 싫은 사람은 파라곤으로 간다. 럭셔리 브랜드의 동향을 한 번에 파악하고 싶다면 이보다 더 적합한 곳은 없다. 건물에 들어서는 순간 양옆으로 명품 브랜드가 펼쳐져 있다. 브랜드 종류가 많고 다른 곳에 비해 한적하게 쇼핑을 즐길 수 있지만, 빌딩 구조가 매장을 찾으려면 복잡하게 되어 있어서 미리 위치를 체크해두는 것이 좋다. 전반적으로 식당가가 훌륭하며 카페도 층마다 있으므로 지친 다리를 쉬기에도 좋다. 단, 푸드코트는 없다.

찾아가기 NS TE **MRT 오차드(Orchard) 역** 1번 출구로 나와서 오른쪽 방향으로 도보 10분 또는 MRT 서머셋(Somerset) 역 B출구에서 313@서머셋 빌딩을 통과하여 길 건너서 도보 5분 **주소** 290 Orchard Road, Paragon **MAP** P.066J **2권** P.074

	Paragon
6층	토이저러스
5층	스시테, 임페리얼 트레저 슈퍼 페킹 덕
4층	패션 스포츠
3층	패션 PS.카페
2층	패션
1층	브랜드 부티크
지하 1층	슈퍼마켓

☞ 파라곤에서 가봐야 할 브랜드

AIX Armani Exchange

아르마니 익스체인지 |
'내가 살 수 있는 아르마니'를 지향하며 클래식하면서 도회적인 분위기를 낸다. 무난하게 입을 수 있는 남자 옷이 중심이며, 한국 매장과는 사뭇 분위기가 다르고 약간 아웃렛 같은 느낌도 준다.

주소 #02-17/19
가격 $70~

Giodano Ladies

지오다노 레이디스 |
무채색의 심플하면서도 기본 디자인의 카디건, 슬랙스, 스웨터, 원피스 등이 주된 상품이다. 지오다노와는 추구하는 바가 다르며 세미 정장이 많다. 20대 후반부터 그 이상까지 취향이 맞는다면 호감을 가질 것이다. 가격이 적당하고 질이 좋다.

주소 #03-17/18
가격 $100~

싱가포르는 가족과 함께 쇼핑하기에 매우 편리한 여행지 중 하나다. 아직 우리나라에 들어오지 않은 아동용품 브랜드까지 아이와 함께하기에 더할 나위 없는 쇼핑몰 두 곳을 소개한다.

Forum The Shopping Mall

조용한 강자 포럼 더 쇼핑몰

편집숍과 디자이너 브랜드를 보고 싶다면 포럼으로 가자. 클럽21b는 남녀 의류 및 액세서리를 판매하며, 전반적으로 눈요기하기 좋은 패션을 위주로 한다. 유아 및 어린이 용품 매장도 많으며 편집숍이 많은 빌딩답게 아동용 편집숍도 있다. 토이저러스도 층을 다 사용할 정도로 크다. 시간 여유가 있어 천천히 구경하고 싶은 사람, 독특한 디자인을 보고 싶은 사람, 유아 및 어린이를 동반한 가족에게 추천한다.

찾아가기 NS TE **MRT 오차드(Orchard) 역** 5번 출구에서 지하보도를 이용해 윌록 플레이스 1층으로 나와 힐튼 호텔 방향으로 도보 5분 **주소** 583 Orchard Road, Forum The Shopping Mall **MAP** P.066E **2권** P.071

	Forum The Shopping Mall
4층	학원
3층	토이저러스
2층	아동, 패션, 북스 아호이
1층	아동, 패션
지하 1층	식당, 카페

☞ 포럼에서 가봐야 할 브랜드

Bonpoint

봉쁘앙 |
세계적으로 유명한 아동복 브랜드로, 세련된 디자인으로 유행을 선도한다. 세일을 만난다면 비교적 저렴하게 구입할 수 있다. 친환경 스킨케어 제품도 구비하고 있다.

주소 #02-11/12/13
가격 $300~

Kids21

키즈21 |
마르니 키즈, 아크네 쿠리스, 랑방 쁘띠, 로베르토 카발리 주니어, 펜디 키즈 등 많은 브랜드들이 입점해 있다. 유아부터 최대 16살까지 연령대가 넓고, 잡화도 함께 판매한다.

주소 #02-24
가격 $190~

Vivo City
센토사를 바라보며 비보시티

센토사 섬을 오가며 들르는 곳으로, 물결 모양을 표방한 건물은 높지 않고 넓게 퍼져 있다. 다른 쇼핑몰보다 규모가 큰 편이라 공간이 넓고 놀이터도 있어 아이와 함께 가기에 좋다. 주말에는 현지인, 관광객 할 것 없이 가족 나들이가 많아 혼잡하니 주중에 방문할 것을 권한다. 밖으로 나가면 센토사 섬과 바다가 보이며, 풍경을 즐길 수 있다. 4층에 놀이공원이 있다. 지하에서 1층에 거쳐 슈퍼마켓 페어프라이스의 대형 매장이 입점해 있다.

찾아가기 CC NE MRT **하버프런트(Harbourfront) 역** E출구와 지하로 연결 **주소** 1 Harbourfront Walk, Vivo City **MAP** P.109 2 **2권** P.115

	Vivo City
4층	옥상 공원
3층	푸드 리퍼블릭, 센토사, 모노레일 탑승장소
2층	패션, 식당가
1층	패션, 슈퍼마켓
지하 1층	주차장
지하 1층	슈퍼마켓, 식당가

☞ 비보시티에서 가봐야 할 브랜드

FairPrice Xtra

페어프라이스 엑스트라 |
두 층에 걸친 슈퍼마켓으로 엑스트라라는 이름이 붙을 정도로 규모가 상당해 다 돌아보려면 시간이 꽤 걸린다. 관광객의 방문도 물론 많지만, 비보시티가 센토사 초입에 있기 때문에 거주자를 위한 것이기도 하다. 시내의 슈퍼마켓보다 약간 저렴하고 로컬 친화적인 물건이 많다.

주소 #01-23/B2-23
가격 $5~

Cotton On

코튼 온 |
오스트레일리아의 패스트 패션 브랜드로, 싱가포르에서는 청소년들이 선호한다. 쇼핑몰에서 자주 보이는 루비 슈즈와 문구류를 취급하는 타이포와 같은 회사이다. 코튼온 키즈 매장도 2층에 있다.

주소 #02-40
가격 $20~

여기서 소개하는 쇼핑몰은 부록 같은 쇼핑몰이다. 앞에서 소개한 쇼핑몰들을 둘러보고 시간이 남았다면 들러볼 만한 곳들이다.

Raffles City Shopping Centre
도시 속의 도시 래플스시티 쇼핑센터

시티홀 역에서 올라가면 바로 래플스시티 쇼핑센터로 들어간다. 교통의 요지에다 호텔도 있어 현지인과 관광객이 뒤엉켜 많은 사람들이 붐비는 곳이다. 로빈슨 백화점이 입점해 있고 중저가 의류가 많은 것이 특징이다. 시간이 없는 관광객이라면 한 번에 많은 것을 해결할 수 있는 곳이다. 지하의 왓슨스는 규모도 크고, 슈퍼마켓은 밤 11시까지 영업한다. 소규모의 서점, 문방구도 있어 필요한 것은 거의 다 구할 수 있다. 콘시어지에서 공연 티켓도 판매하고 싱가포르에서 뭔가 보고 싶다면 예약 및 문의도 도와준다.

찾아가기 NS EW **MRT 시티홀(City Hall) 역** A출구로 나와 에스컬레이터로 올라가면 바로 1층이 나온다.
주소 252 North Bridge Road, Raffles City Shopping Centre **MAP** P.037C **2권** P.043

	Raffles City Shopping Centre
3층	푸드 리퍼블릭, 센토사 모노레일 탑승장소
2층	패션, 식당가
1층	패션, 슈퍼마켓
지하 1층	주차장
지하 2층	슈퍼마켓, 식당가

☞ **래플스시티에서 가봐야 할 브랜드**

Forever New

포에버 뉴 |
오스트레일리아에서 2006년에 시작된 여성 패션 및 액세서리 브랜드로, 파티용 드레스가 예쁘다. 액세서리나 소품들이 화려하고 페미닌한 디자인이 많다.

주소 #02-06
가격 $30~

Urban Revivo

어반 레비보 |
패스트 패션이지만 어느 정도 퀄리티를 가져가려고 하는 중국 브랜드. 남성복이 괜찮다. 무늬가 예쁘고 특이하다. 신발 등 잡화와 액세서리도 판매한다.

주소 #02-24/25/26
가격 $100~

The Shoppes at Marina Bay Sands

카지노에서 돈을 따서 쓰자. 더 숍스 앳 마리나베이 샌즈

넓다. 지나치게 넓다. 마리나베이 샌즈 호텔을 보러 갔다가 잠시 들러서 구경하는 것을 추천한다. 카지노 고객을 목표로 한 듯, 최고급 시계 및 주얼리, 디자이너 브랜드가 입점해 있다. 과거에 비해 대중적인 브랜드와 음식점 및 카페가 늘어났다. 시계에 관심 있는 사람이라면 브랜드별로 단독 매장이 모여 있으므로 즐겁게 구경할 수 있을 것이다. 교통이 편리한 편은 아니지만, 마리나베이 샌즈가 관광 명소이므로 덕을 보고 있다.

찾아가기 DT CE **MRT 베이프런트(Bayfront) 역** D출구와 연결 **주소** 10 Bayfront Avenue, The Shoppes at Marina Bay Sands **MAP** P.048F **2권** P.056

☞ 더 숍스 앳 마리나베이 샌즈에서 가봐야 할 브랜드

KWANPEN

콴펜 |
악어가죽을 이용하여 다양한 제품을 만드는데 역시 가장 유명한 것은 백이다. 다채로운 색과 디자인에서 장인 정신을 느낄 수 있다.

주소 #B2M-230 카지노 레벨
가격 $1000~

Club21 x Play COMME des GARÇONS

플레이 꼼 데 가르송 |
꼼 데 가르송 중 가장 대중적인 라인으로 한 번 보면 잊히지 않는 로고로 유명하다. 종류가 다양하고 한국보다 저렴하니 브랜드를 좋아하는 사람이라면 들러보자. 다른 꼼 데 가르송 매장에 비해 접근성이 가장 좋다.

주소 #L1-17A
가격 $100~

Limited Edt

리미티드 이디티 |
다양한 브랜드와 콜라보레이션을 하며 스니커 부티크를 지향한다. 다른 매장보다 좀 더 가격대가 있는 편이며 신발에 관심있는 수집가라면 들러 볼 만하다.

주소 #B2-58
가격 $70~

The Shoppes at Marina Bay Sands

1층	브랜드 부티크 시계, 주얼리, 패션
지하 1층	브랜드 부티크 패션, 아동 라이프스타일
지하 2층(M)	시계, 주얼리
지하 2층	브랜드 부티크 패션, 뷰티

i RUN

아이런 |
운동화 용품을 모아 놓은 숍이다. 다른 할인 매장에 비해 가격의 장점은 없지만 더 전문적이다. 할인행사는 가끔 한다. 러닝화가 가장 많지만 농구화와 축구화 등도 일부 취급한다.

주소 #04-05/06
가격 $200~

313@Somerset

영 패션을 주도하는 313 앳 서머셋

서머셋 역과 연결되어 있으며 주 고객은 20대이다. 유동 인구가 많고 타깃층이 분명한 매장들이 입점해 있다. 스미글과 타이포처럼 연령대별로 원하는 문구를 살 수도 있고, 1020에 맞춘 패션이 주를 이룬다. 운동화, 축구용품, 스포츠용품을 한자리에서 보고 싶다면 4층으로 올라가면 된다.

찾아가기 NS **MRT 서머셋(Somerset) 역** B출구와 쇼핑몰이 연결되어 있다.
주소 313 Orchard Road, 313@Somerset **MAP** P.067J **2권** P.071

Play Dress

플레이 드레스 |
2017년에 런칭하여 성장세로, 로컬 디자이너가 디자인을 한 제품을 판매한다. 매장 규모가 크고 20대와 30대 여성을 타깃으로 한다. 캐주얼부터 스마트 캐주얼까지 갖추고 있다. 세일하는 품목이 늘 있다.

주소 #03-10 (부기스 정션)
가격 $30~

Bugis Junction & Bugis+

아기자기한 숍이 모여 있는 부기스 정션 & 부기스 플러스

싱가포르 최초의 아케이드인 부기스 정션은 10대와 20대 초반을 타깃으로 한 쇼핑몰이다. 해당 연령대가 아니면 흥미를 느끼지 못할 가능성이 높다. 문구 · 완구 및 남성 패션이 많은 편. 부기스 정션과 부기스 플러스와는 2층으로 연결되어 있다. 부기스 플러스는 쇼핑보다는 음식에 중점을 두고 있다.

부기스 정션 **찾아가기** EW DT **MRT 부기스(Bugis) 역** C출구에서 지하로 연결
주소 200 Victoria Street, Bugis Junction **MAP** P.136F **2권** P.143
부기스 플러스 **찾아가기** EW DT **MRT 부기스(Bugis) 역**에서 C출구로 나가 길을 건넌다.
주소 201 Victoria Street, Bugis plus **MAP** P.136F **2권** P.143

Millenia Walk

작아서 편하게 둘러 볼 수 있는 밀레니아 워크

선텍 시티와 비교하면 작은 규모지만 특징이 있는 건물이다. 현대 건축의 대가인 필립 존슨이 디자인한 빌딩이다. 내부로 햇빛이 들어오고 피라미드 형태가 빛에 따라 색이 바뀐다. 약간 특색있는 매장들이 있고 쇼핑몰로서 갖출 것들은 다 갖추고 있다. 프로미나드 지역을 방문했다면 들러보자.

찾아가기 DT CC **MRT 프로미나드(Promenade) 역** A출구에서 연결되어 있다.
주소 9 Raffles Boulevard **MAP** P.060D **2권** P.063

Harvey Norman

하비 노만 | 싱가포르의 대표적인 전자제품 및 가전제품 매장으로, 싱가포르 사람들이 어떤 물건을 사용하는지 궁금하다면 들러보자. 밀레니아 워크가 플래그십 스토어라 규모가 크고 가구도 취급한다.

주소 #01-59/63
가격 $50~

Suntec City

부의 분수와 함께 하는 선텍 시티

선텍 시티는 싱가포르의 컨벤션 중심 센터로 지어진 빌딩군이다. 거대한 오피스 타워 빌딩 안에 자리한 쇼핑몰로서, 관광객보다 근무하는 직장인이 타깃이다. 반드시 봐야 할 곳은 아니지만 이 지역에 투숙하거나 부의 분수를 보러 오는 경우 돌아보기 좋은 곳이다. 건물이 크고 따라서 매장도 큰 편이라 한가하게 구경할 수 있다. 다만 내부가 복잡하니 안내 표시를 보며 다니자.

찾아가기 DT CC **MRT 프로미나드(Promenade) 역** C출구에서 연결되어 있다.
주소 3 Temasek Boulevard **MAP** P.060B **2권** P.063

Bed Bath N' Table

베드 바스 앤 테이블 | 집안을 꾸밀 수 있는 다양한 제품이 가득하다. 밝은 색감이 특징이고 세일도 자주한다. 향초, 디퓨저, 슬리퍼, 장식품, 쿠션 커버 등 소품도 있으니 들러보자.

주소 #02-325
가격 $20~

MANUAL 21

백화점

익숙함과 새로움을 동시에

주요 백화점이 오차드로드에 몰려 있다.
에어컨이 있어 쾌적하고, 하루 종일 시간을 보낼 수 있다.
싱가포르인들은 차려입지 않고 동네 마실 가듯이 간다.
직원들이 친절하며 영업시간도 길다. 심지어 연휴 전에 연장 영업을 할 때에는
밤 11시까지 문을 열기도 한다!

TIP
시간이 없다면 지하 1층과 지하 2층만 둘러본다. 다카시마야 백화점에서 하루에 최대 3장의 영수증을 합해 GST 포함 $100가 넘으면 세금 환급이 가능하다.

층별 안내

4F
스포츠 골프용품 장난감 선물 안경 ATM 아동 의류 유아용품

3F
여행용품 여성 의류 란제리 남성 의류 남성잡화 · 구두 · 세금 환급 코너

2F
럭셔리 부티크 여성 백 · 구두 음식점, TWG 티살롱

1F
럭셔리 부티크 화장품 향수 패션 액세서리 주얼리 여성잡화 ATM

B1F
목욕용품 유명 도자기 브랜드 커피용품 가전제품 인테리어소품 주방용품 선물 스테이셔너리

B2F
베이커리 음식점 푸드코트 선물 슈퍼마켓 와인 뱅가완 솔로 TWG 해롯

싱가포르 최대 규모

다카시마야 백화점 Takashimaya Singapore

오차드로드의 중심에 자리한 일본계 백화점으로서, 싱가포르인의 사랑을 받고 있는 대표적 쇼핑몰이다. 항상 사람들로 넘치는 곳으로, 명품 브랜드부터 중저가 제품까지 구비하고 있다. 일본계 백화점이므로 일본 용품이 전반적으로 많은데, 가전제품이나 도기부터 각종 부엌 용품이 한국보다 다양하고 가격도 저렴하다. 유아용품과 문구류도 있어 가족 단위의 쇼핑에도 적합하다. 여성 의류는 한국에서 찾기 어려운 글로벌 브랜드가 여러 개 있으므로 체크해보자. 지하에 영국의 해롯 백화점 코너가 있어서 선물을 구매하기 좋다.

찾아가기 NS TE **MRT 오차드(Orchard) 역** 2번 출구로 나와 오른쪽 방향으로 도보 10분 또는 3번 출구로 나와 다카시마야 백화점 표시를 따라 지하보도로 10분 **주소** 391 Orchard Road **MAP** P.066J **2권** P.070

다카시마야에서 가봐야 할 브랜드

케이트 스페이드 뉴욕
Kate Spade New York 1층
1층에 들어서는 순간 눈에 들어온다. 뉴욕의 감성을 느낄 수 있는 케이트 스페이드는 발랄하고 상쾌한 컬러를 지향하며 기하학적인 무늬를 많이 사용한다. 데일리룩을 목표로 패션뿐 아니라 액세서리, 백, 신발 등을 판매한다.

막스 앤 코
MAX & Co. 3층
막스 마라 그룹에서 보다 젊은 고객을 타깃으로 만든 브랜드로, 동양인 체형에 맞는 패션을 구비하고 있다. 스위트한 컬러와 귀여운 디자인이 많다. 막스 마라의 또 다른 세컨드 브랜드인 위켄드 막스 마라도 바로 앞에 있다.

테드 베이커
Ted Baker 3층
영국 브랜드인 테드 베이커는 왕세손비인 케이트 미들턴이 자주 입어 유명해졌다. 우아한 실루엣의 드레스가 많고, 1950년대 로맨틱한 감성을 콘셉트로 꽃무늬, 나비무늬, 파스텔톤을 많이 활용한다.

해롯
Harrods 지하 2층
모든 제품을 영국 런던의 해롯 백화점에서 수입해 판매하므로 가격이 저렴한 편은 아니다. 영국의 상징인 빨간 우체통, 2층 버스, 왕실 근위병 등을 형상화한 디자인은 아이들이 좋아할만하다.

층별 안내

4F
이벤트홀 여행용품

3F
남성 의류 여성 의류

2F
여성 의류 카페

1F
화장품 티옹바루 베이커리

B1F
홈 푸드코트

TIP
단순 변심에 대한 환불은 불가능하며, 30일 이내에 원래 상태로 가져오면 상품권으로 준다. 전자제품은 경우에 따라 교환 가능. 속옷 및 세일 제품은 교환·환불 불가. 지하의 푸드코트는 추천하지 않는다.

싱가포르 스타일을 보고 싶다면
탕 백화점
Tangs

싱가포르 로컬 백화점으로, 누각 모양의 건물이 눈에 띈다. 오차드로드 입구에 위치하고 있으며 다른 백화점과 비교하면 좁은 편이지만 최근 확장 공사를 하였다. 로컬 디자이너 브랜드도 많이 보인다. 또한 대중적인 해외 브랜드가 아닌, 싱가포르 나름의 명품도 찾아볼 수 있어서 윈도쇼핑에 좋은 곳이다. 특히 의류, 가방, 신발 등이 이에 해당된다. 비보시티에도 지점이 있다.

탕 앳 탕 플라자 Tangs at Tang Plaza **찾아가기** NS TE **MRT 오차드(Orchard) 역** 1번 출구 바로 앞 **주소** 310 Orchard Road, Tangs Orchard, Tang Plaza **MAP** P.066F **2권** P.071

탕 백화점에서 가봐야 할 브랜드

보야지 앳 이즈
Voyage At Ease 2층
마 소재를 활용한 원피스, 블라우스, 스커트, 팬츠가 다양하다. 믹스 앤 매치가 가능한 우아한 옷이 많다. 사이즈도 다양하며 점잖은 느낌을 주는 컬러가 많다.

탕 기프트숍
Tang's Gift Shop 지하1층
백화점에서 만든 기프트숍으로 다른 곳에도 있지만 종류가 많고 한 곳에 모아둬 편히 볼 수 있다. 장식품, 잡화, 향수, 서적, 문구, 액세서리, 접시 등 싱가포르의 전통과 관련된 물건이 있으므로 구경해보자. 가격대는 저렴하지 않다.

탕 맨즈
Tang Men's 3층
필슨이나 포터 등 국내에 들어와 있지만 유명무실하거나 미진출 브랜드들을 섞어놓은 편집숍이 아주 잘 되어있다. 가격도 국내에 비해 경쟁력이 있고 재고가 있는 경우도 많으니 꼼꼼하게 보자.

층별 안내

4F
레스토랑 리빙 아동 의류 아동용품 행사장 텍스리펀드

3F
남성 의류 남성잡화 스포츠

2F
여성 의류 미용실

1F
럭셔리 화장품 주얼리 여성잡화

B1F
식품

합리적인 가격의 쇼핑을 원한다면
이세탄 스코츠
Isetan Scotts

일본 백화점답게 일본 브랜드 및 일본에서 인기 있는 브랜드가 많고 일본 음식 축제를 자주 연다. 다른 백화점에 비해 한가한 편이다. 다른 매장에 없는 물건이나 사이즈가 남아 있을 때가 있으니 꼭 찾는 물건이 있다면 들러보도록. 일본 스타일을 좋아하는 사람이라면 구경할 만하지만 놓쳤다고 너무 아쉬워할 필요는 없다.

찾아가기 NS TE **MRT 오차드(Orchard) 역**에서 지하보도를 이용해 윌록 플레이스 1층에서(5번 출구) 이세탄 백화점을 보며 길을 두 번 건넌다.
주소 350 Orchard Road, Shaw House Isetan Scotts **MAP** P.066E **2권** P.072

층별 안내

3F
가전 주방용품 침구류 생활용품 아동용품 전반 문구 완구

2F
란제리 여성 의류 여행가방 핸드백 뷰티용품

1F
여성 구두 핸드백 시계 액세서리 화장품 향수

저렴한 생활용품을 사려면
비에이치지 부기스
BHG Bugis

시간이 많은 여행자라면 들러볼 만하다. 일부러 찾아갈 필요는 없고, 부기스에 가게 된다면 더위를 피할 겸 들어가자. 오차드로드의 대형 백화점들의 가격과 붐비는 사람들이 부담스러울 때 차분히 구경할 수 있는 백화점이다. 중저가의 제품들을 찬찬히 살펴볼 수 있으며, 부엌용품, 학생용품 및 중년층의 의류가 가격 경쟁력이 있다.

찾아가기 EW DT **MRT 부기스(Bugis) 역** C출구 방향의 에스컬레이터를 타고 지상 1층으로 올라간다. **주소** 200 Victoria Street, #01-01, Bugis Junction **MAP** P.136F **2권** P.142

MANUAL 22

패션 · 라이프스타일 숍

쇼핑천국 싱가포르

싱가포르는 쇼핑몰이 많고 모여 있어 보기가 편하고 그냥 지나가기 몹시 어렵다.
로컬 디자이너 브랜드와 로컬에게 인기 있기 있는 브랜드를 모아 봤다.
라이프스타일 숍은 티옹바루의 시그니처 숍 나나 앤 버드와 지역별로 눈에 띄는 곳을 선정했다.

깔끔한 디자인

아이루 iRoo

파티용 드레스부터 정장, 캐주얼까지 취급한다. 가격대도 적당하고 액세서리도 괜찮다. 대만 브랜드로 대만, 중국, 싱가포르, 인도네시아에 매장이 있다. 싱가포르에는 주요 쇼핑몰에 입점해 있다.

찾아가기 NS EW MRT 시티홀(City Hall) 역 A출구에서 지하로 연결
주소 #01-18, 252 North Bridge Road, Raffles City Shopping Centre
가격 $100~

화려한 색감과 텍스타일

보라 악수 BORA AKSU

터키 출신 디자이너 보라 악수는 세인트 마틴 패션학교를 졸업한 후 런던 패션위크를 통해 데뷔하였는데, 2003년에 자신의 브랜드인 보라 악수를 론칭하였다. 가격대가 다소 비싼 편이지만 옷의 디테일을 보면 이유가 충분하다. 원피스가 많고 여아용 아동복도 있으며 소재가 다양하다.

찾아가기 DT CE MRT 베이프런트(Bayfront) 역 D출구로 나와 더 숍스 앳 마리나베이샌즈로 들어간다.
주소 #B2-107, Canal Level, The Shoppes at Marina Bay Sands 가격 $250~

로컬들에게 최고 인기

에디터스 마켓 The Editor's Market

최근 로컬에게 가장 인기가 있다고 해도 과언이 아니다. 여름옷이 많지만 자켓까지 커버한다. 캐주얼부터 정장까지 전부 다룬다. 많이 살수록 가격이 싸지므로 모르는 사람과 개수를 맞춰 함께 결제하는 모습을 흔히 볼 수 있다.

찾아가기 NS TE **MRT 오차드(Orchard) 역** 2, 3번 출구에서 오차드로드 방향으로 도보 10분
주소 #B1-16/24, 391 Orchard Rd, Ngee Ann City **가격** $30~

디스플레이가 매력적인

인 굿 컴패니 In Good Company

로컬 디자이너 브랜드로 여성복, 남성복, 아동복이 모두 있다. 디스플레이부터 약간 아방가르드한 부분이 있지만 취향이 맞으면 좋아할 것이다. 액세서리가 특이하고 예쁘다.

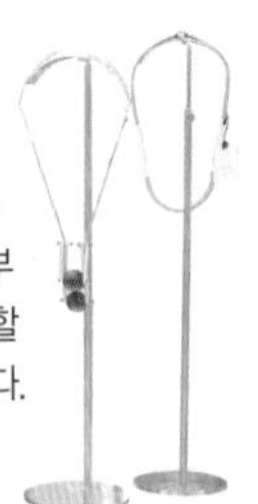

찾아가기 NS TE **MRT 오차드(Orchard) 역** 5번 출구에서 지하로 연결
주소 #B1-06, 2 Orchard Turn, ION Orchard **가격** $150~

톤다운된 컬러와 무난한 디자인

아이오라 iORA

캐주얼부터 정장까지 저렴한 가격으로 비교적 괜찮은 아이템을 고를 수 있다. 여러 벌 사면 할인해주거나 여러 가지 프로모션을 자주 진행한다.

찾아가기 DT CC MRT 프로미나드(Promenade) 역 C출구에서 연결되어 있다.
주소 #02-424/426, Suntec Tower 3, 3 Temasek Boulevard 가격 $20~

유행에 민감하게 반응하는

산스 앤 산스 Sans & Sans

로컬 디자이너가 2013년에 런칭한 브랜드로, 점점 매장이 많아 지고 있다. 2030 여성을 타깃으로 가격이 그렇게 비싸지 않은데도 질이 괜찮은 편이다. 그때 그때 유행하는 디자인을 빠르게, 또 입을 만하게 선보인다. 정장부터 세미 캐주얼까지 종류도 다양하다.

찾아가기 DT CC MRT 프로미나드(Promenade) 역 C출구에서 연결되어 있다.
주소 #01-421/426, Suntec Tower 3, 3 Temasek Boulevard 가격 $30~

멋내는 젊은이가 좋아하는

벤자민 바커 Benjamin Barker

셔츠에서 시작된 로컬 남성복 브랜드로 현재는 정장부터 구두, 액세서리 등으로 범위를 넓혔다. 맞춤제작도 한다. 18세에서 35세까지를 타깃으로 한다. 유행보다 클래식함을 추구한다.

찾아가기 NS MRT 서머셋(Somerset) 역 B출구로 나와 만다린 갤러리 쪽으로 길을 건너 왼쪽 방향으로 도보 3분
주소 #02-07, Cathay Cineleisure Orchard, 8 Grange Road 가격 $100~

고양이를 좋아하세요?

캣 소크라테스 Cat Socrates

고양이가 어슬렁거리며 지나다니는 이곳은 인테리어 용품과 패션 액세서리, 각종 소품과 서적 등을 취급하는 숍이다. 싱가포르를 포함 다양한 디자이너 브랜드를 취급하며 아늑한 분위기에서 쇼핑하기 좋다. 이름답게 고양이와 관련된 소품이 많은 것도 특징이다.

찾아가기 EW MRT 티옹바루(Tiong Bahru) 역 B출구로 나가 김티안 로드에 들어서 직진하다 커뮤니티 센터 표지판을 보며 들어간다. 도보 2분 후 용시악 스트리트가 시작된다.
주소 01-14, 78 Yong Siak Street
가격 $10~
MAP P.102A 2권 P.103

포니테일 로고만큼 사랑스러운

나나 앤 버드 nana & bird

티옹바루의 잇(it) 스토어로, 여성 패션, 커스텀 주얼리, 액세서리, 향수, 아동 패션까지 로컬부터 세계 각지에서 수입한 물건까지 다양하게 취급한다. 초기에는 친구 두 명이 집에서 팝업스토어 콘셉트로 시작하였다. 흔히 볼 수 없는 디자인을 보고 싶은 사람들을 위해 콘셉트에 맞게 선별해 오고, 인디펜던트 브랜드 위주다. 큐레이팅이라고 할 정도로 자부심을 가지고 있으며 다만 가격은 그에 따라 올라간다. 독특한 디자인을 좋아하는 사람이라면 들러보자. 그때 그때 취급하는 상품이 달라진다. 한동안 티옹바루를 떠났다가 다시 돌아오면서 새로운 디자이너를 발굴하고 아동패션에 더욱 주력하고 있다.

찾아가기 EW **MRT 티옹바루(Tiong Bahru) 역** B출구로 나가 김티안 로드에 들어서면 세븐일레븐이 보이고, 직진하다가 커뮤니티센터라는 표지판을 보며 들어간다. 도보 2분 후 용시악 스트리트가 시작된다.
주소 1M Yong Siak St **가격** $100~
MAP P.102A **2권** P.103

MANUAL 23

슈즈

새 신을 신고 뛰어보자

한 켤레 두 켤레씩 사다 보면 나도 모르게
귀국길 트렁크를 걱정해야 될 정도다.
품질이 좋고 발이 편한 신발이 많으며, 가격대가 다양하다.
기후 특성상 컬러가 밝고 디자인이 트렌디하다.
소재도 다양한데, PVC, 패브릭, 합성피혁부터 천연 가죽까지
가격대에 따라 달라진다. 흔히 알려진 브랜드를
포함하여 국내에 잘 알려지지 않았지만 콘셉트가 확실한
신발 위주로 소개한다.

싱가포르를 대표하는 로컬 브랜드

찰스 앤 키이스만 있는 것이 아니다. 싱가포르는 로컬 슈즈 브랜드가 많은데 그중 합리적인 퀄리티와 가격을 자랑하는 브랜드를 모았다.

1 찰스 앤 키이스 Charles & Keith

싱가포르 하면 이 브랜드를 떠올리는 사람도 있을 것이다. 1996년 찰스와 키이스 형제가 여성 슈즈에서 시작하여 남성 슈즈, 백과 액세서리로까지 사업 영역을 확장하였다. 한국과 가격 차이가 40% 이상 나므로 싱가포르에서 사자. 세일도 자주 하기 때문에 가격 차가 더 벌어진다. 인조 가죽이 압도적으로 많지만 잘 찾아보면 가죽 제품도 있다. 가격이 비싼 제품일수록 구매하는 것이 이득이다. 찰스 앤 키이스는 좀 과장하면 거의 모든 쇼핑몰에 입점해 있다고 해도 과언이 아니다. 공항 면세점마다 입점해 있지만, 면세 혜택 대신, 내가 찾는 그 제품은 없을 수도 있다는 걸 감안하자.

찰스 앤 키이스 아이온 오차드
찾아가기 NS TE MRT 오차드(Orchard) 역 5번 출구에서 지하로 연결
주소 2 Orchard Turn #B3-58
가격 $50~ **MAP** P.066E
찰스 앤 키이스 창이공항
[2 Terminal] **주소** #02-57, Departure Lounge(게이트2 근처)
[3 Terminal] **주소** # 02-53, Departure Lounge(게이트B 근처)

2 파지온 Pazzion

동남아시아 및 여러 국가에 진출해 있다. 실제 발음은 '팟찌온'에 가깝다. 찰스 앤 키스보다 국내 인지도는 떨어지지만 약간 가격이 더 있으면서 질도 좀 더 좋다. 소재는 여러 가지고 트렌드에 맞춘 디자인을 볼 수 있다. 낮은 굽의 슈즈가 많은 편. 위스마 아트리아, 비보 시티 등에도 매장이 있다.

파지온 마리나베이샌즈
찾아가기 DT CE MRT 베이프런트(Bayfront) 역 D출구에서 연결
주소 #B2-91, The Marina Bay Sands 10 Bayfront Avenue
가격 $80~ **MAP** P.048F

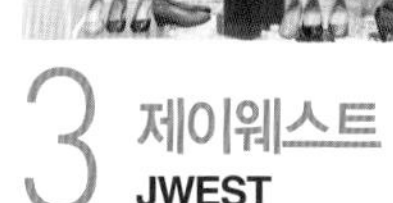

3 제이웨스트 JWEST

주롱 웨스트에서 이름을 따왔다. 출근하는 평일과 캐주얼한 주말에 적합한 구두를 판다는 콘셉트. 천연 가죽을 사용하며, 트렌드에 맞춘 구두 디자인을 선보인다. 밝은 컬러감이 눈에 띄며 우아하다. 제이웨스트에 비해 가격이 약간 저렴한 솔 러버도 같은 회사에서 운영하고 있다. 여러 백화점에 입점해 있다.

로빈슨 래플스시티
찾아가기 NS EW MRT 시티홀(City Hall) A출구에서 지하로 연결
주소 Level1, Raffles City Shopping Centre, 252 North Bridge Road
가격 $80~ **MAP** P.037D

4 페드로 Pedro

색감이 예쁘고 종류가 다양하다. 무난한 것도 있지만 약간 특이한 디자인도 많이 보인다. 클러치를 중심으로 하여 작은 가방도 많이 보인다. 스니커즈도 취급하며 남성용 구두 및 잡화도 많다.

찾아가기 NS TE MRT 오차드(Orchard)역 3번 출구로 나와 지하로 연결 주소 #B1-32/33/34, Wisma Atria, 435 Orchard Road 가격 $80~

5 프리티 핏 Pretty Fit

발의 편안함을 추구하는 브랜드로, 플랫슈즈나 스니커즈가 대부분이다. 디자인을 자주 바꾼다고 한다. 양가죽을 활용한 신발이 많은 편. 잡화도 있지만 다양하지 않다. 동남아시아 여러 국가에 진출해 있다.

찾아가기 NS TE MRT 오차드(Orchard)역 3번 출구로 나와 지하로 연결 주소 #B1-30/31, Wisma Atria, 435 Orchard Road 전화 +65 6732 5997 가격 $70~

6 이티 오토 itti & oto

단독 매장은 없지만 싱가포르의 거의 모든 백화점에서 찾아볼 수 있는 슈즈 브랜드다. 신발 겉과 속이 전부 가죽인 것이 많고 기본에 충실한 디자인이 대부분이다. 색감도 화려하지는 않지만 그만큼 실용적이다. 세일도 자주 하는 편.

찾아가기 NS TE MRT 오차드(Orchard) 역 2, 3번 출구에서오차드 로드 방향으로 도보 10분 주소 #L1, 391 Orchard Rd, Takashimaya S.C., Ngee Ann City 가격 $70~ MAP P.066J

7 휴 HUE

유럽, 주로 스페인과 이탈리아에서 수입한 구두와 가방을 판매한다. 수입인만큼 가격이 저렴하지 않지만 가죽의 질이 좋다. 평소에 신기 좋은 편안하고 예쁜 신발이 많다. 지갑, 클러치부터 크고 활용도가 높은 가죽 가방도 있다. 파라곤에도 매장이 있다.

찾아가기 NS EW MRT 시티홀(City Hall) A출구에서 지하로 연결 주소 #02-30, Raffles City Shopping Centre, 252 North Bridge Road 가격 $200~

콜렉터를 위한

한국에서 인기 있어서 재고가 없는 아이템들이 구석에 쌓여 있는 경우가 있어 의외의 아이템을 건질 수도 있다.

8 리미티드 이디티 Limited Edt

나이키, 아디다스, 뉴발란스, 반스 등 유명 브랜드의 특이한 신발을 모아 수집가들과 패션 피플을 공략하고 있다. 싱가포르 전역에 지점이 늘어나고 있으며, 모두 다른 콘셉트로 꾸며져 있다. 예를 들어 313@서머셋의 Limited edt 볼트에서는 각 브랜드별로 발매되었던 한정판을 전시하고 판매하고 있으며, 희귀한 특히 313@서머셋에는 매장이 늘어나서 여성·아동용 매장이 따로 생기고 농구화, 축구화, 러닝화 등 용도가 있는 운동화와 스니커, 한정판 운동화 등에 관심이 있는 사람은 가볼 만한 가치가 있다.

리미티드 Edt 볼트 313 앳 서머셋
찾아가기 NS MRT 서머셋(Somerset) 역 B출구에서 연결
주소 #04-13/14, 313@Somerset 313 Orchard Road **가격** $250~
MAP P.066J

9 스니커 덩크 SNKR DUNK

일본의 스니커즈 리셀 플랫폼인 스니커 덩크가 만다린 갤러리에 입점하였다. 매장이 그리 크지 않고 물건이 다양하지 않다는 평이 있지만 직접 보고 구매할 수 있다는 장점이 있다. 나이키의 비중이 높은 편이다.

찾아가기 NS MRT 서머셋(Somerset) 역 B출구에서 313@서머셋 빌딩을 통과하여 왼쪽 방향으로 도보 5분
주소 #01-09B/#02-10, 333A Orchard Rd **가격** $150~
MAP P.066J

10 레프트 풋 Leftfoot

로컬에게 추천받은 숍으로 젊은이들이 많이 찾는다고 한다. 다른 곳에 있는 것도 있지만 알려지지 않은 브랜드를 발굴해 판매하는 것이 특징이다. 편한 분위기에서 쇼핑할 수 있다. 맞은편에 아웃렛 매장도 있다.

서머셋
찾아가기 NS MRT 서머셋(Somerset) 역 B출구로 나와 313@서머셋 빌딩을 통과하여 길을 건넌 후 도보 5분
주소 #02-18, 333A Orchard Road, Mandarin Gallery **가격** $150~

MANUAL 24

마니아 아이템

Mania items

다음 분야에 관심과 애정을 가지고 찾아다니는 사람들을 위해 준비했다. 화장품, 축구, 피규어 등의 분야에서 아직 한국에 들어오지 않았거나 흔치 않아서 직구를 할 수밖에 없는 제품 위주로 선정하였다. 입어보고 테스트해보고 살 수 있는 것이 여행의 장점. 화장품은 접근성이 좋은 곳이 많고, 축구, 피규어는 숍이 모여 있어서 바로 비교할 수 있다.

☑ Figure

심플리 토이즈 Simply Toys 외

플라자 싱가푸라는 피규어, 건담, 미니어처, 브라이스 인형, 캐릭터 상품 등을 판매하는 여러 매장이 모여 있다. 무비 레플리카스, 오타쿠 하우스, 토이클로짓 등이 있고, 도검, 총기, 갑옷 등 무기류를 판매하는 카이사르도 있다. 그중 심플리 토이즈가 가장 다양한 종류를 구비하고 있다. 안으로 들어가면 전시품도 많고 매장도 넓다. 단, 가격경쟁력이 있는 편은 아니다. 서브컬처에 흥미가 있는 사람은 플라자 싱가푸라로 구경 가자. 심플리 토이즈는 비보시티와 부기스 정션에도 매장이 있다.

찾아가기 NE NS CC MRT 도비곳(Dhoby Ghaut) 역 D출구에서 지하로 연결 주소 68 Orchard Road, #07-10/11A Plaza Singapura 가격 $50~ MAP P.067L 2권 P.077

Cosmetic

세포라 Sephora

1970년에 프랑스에서 시작된 코즈메틱 전문 유통업체로, 현재는 LVMH 모엣 헤네시 루이비통 컴퍼니에 속해 있다. 메이크업, 스킨케어, 향수, 배스 앤 보디, 네일, 헤어, 미용 도구, 남성용 코즈메틱까지 온몸을 꾸미는 데 없는 것이 없다. 세포라 자체 브랜드 제품도 색을 맞춰 정렬해 있고, 수입 화장품들을 한 번에 볼 수 있다. 남성용 화장품도 스킨케어, 헤어, 향수, 셰이빙 등 종류별로 구비하고 있으며 새로운 브랜드도 계속 들어온다. **여권을 제시하면 5% 할인을 받을 수 있으니 잊지 말자.**

세포라 아이온 오차드
찾아가기 NS TE **MRT 오차드(Orchard) 역** 5번 출구에서 지하로 연결
주소 #B2-09, ION Orchard
MAP P.066E

세포라 니안시티
찾아가기 NS TE **MRT 오차드(Orchard) 역** 2, 3번 출구에서 오차드로드 방향으로 도보 10분 **주소** #B1-05/09
MAP P.066J

세포라 더 숍스 앳 마리나베이 샌즈
찾아가기 DT CE **MRT 베이프런트(Bayfront) 역** D출구와 연결
주소 #B2-43, The Shoppes at Marina Bay Sands **MAP** P.048F

빅토리아 시크릿 Victoria's Secret

미국의 란제리 전문회사인 빅토리아 시크릿은 싱가포르에 입점할 때 화장품 위주로 론칭하였으나, 란제리도 판매하기 시작하였다. 프로모션을 자주 하는데, 예를 들어 보디로션 2+1이나 추가 구매 시 할인을 해주는 식이다. 제품도 자주 바뀌는 편이다. 매장 내에는 '빅토리아 시크릿 쇼' 영상이 계속 나오며, 고유의 분홍색 포장은 덤이다. 선물용이라고 하면 봉투와 종이를 더 주니 필요하면 달라고 하자.

빅토리아 시크릿 만다린 갤러리
찾아가기 NS **MRT 서머셋(Somerset) 역** B출구로 나와서 313@서머셋 빌딩을 통과하여 길 건너서 도보 5분
주소 #01-01/03, Mandarin Gallary
MAP P.066J

배스 앤 보디 웍스 Bath & Body Works

미국의 향을 온 가정에 전달한다는 목표를 가지고 있다. 매장에 들어가면 인테리어와 제품의 색감, 향기로 인해 기분이 좋아진다. 싱가포르에는 매장이 많지는 않으나 늘고 있는 추세다. 보디로션, 보디버터, 보디워시, 샴푸, 샤워젤 등 이름 그대로 몸에 바르고 쓰는 모든 종류가 있다고 보아도 무방하다. 금방 몸에 스며들어 수분 공급이 빠르며 끈적거림이 남지 않는다. 제품 이름은 과일·꽃·향신료·차 등에서 따왔다. 다양한 프로모션이 준비되어 있고, 주로 3+1이 많다. 언제 어떤 세일 아이템을 만날지 모르니까 눈여겨보자.

배스 앤 보디 웍스 더 숍스 앳 마리나베이 샌즈
찾아가기 DT CE **MRT 베이프런트(Bayfront) 역** D출구와 연결
주소 #B2-42, Canal Level, The Shoppes at Marina Bay Sands **MAP** P.048F

배스 앤 보디 웍스 니안시티
찾아가기 NS TE **MRT 오차드 Orchard) 역** 2, 3번 출구에서 오차드로드 방향으로 도보 10분 **주소** #B1-10/11, Ngee Ann City **MAP** P.066J

Football

페닌슐라 쇼핑센터 Peninsula Shopping Centre

페닌슐라 쇼핑센터는 웨스턴 외에도 스포츠용품을 판매하는 매장이 많이 있으므로 관심이 있다면 시간을 가지고 둘러보기를 추천한다. 운동화 전반을 판매하는 페더 스포츠가 현지인들이 많이 찾는 곳이다. 농구 · 하키 · 크리켓 · 헬스용품 등 각종 스포츠용품을 판매하는 챔피언 스포츠도 함께 입점해 있다. 축구, 음악 등 영국 냄새가 물씬 나는 구성의 라 바니타, 스케이트보드, 크루저보드 등 건물 전반적으로 스포츠용품에 특화된 숍이 많다.

찾아가기 NS EW MRT **시티홀(Cith Hall) 역**에서 B출구로 나와 싱가포르 강 방향으로 도보 3분 후 길을 건넌다. **주소** 3 Coleman Street, Peninsula Shopping Centre **MAP** P.037C

웨스턴 Weston Corp

박지성이 EPL에 진출하기 이전부터 축구 좀 안다 하는 사람들은 이곳에서 해외 직구를 해왔다. 축구화, 유니폼 등 각종 축구용품의 메카. 전 세계 웬만한 국가대표 팀과 클럽 팀들의 유니폼은 다 있다. 유럽 군소 리그는 물론이거니와 K리그 2 유니폼까지 구비하고 있을 정도. 축구화, 트레이닝 웨어, 머플러 등 각종 응원용품까지 다양한 굿즈를 판매한다. 페닌슐라 4층의 본 매장은 신제품과 액세서리 위주이고, 3층의 아웃렛은 이월 상품들을 싸게 판매한다. 같은 층에 웨스턴에서 운영하는 하키용품점도 있다. 비보 시티에도 매장이 있다.

찾아가기 NS EW MRT **시티홀(City Hall) 역**에서 B출구로 나와 싱가포르 강 방향으로 도보 3분 후 길을 건넌다. **주소** 3 Coleman Street, #04-09 Peninsula Shopping Centre **가격** 머플러 $10~ **MAP** P.037C **2권** P.045

Music

찾아가기 DT EW MRT 부기스(Bugis) 역 B출구로 나와 노스브리지로드에 있는 래플스 병원 앞 교차점에서 길을 건너 도보 5분
주소 766A North Bridge Rd
가격 $35~
MAP P.137C **2권** P.142

큐레이티드 레코즈 Curated Records

전 세계적으로 바이닐의 인기는 장기간 지속되고 있으며 싱가포르도 예외는 아니다. 2014년에 개업한 큐레이티드 레코즈는 중고뿐만 아니라 신규 LP를 전시하고 이름 그대로 엄선된 컬렉션을 보고 고를 수 있다. 친절하며 한정판이 숨어 있다고도 하니 잘 찾아보자. 새로 입고된 바이닐은 SNS에 올려주기도 한다.

스테레오 Stereo

1970년대에 세워진 스테레오는 오디오와 비디오 관련 장비 전문 업체이다. 헤드폰에 주안점을 두고 있으며, 일부 오디오 제품도 판매한다. 젠하이저, 보스, 브이모다, 오디오 테크니카, 마샬, 뱅앤올룹슨 등 유명 브랜드를 취급한다. 가격대가 다양하고, 환율에 변동이 있을 수 있지만 인터넷 최저가와 비슷한 가격도 있다.

찾아가기 NE NS CC MRT 도비곳(Dhoby Ghaut) 역 D출구와 연결된 플라자 싱가푸라 4층
주소 #04-06, Plaza Singapura, 68 Orchard Road **MAP** P.067L

MANUAL 25

서점 · 문구 · 완구

아이와 어른 모두를 위한 아이템

싱가포르에서는 폭넓은 연령층을 대상으로 하는 문구 · 완구류를 판매하는 매장을 많이 만날 수 있다. 미국 · 일본 · 영국 · 오스트레일리아 등 여러 나라에서 수입한 문구를 판매하며, 한국 제품도 꽤 보인다. 단독 매장인 경우 어른 취향에 맞는 것들을 더 많이 찾을 수 있는 반면, 백화점 내부와 토이저러스 등은 유아 · 어린이에게 맞춰져 있다. 서점은 니안시티의 키노쿠니야가 가장 큰 매장이다.

키노쿠니야 Kinokuniya

서점이 많지 않은 싱가포르에서 자리 잡은 일본 서점으로, 일본어 서적은 물론 영어 · 중국어 서적 및 문구도 판매한다. 영어가 공용어이므로 영어 책이 압도적으로 많다. 예를 들어 일본 만화책을 일본어 · 영어 · 중국어로 판매하는 것은 싱가포르이기 때문에 가능한 일이다. 최신 영미권 소설, 영어 사전, 잡지 등이 많다. 금융 · 재무에 관한 서적과 경제 · 경영에 관한 최신 이론도 영어로 접할 수 있다. 니안시티 지점은 불어 · 독일어 서적도 취급하며 각국 요리책이 많다. 먹는 것을 중시하는 나라의 특성을 보여주듯, 중국 음식, 인도 음식, 말레이 음식, 서양 음식에 관한 조리법은 물론, 음식 하나하나에 대한 전문적인 책도 많다. 부기스 지점은 젊은 고객에게 맞추어 소설, 만화, 그래픽디자인 관련 서적이 많다. 50만 권 이상을 취급한다고 하니 책을 좋아하는 사람이라면 들러볼 것을 추천한다.

주요 매장 정보

키노쿠니야 니안시티 Kinokuniya Singapore Main Store
찾아가기 NS TE MRT 오차드(Orchard) 역 2, 3번 출구에서 오차드로드 방향으로 도보 10분 **주소** 391 Orchard Road, #04-20 Ngee Ann City, Takashimaya Shopping Centre **MAP** P.066J

키노쿠니야 부기스 정션 Kinokuniya Bugis Junction
찾아가기 EW DT MRT 부기스(Bugis) 역 C출구에서 지하로 연결 **주소** 200 Victoria Street, #03-09 Bugis Junction **MAP** P.136F

북스 아호이 Books Ahoy!

티옹바루에서 있는 우즈 인 더 북스가 오차드로드에 이름을 다르게 하여 매장을 냈다. 영어로 된 아동 서적 전문점인데 특히 그림책에 특화되어 있다. 장난감도 있다. 둘러보기 편하게 되어있고 싱가포르 어린이들이 무슨 책을 읽는지 궁금하면 들어가 보자.

찾아가기 NS TE MRT 오차드(Orchard) 역 5번 출구에서 지하보도를 이용해 윌록 플레이스 1층으로 나와 힐튼 호텔 방향으로 도보 5분
주소 #02-03, Forum The Shopping Mall, 583 Orchard Road **가격** $20~ **MAP** P.066E

엔비시 스테이셔너리 앤 기프트
NBC Stationary & Gifts

오피스용품부터 팬시용품까지 취급하는 일본 회사로, 부기스 정션 매장이 크고 가장 많은 제품을 갖추고 있다. 최근에 유행하는 장난감부터 스누피, 알파카쏘, 리락쿠마, 스밋코구라시, 무민, 미피 등의 인형과 캐릭터 상품이 있다. 펜류 · 다이어리 · 노트 · 지류 · 아이디어 상품 등 일본 특유의 귀엽고 아기자기한 물건부터 미국 · 영국 · 호주 등에서 수입한 제품이 눈을 뗄 수 없게 만든다.

주요 매장 정보

엔비시 래플스시티 쇼핑센터 NBC Raffles City Shopping Centre
찾아가기 NS EW **MRT 시티홀(City Hall) 역** A출구에서 바로 연결
주소 252 North Bridge Road, #03-10/12 Raffles Shopping Centre
MAP P.037C

엔비시 부기스 정션 NBC Bugis Junction
찾아가기 EW DT **MRT 부기스(Bugis) 역** C출구에서 지하로 연결
주소 200 Victoria Street, #03-05 Bugis Jucntion
MAP P.136F

페이퍼 마켓
PaperMarket

'축하'라는 콘셉트 아래 생일부터 결혼식은 물론, 집에서 즐길 수 있는 파티 및 장식 용품을 팔고 있다. 미국 회사답게 파티 문화에 맞추어 브라이덜 샤워, 베이비 샤워, 테마를 가진 파티 등 세분화되어 있다. 페이퍼마켓이라는 이름답게 만 가지가 넘는 종이공작용 제품과 포장지, 스티커, 노트패드, 마스킹테이프 등 기본적인 문구부터 미술 시간에 사용할 것 같은 재료들까지 구비되어 있다. 마사 스튜어트 크라프트, 로라 애슐리 페이퍼 크라프트, 디즈니 메모리즈, 아메리칸 크라프트 등 20여 가지의 부티크 문구류도 취급한다. 시즌이 지난 것은 묶음 판매도 하니 잘 골라보자.

주요 매장 정보

그레이트 월드 Great World
찾아가기 TE **MRT 그레이트 월드(Great World) 역** 2번 출구에서 연결 **주소** #01-120, 1 Kim Seng Promenade, Great World **MAP** P.120A

타이포 Typo

호주의 의류 브랜드 코튼 온 그룹이 운영하는 곳으로, 매장이 함께 있는 경우가 많다. 차분하고 어른 취향의 물건이 많으므로 책상이나 실내 분위기를 바꾸고 싶다면 꼼꼼히 살펴보자. 카드·엽서·머그컵·각종 문구류·실내 인테리어 소품·DIY 제품·여행용품·파티용품 등을 판매하고 있는데 매장 크기에 따라 구비하고 있는 물건이 다르다. 실내 인테리어 소품은 시계·전등·장식품·수납박스 등으로, 눈요기하기에 좋다. $5부터 $50 이내에서 구매가 가능하다.

주요 매장 정보

타이포 서머셋 Typo Somerset
찾아가기 NS MRT 서머셋(Somerset) 역 B출구에서 연결 **주소** 313 Orchard Road, #01-18, 313@Somerset

바인드 아티잔 Bynd Artisan

70년 된 곳으로 처음에는 제본으로 시작하여 2012년부터 현재와 같은 모습으로 바뀌었다. 정부의 후원하에 홀랜드 빌리지에 자리를 잡았다. 폰트를 고르고 원하는 문구를 넣어 나만의 다이어리와 공책 등을 만들 수 있다. 소품과 가방, 가죽제품도 많다. 트와이스도 관광청 프로그램으로 방문한 적이 있고 시내에도 매장이 있다.

주요 매장 정보

바인드 아티잔 홀랜드 빌리지 Bynd Artisan Holland Village
찾아가기 CC MRT 홀랜드 빌리지(Holland Village) 역 A출구로 나온 후, 주차장을 통과하여 표지판을 보며 따라 올라가다 좌회전하며 잘란 메라 사가로 접어든 후 왼쪽 방향으로 올라간다. **주소** #01-54, 44 Jalan Merah Saga **MAP** P.085B **2권** P.087

바인드 아티잔 래플스시티 쇼핑센터 Bynd Artisan Raffles City Shopping Centre
찾아가기 NS EW MRT 시티홀(City Hall) 역 A출구에서 지하로 연결 **주소** #03-24, Raffles City Shopping Centre, 252 North Bridge Road

토이저러스 Toys "R" Us

나라별로 선호하는 캐릭터와 교육 성향이 다르므로 같은 브랜드라 하더라도 컬렉션이 다르고, 아예 들어오는 제품 자체가 다르기도 하다. 바비, 베이블레이드, 켄트, 패스트레인, 피셔프라이스, 아이언맨, 리프프로그, 레고, 모노폴리, 플레이푸드, 루빅스, 스타워즈 시리즈, 토마스앤프렌드, 토이스토리, 트랜스포머, 마텔 등 유명 브랜드는 물론, 셀 수 없이 많은 제품이 입점해 있다. 가격은 꼼꼼히 비교해봐야 한다. 매장이 넓으므로 충분히 시간을 가지고 둘러보자. 체험이나 운동을 돕는 완구 및 기구도 많이 판매하므로 아이와 함께 여행하는 사람이라면 추천한다.

주요 매장 정보

토이저러스 포럼 더 쇼핑몰 Toys "R" Us Forum The Shopping Mall
찾아가기 NS TE MRT 오차드(Orchard) 역 5번 출구에서 지하보도를 이용해 윌록 플레이스 1층으로 나와 힐튼 호텔 방향으로 도보 5분
주소 583 Orchard Road, #03-03/25 Forum The Shopping Mall **MAP** P.066E

MANUAL 26

슈퍼마켓

'국산'이 드문 나라의 슈퍼마켓은 무엇으로 채워져 있을까?

로컬의 일상이 궁금하다면 슈퍼마켓에 가보자.
싱가포르의 슈퍼마켓은 세계의 식품이 모이는 곳이라고 해도
과언이 아니다. 우리의 경우, 백화점 수입식품 코너에나
가야 볼 수 있는 것들이 훨씬 다양한 종류와
가격대로 준비되어 있다.
차, 치즈, 초콜릿, 맥주, 와인, 시리얼,
견과류에 주목!

콜드 스토리지 Cold Storage

싱가포르 최초의 슈퍼마켓. 콜드 스토리지라는 이름은 호주에서 냉동 고기를 수입해 팔기 시작한 것에서 유래하였다. 싱가포르가 독립하기 전인 1903년에 문을 열었다. 마켓 플레이스, 자이언트와 같은 계열 회사이다. 가장 무난하게 장보기 좋은 곳이기도 하고, 많은 쇼핑몰에 입점해 있어 쉽게 만날 수 있는 곳이기도 하다. 로컬 과자를 사고 싶은데 무스타파를 갈 시간이 없다면 이곳에서 해결하자. 그리고 만일 끼니를 놓쳤다면 치킨을 사서 숙소로 가자. 허니글레이즈드 치킨, 블랙페퍼 치킨을 추천한다. 치킨 말고도 초밥, 샐러드 등을 팔고 있으며 문 닫기 전에는 세일도 한다.

콜드 스토리지 다카시마야 Ⓢ **찾아가기** NS TE **MRT 오차드(Orchard) 역** C, D출구에서 오차드로드 방향 도보 10분 **주소** 391A Orchard Road, #B2-01/10 Takasimaya Singapore **MAP P.066J**

시에스 프레시 CS Fresh

콜드 스토리지와 같은 회사지만 신선함을 더욱 강조하며 규모가 큰 슈퍼마켓이다.거의 모든 것을 수입하는 싱가포르지만 가격대는 다양한데 비교적 비싼 물건이 있으며, 질도 좋은 경우가 대부분이다. 특히, 싱가포르에 거주하는 서양인이 장을 보는 곳이므로 서양 음식에 필요한 것이 많이 구비되어 있다. 올리브, 소시지, 통조림, 제과 · 제빵 재료 등은 구경만으로도 재미있다.

래플스시티 시에스 프레시 Ⓢ **찾아가기** NS EW **MRT 시티홀(City Hall) 역** A출구에서 지하로 연결 **주소** #B1-01, 252 North Bridge Road, Raffles City Shopping Centre **MAP P.037C**

NTUC 페어프라이스 NTUC FairPrice

싱가포르 최대의 슈퍼마켓으로, 전국노동조합(NTUC)이 운영하는 생활협동조합 형태이다. 가격이 저렴하고 큰 규모만큼, 정부의 물가 조절을 담당하는 기능도 있다고 한다. 시내보다는 주거지에 매장이 많다. 동물원으로 오가는 버스 정류장인 앙모키오 허브에는 가장 큰 매장인 엑스트라가 입점해 있다. 창이공항 2터미널과 3터미널에도 입점해 있는데, 3터미널에는 일반적인 슈퍼마켓보다 다소 비싼 파이니스트가 있다. 로컬이 장을 보러 올 정도의 규모로, 시내에서 미처 구입하지 못한 것이 있다면 살 수 있는 마지막 기회이다.

페어프라이스 파이니스트 창이공항 3터미널 Ⓢ **찾아가기** CG **MRT 창이공항(Changi Airport) 역**에서 3터미널로 향하는 길을 따라 올라가 지하 2층 **주소** #B2-9/10, Airport Boulevard, Basement 2 North

선물 · 기념품

열쇠고리는 가라! 선물·기념품 쇼핑

구하기 쉬운 제품을 실용성 및 기호를 고려해
선정했으니 받을 사람에 맞춰 골라보자.

돈과 시간, 체력을 아끼는 쇼핑 꿀팁

1 특색 있는 기념품은 그때 그때 사두자.

구매욕 자극하는 기념품이 어딜 가나 한 트럭씩 있는 유럽이나 일본과 달리 싱가포르에서 예쁜 기념품을 찾기가 어렵다. 눈이 가는 제품이 있다면 미리 사 두는 편이 안전하다. 다른 곳에서 똑 같은 제품을 팔 것이라는 보장이 없다.

2 관광지 기념품점을 그냥 지나치지 말자.

유니버설 스튜디오, 가든스 바이 더 베이, 동물원, 아쿠아리움 등 유명 관광지에 있는 기념품점을 꼼꼼히 살펴보자. 품질 좋고 예쁜 기념품이 생각보다 다양하고, 한정 제품이 많아 다른 곳에서는 찾아보기 힘들다.

3 쇼핑은 한 번에 몰아서 하자.

내 몸뚱이 하나 끌고 다니는 것도 버거울 정도로 덥고 습한 싱가포르에서 쇼핑백을 하루 종일 들고 다닐 수는 없는 일. 여행 일정 마지막 날 굳게 마음먹고 쇼핑을 모두 해치우는 것이 편하다. 또, 여러 곳에서 조금씩 쇼핑하는 것 보다 한 곳에서 대량으로 구입하는 것이 세금 환급(GST Refund)면에서 유리하다.

4 대부분의 여행자는 무스타파 센터와 창이공항만 가도 쇼핑 끝!

웬만한 물건은 두 곳에서 모두 구입할 수 있다. 무스타파 센터는 새벽 2시까지 영업하기 때문에 일정을 짜기도 수월하다. 추천하는 쇼핑 코스는 여행 마지막 날 일정을 모두 소화한 뒤, 밤 늦은 시간에 무스타파 센터에서 쇼핑을 하고 미처 못 산 제품들만 창이 공항 안에서 구입하자.

Coffee & Tea BEST 5

1

BACHA Coffee

바샤커피 요즘 싱가포르에서 가장 인기 있는 명품 커피 브랜드. 100% 아라비카 커피만 취급하고 있으며 여러 나라에서 생두를 들여와 일일히 로스팅을 거쳐 맛과 향이 뛰어나다. 커피에 대해 잘 모르는 사람도 쉽게 접근할 수 있도록 커피 마스터가 마시는 방법, 특징 등을 자세히 알려주고 시향도 얼마든지 할 수 있다. 가장 인기 있는 제품은 밀라노 모닝, 1910, 블루다뉴브. 사람마다 취향차이가 크기 때문에 직접 시향해보고 구입하는 것을 추천. 창이 공항 1, 3, 4터미널과 더 숍스 앳 마리나베이샌즈, 아이온 오차드 등에 매장이 있다.

Ⓢ **가격** 커피백 기프트 박스 $30~

2

TWG Tea

TWG 차 싱가포르를 대표하는 글로벌 명품 티 브랜드.한국과 비교하여 가격도 저렴하며 종류도 다양하다. 틴케이스는 인테리어 소품으로 인기가 높은데, 빈 통이지만 구매욕을 자극한다. 차를 마시는 사람이라면 티백보다 찻잎을 사 오는 것이 훨씬 경제적이다.

Ⓢ **가격** $29~ (티백 20개, $100이 넘지 않으면 공항이 저렴하다.)

3

OWL, Alicafe, Old Town Coffee

부엉이 커피, 알리 커피, 올드타운 커피 유명하기는 하지만 그 유명세에 비해 맛은 평범 그 자체. 일부 여행자들은 한국의 믹스커피가 더 맛있다고 하니 참고해서 구입하자. 그나마 올드타운 커피의 평이 제일 나은 수준. 부엉이 커피는 코코넛 슈거와 헤이즐넛 맛이 가장 인기다.

Ⓢ **가격** 각각 $6.8~, $5~, $6.5~.

4

T2

호주에서 온 브랜드로 찻잎은 다양한 나라에서 온다. 화려한 디자인의 과일차인 원 인 버밀리언(One in vermillion)이 냉침하면 맛있다. 아이온 오차드 등에 매장이 있다.

Ⓢ **가격** $20~ (티백 25개)

5

Ahmad Tea

아마드 티 맛과 향이 우수한 영국 차. 얼그레이와 잉글리시 브렉퍼스트 맛이 가장 인기 있다. 무스타파에서는 3~4개 묶음으로 판매하기도 하는데, 묶음마다 조합이 제각각이니 잘 찾아봐야 한다.

Ⓢ **가격** $8~

Chocolate BEST 5

1

Merlion Chocolate

멀라이언 초콜릿 싱가포르 여행 다녀온 티를 내고 싶을 때 구입하기 좋은 제품. 맛은 평범하지만 멀라이언 모양이라 왠지 특별한 느낌이다. 무스타파 센터와 창이 공항 기념품 숍 등에서 판매한다. 브랜드마다 가격 차이가 있다.

Ⓢ **가격** 보통 $15~

2

Kinder Happy Hippo

킨더 초콜릿 해피 히포 하마 모양 초콜릿인데 생긴 것만큼(?) 달다. 최근 우리나라 편의점에서도 쉽게 구입할 수 있지만 헤이즐넛 맛은 우리나라에서 구할 수 없어 인기 있다. 세일도 자주 해 여러 개를 구입하면 할인도 된다.

Ⓢ **가격** 1개 $2.8~, 4개 묶음 $9.9~

3

Dairy Milk, HIDE & SEEK

데어리 밀크, 하이드 앤 시크 가장 인기 있는 초콜릿 브랜드. 특히 데어리 밀크는 들어가는 재료에 따라 종류가 많고, 초코바, 미니 초콜릿 등 제품군도 다양하다. 하이드 앤 시크는 평범한 초콜릿 쿠키로 무난한 맛이다.

Ⓢ **가격** 각각 $1.55~, $0.8~.

4

Nutella B-ready

누텔라 비레디 급하게 당 충전을 해야 할 때 먹기 좋은 초코바. 잘 바스라지는 과자 안에 꾸덕꾸덕한 누텔라 잼이 가득 들어 있다. 우리나라에서는 해외 직구로만 구입할 수 있다.

Ⓢ **가격** $3.9~

5

Kinder bueno mini

킨더부에노 미니 작은 크기의 킨더 부에노 초콜릿. 부담스럽지 않게 당 충전을 할 수 있어 인기다. 우리나라 인터넷 쇼핑몰에서도 판매하지만 가격이 1.5배는 비싸다.

Ⓢ **가격** 가격 $4.5~

Grocery BEST 7

1

Bengawan Solo

벵가완 솔로 인도네시아 출신의 창립자가 싱가포르에 설립한 홈메이드 제과점으로, 다양한 종류의 과자와 떡 등을 판매한다. 파인애플 타르트는 파이 형태이며 그 외에도 틴케이스에 담긴 과자는 선물용으로 좋다.
Ⓢ **가격** 파인애플 타르트 $28~

2

Kaya Jam

카야 잼 카야 토스트에 들어가는 코코넛 에그 잼. 코코넛 밀크, 달걀과 설탕으로 만들며 판단 잎의 향을 지니고 있다. 야쿤 카야 토스트, 토스트 박스 등의 커피 하우스 및 슈퍼마켓에서 쉽게 구할 수 있다.
Ⓢ **가격** $4~

3

Chilli Crab Sauce

칠리크랩 소스 집에서도 칠리크랩을 먹을 수 있다. 굳이 게가 아니라도 된다. 깐 새우와 함께 볶아도 맛있다. 매운맛이 강해 술안주로도 아주 좋다. 프리마 테이스트(PRIMA TASTE)에서 나온 제품이 맛이나 편의성에서 가장 우수하다.
Ⓢ **가격** $7.9~

4

Lipton Earl Grey Milk Tea Latte

립톤 밀크티 티백이 아닌 스틱형이라 믹스커피 마시듯 간단히 티타임을 즐길 수 있다. 여러가지 맛이 있는데 얼그레이 추천. 생강맛은 호불호가 심하게 갈린다.
Ⓢ **가격** $5.9~

5

Muruku

무루꾸 타밀어로 '꼬았다'는 의미로, 쌀가루와 콩가루, 소금과 기름으로 만드는 튀긴 과자다. 인도 커리처럼 약간 맵고 자극적인 향이 있다. 긴 반죽을 둥글게 꼬아 만든 것부터 가늘고 콩과 함께 섞인 것까지 모양은 다양한데 무스타파나 코말라 빌라스 등에서 구입할 수 있다.
Ⓢ **가격** $4~

6

Nyonya Prawn Roll

논야 프론 롤 말린 작은 새우를 빻아 넣은 스낵으로, 롤을 씹으면 바삭바삭하다. 벵가완 솔로에도 있고, 슈퍼마켓에도 많다. 역시 맥주 안주로 좋다. 이 롤 형태를 활용해서 육포 전문점에는 고깃가루를 넣은 포크 플로스 롤(Pork Floss Roll)도 있다.
Ⓢ **가격** $17~

7

Poppadoms

포파돔즈 렌틸콩으로 만든 칩으로 짜고 다소 씁쓸하다. 토마토맛이 가장 무난하다.
Ⓢ **가격** $3~

Beauty Item BEST 4

Himalaya Nourishing Skin Cream

히말라야 수분 크림 싱가포르 전역에 있는 드러그스토어에서 판매하는 제품으로, 인도의 히말라야 상표 제품이다. 무스타파에서 약간 싸게 살 수 있다. 한국 여성들 사이에서 입소문이 나 있고, 싱가포르 가격이 한국 가격 대비 50% 이상 저렴하다.

Ⓢ **가격** 인텐시브 크림 150ml $9.9, 50ml 6개 $24(무스타파 기준)

Watsons Treatment Wax

왓슨스 트리트먼트 왁스 헤나, 아보카도, 허니, 요거트, 맥주 등 종류가 다양하며 볼륨, 윤기, 손상된 머릿결 회복 등 자신의 상태에 맞는 제품으로 선택하면 된다. 용기가 다소 불편하지만, 바르고 스팀타월로 감싸면 머릿결이 좋아진다.

Ⓢ **가격** $7~

Ellipse Hair Vitamin

엘립스 헤어에센스 우리나라에서는 해외 직구를 할 만큼 인기 있는 제품. 흡수가 빠르고 산뜻한 사용감 덕분에 부담스럽지 않다. 캡슐형이라 휴대가 간편하고 공간 차지를 덜해서 여러 개 쟁여오기 딱 좋다.

Ⓢ **가격** 6개입 $2.7~

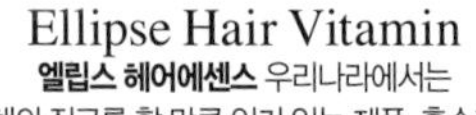

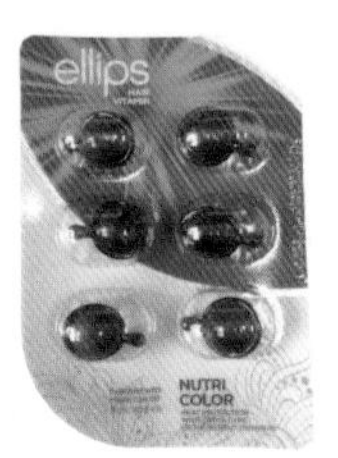

Prickly Heat

프리클리 히트 피부(특히 땀이 많이 나는 부위)에 바르면 시원해지는 쿨링 파우더. 가격이 무척 저렴하고 효과가 좋다. 용기 그대로 쓰는 것보다 화장용 퍼프를 사용하거나 붓으로 바르는 것을 추천. 오션 프레시 향이 가장 무난하다.

Ⓢ **가격** $1.3~.

Souvenir BEST 3

Magnet, Keyring, Snow ball

마그넷, 키링, 스노우 볼 등 눈에 띄게 예쁜 제품이 많지는 않아 보물찾기를 하는 마음으로 찾자. 유명 관광지, 무스타파 센터, 차이나타운 파고다 스트리트, 부기스정션, 창이공항 등에서 쉽게 찾을 수 있다.

Starbucks City Mug

스타벅스 시티머그 스타벅스도 잊지 말고 들르자. 웬만한 기념품 뺨치는 예쁜 디자인의 머그컵과 텀블러가 다양하다. 해마다 다른 디자인의 머천다이스를 내놓기 때문에 매년 지갑을 열게 된다.

Ⓢ **가격** $15.9~

Batik

바틱 리틀 인디아에서 많이 파는 의류로, 인도네시아 혹은 태국산이다. 홈웨어나 비치웨어 등으로 활용할 수 있다. 다만, 세탁시 물빠짐에 주의해야 하는데 명반(백반)을 넣어 삶으면 물이 빠지지 않는다. 텍카 센터 2층의 키엔 차이(Kian Chai) 디파트먼트 스토어는 종류가 다양하고 길거리보다 가격이 저렴하다. 인도네시아산 비스코스 레이온 제품을 추천한다.

Ⓢ **가격** $15~

Health Care BEST 6

AXE Universal Oil

AXE 유니버설 오일 머리 아플 때 바르면 두통이 진정되는 효과가 있다. 묶음 제품을 구입하면 조금 더 저렴하다. 용량에 따라 1호부터 6호까지 구분되어 있다.

Ⓢ **가격** 1호 $4.6~, 2호 $3.2~

Tiger Balm

호랑이 연고 호랑이 연고로 우리에게도 친숙한 '타이거 밤'은 100년이 넘는 역사를 자랑한다. 제품 자체는 한국에서도 구할 수 있지만 용도에 따라 종류와 크기, 형태가 다양하다. 냄새가 강하고 사람에 따라 화끈거림이 있을 수 있지만 곧 사라진다. 튜브 형태의 넥앤숄더는 여행의 피로를 덜어줄 수 있으니 바로 발라도 좋을 듯. 슈퍼마켓이나 무스타파에 가면 구입할 수 있다.

Ⓢ **가격** 타이거 밤 소프트 50g $5.50, 타이거 밤 휴대용 $0.9, 타이거 밤 넥앤숄더 럽 부스트 $7.6(전부 무스타파 기준)

Nin Jiom Herbal Candy

닌지옴 허브 캔디

중국 전통의 약재가 들어간 목캔디. 천연 허브 엑기스가 들어가서 기침과 목 아플 때 좋다. 목캔디지만 특유의 박하 느낌이 강하지 않고 여행 중에 휴대하기 좋다. 슈퍼마켓, 왓슨스에서 구할 수 있다.

Ⓢ **가격** 20g $1.9~, 캔 $4.65~ (페어 프라이스 기준)

Darlie

달리 치약 미백 효과가 있다는 대만의 유명 치약. 생각보다 양이 많아 오래 쓸 수 있다.

Ⓢ **가격** $3.1~

Siang Pure Oil

시앙 퓨어 오일

벌레 물린 데 바르는 약. 여행용 파우치에 들어 있는 패키지 제품도 인기 있다.

Ⓢ **가격** 2호 $2.4~

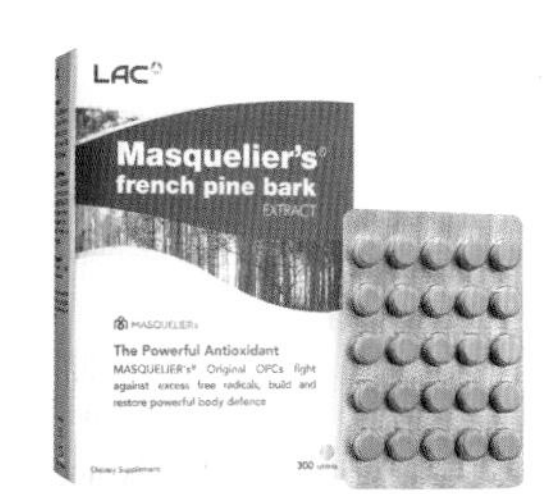

GNC

지앤시 미국의 건강식품 회사. 가격이 한국과 비교하여 많이 저렴하며 종류도 다양하다. 이야기를 잘 하면 유료인 GNC 카드를 무료로 가입하게 해주기도 하니 구매 시 딜을 해보자. 주요 쇼핑몰, 백화점에 입점해 있다.

Ⓢ **가격** French Pine Bark Extract MASQUELIERS $498.95(항산화 기능, 싱가포르 한정)

EXPERIE

ICE

MANUAL 28

유니버설 스튜디오

하루 종일 놀아도 좋아! 유니버설 스튜디오 싱가포르

할리우드 영화 속 주인공이 되는 것, 누구나 한 번쯤은 해본 상상일 거다.
허무맹랑한 소리로 들릴지 모르겠지만 유니버설 스튜디오에서는 모든 상상이 현실이 된다.
이름만 대면 알 만한 유명 할리우드 영화와 애니메이션들이 다양한 어트랙션으로 재탄생되었고, 극장 스크린을 통해서만 봤던 등장인물들도 쉽게 만날 수 있다.
테마에 맞춘 다양한 이벤트와 퍼레이드도 빼놓을 수 없는 즐길 거리다.
워낙 볼거리, 즐길 거리가 많아서 이곳에서는
딱 두 가지만 지참하면 된다. 지치지 않는 체력과 동심.

할리우드 유명 영화를 테마로 한 놀이공원. 아시아권에서는 일본 오사카에 이어 두 번째로 개장했으며 세계 최초로 선보이는 슈렉 테마 등 여섯 가지 테마로 이뤄져 있다. 테마별 볼거리와 즐길 거리가 풍성해 누구나 금세 영화 속 한 장면으로 빠져들게 만드는 것이 유니버설의 최대 장점인데, 어느 순간 영화 속 주인공은 아니라도 엑스트라쯤은 된 듯한 기분마저 든다. 제대로 즐기고 감동하려면 관련 영화를 보는 것을 추천.

싱가포르 유니버설 스튜디오에서 가장 인기 있는 어트랙션 & 쇼 BEST 6

찾아가기 비보시티 쇼핑몰 3층에서 센토사 익스프레스 모노레일을 타고 한 정거장. **SE 리조트 월드(Resorts World) 역**에서 하차 후 도보 2분
주소 8 Sentosa Gateway
시간 10:00~19:00 시즌별, 요일별로 오픈 시간이 유동적이다. 홈페이지에서 정확한 개장 시간을 확인하자.
가격

종류 \ 대상	어린이 (4~12세)	성인
1Day	$61	$82
익스프레스	+$50	
익스프레스 언리미티드	+$80	

MAP P.108D **2권** P.112

트랜스포머 더 라이드 입구

1 트랜스포머 더 라이드 Transformers The Ride

영화 〈트랜스포머〉 주인공들과 함께 악당 디셉티콘을 물리치고 위기에 빠진 도시를 구한다는 줄거리를 실감 나는 3D영상과 속도감, 음향효과로 재현해낸 라이드형 롤러코스터로 가장 인기 있는 어트랙션(키 102cm 이상 탑승 가능, 103~122cm 어린이는 보호자와 반드시 동승해야 함).

이집트 신전을 테마로 한 리벤지 오브 더 머미

2 리벤지 오브 더 머미 Revenge of the Mummy

거대한 피라미드의 컴컴한 암흑 속을 빠른 속도로 질주하는 스릴 만점의 실내 롤러코스터. 탑승 시간이 짧지만 고대 이집트 테마를 잘 살린 데다 스릴까지 있어서 젊은 층의 사랑을 듬뿍 받고 있다. 개인 물품 보관 후 탑승 가능하다.
(키 122cm 이상 탑승 가능)

3 워터월드 Water World 임시 휴업

제트스키, 검술, 고공 액션 등 몸을 사리지 않는 전문 액션 배우들의 활약과 어마어마한 스케일이 돋보이는 공연. 쉴 새 없이 뿌려대는 물을 맞기 위해 앞 좌석에 앉으려는 사람이 많다. 물이 튀는 정도에 따라 좌석 색깔을 구분하고 있으며 젖는 것이 싫거나 방수 기능이 없는 카메라를 소지하고 있다면 우비를 입도록. 쇼가 모두 끝난 다음에는 출연 배우들과 기념사진 찍는 것을 잊지 말자!

쇼 시간 : 12시 30분, 14시 30분, 17시 30분에 거의 열리지만, 요일과 시즌별 스케줄 변동이 많으니 확인하도록 하자.

4 슈렉 4D 어드벤처 Shrek 4D Adventure

슈렉과 동키, 피오나 공주의 흥미진진한 모험을 소재로 한 4D영화로 더위를 식힐 수 있어 일석이조다. 장애인용 좌석은 의자가 움직이지 않으니 앉기 전에 확인할 것.

5 배틀스타 갤럭티카 Battlestar Galactica

영화 콘셉트와 맞지 않는다는 이유로 한동안 운행을 정지했다가 최근 다시 운행하고 있는 듀얼링 롤러코스터. 빨간색과 파란색 두 개의 롤러코스터가 동시에 출발해 부딪힐 듯 질주하다 보면 어느 순간 도착해 있다. 속도감은 빨간색이, 스릴은 파란색이 한 수 위다. 개인 물품 보관 후 탑승 가능(키 125cm 이상 탑승 가능).

6 쥬라기공원 래피드 어드벤처 Jurassic Park Rapids Adventure

공룡의 공격을 피해 열대우림을 탈출하는 리버래피드형 어트랙션. 물이 튀어서 우비를 입는 것이 좋으며, 입구에서 1회용 우비를 판매한다. 이곳에서 입은 우비는 버리지 말고 워터월드에서 다시 입는 것을 추천(키 107~122cm 어린이는 반드시 보호자가 동행해야 함).

FIND OUT

유니버설 스튜디오 한눈에 보기

호수를 중심으로 총 6개 구역으로 이뤄져 있으며, 구역마다 다른 테마의 어트랙션과 즐길 거리로 채워져 있다. 현재 '슈퍼 닌텐도 월드'가 헐리우드와 오사카에 이어 세계 3번째 개장을 목표로 공사중이다.

1 할리우드 에어리어 Hollywood Area

입구에 들어서자마자 만나는 곳으로, 기념품점과 편의 시설이 몰려 있다. 춤과 음악이 어우러지는 'Daddy O's'와 'Mel's Dinettes', 매주 토요일과 휴일 저녁마다 열리는 불꽃놀이 'Lake Hollywood Spectacular' 등 다양한 공연이 호수 주변에서 열린다.

2 뉴욕 에어리어 New York Area

뉴욕의 뒷골목을 그대로 재현한 곳. 거대한 허리케인이 몰아치는 뉴욕을 볼 수 있는 'Light, Camera, Action'과 악당들을 쫓아 비행선을 타고 우주로 날아간다는 유아용 어트랙션 'Sesame Street Spaghetti Space Chase'가 있다.

→ **Light, Camera, Action 키 제한**
122cm 이하 어린이의 경우 보호자가 동행해야 함.

→ **Sesame Street Spaghetti Space Chase 키 제한**
92~122cm 이하 어린이는 보호자가 동행해야 함.

3 SF도시 에어리어 Sci-Fi City Area

남녀노소 불문하고 가장 인기 있는 어트랙션이 모여 있는 핫 플레이스로, 공상영화에서나 볼 법한 도시가 배경이다. 정신없이 돌아가는 회전컵 놀이기구 'Accelerator'도 재미있다.

→ **Accelerator 키 제한**
122cm 이하 어린이는 보호자가 동행해야 함.

4 고대 이집트 에어리어 Ancient Egypt Area

고대 이집트의 황금기를 콘셉트로 꾸며져 있어 시간 여행을 하는 듯한 느낌마저 든다. 사막 지프차를 타고 이집트를 탐험하는 'Treasure Hunters'는 유아들에게 인기 있다.

→ **Revenge of the Mummy 키 제한**
122cm 이상만 탑승 가능함.

→ **Treasure Hunters 키 제한** 122cm 이하의 어린이는 보호자가 동행해야 함.

5 잃어버린 세계 에어리어 The Lost World Area

커다란 공룡과 열대우림으로 꾸며진 쥬라기 파크와 워터월드, 두 개의 테마로 이뤄져 있다. 화석 지층을 암벽등반하는 'Amber Rock Climb', 익룡 모양의 소형 롤러코스터 'Canopy Flyer', 익룡의 파일럿이 될 수 있는 'Dino-Soarin'가 어린이들에게 인기 있다.

→ **Canopy Flyer 키 제한**
92~122cm 이하의 어린이는 보호자가 동행해야 함.

→ **Jurassic Park Rapids Adventure 키 제한**
107~122cm의 어린이는 보호자가 동행해야 함.

6 겁나 먼 왕국 에어리어 Far Far Away Area

영화 〈슈렉〉에 등장했던 '겁나 먼 왕국 성'이 세계 최초로 싱가포르에서 선보인다. 아시아 소재 테마파크 성 가운데 가장 큰 면적을 자랑하는 성 안에서는 'Shrek 4D Adventure'와 동키의 라이브 쇼 'Donkey LIVE', 유아용 실내 관람차 'Magic Potion Spin'을 만나볼 수 있다. 어린이용 주니어 롤러코스터 'Enchanted Airways'도 인기 있다.

→ **Shrek 4D Adventure 키 제한**
122cm 이하의 어린이는 보호자가 동행해야 함.

→ **Magic Potion Spin 키 제한**
100cm 이하의 어린이는 보호자가 동행해야 함.

유니버설 스튜디오에서 반드시 해야 할 것 4

1
독특한 기념품 쇼핑

아무리 쇼핑에 관심이 없는 사람들도 '지름신'에 시달릴 거다. 보기에도 좋지만 실용성까지 갖춘 기념품들이 유독 많기 때문이다. 모든 기념품들을 판매하는 공원 입구의 기념품점에서 퇴장 직전에 구입하면 편하다. 최고의 인기 품목은 Sci-Fi City의 '범블비 보틀'.

유니버설 스튜디오 싱가포르(USS) 최고의 기념품으로 꼽히는 트랜스포머 범블비 보틀

아카데미상 트로피를 꼭 닮은 기념품도 구입할 수 있다.

2
인증 사진 찍기

유니버설의 독특한 풍경을 배경 삼아 인증 사진 찍기도 그만이다. 겁나 먼 왕국이나 고대 이집트, 뉴욕이 소위 '사진발' 잘 나온다.

3
할리우드 드림 퍼레이드(Hollywood Dream Parade) 구경하기

영화 속 등장인물 분장을 한 댄서들이 흥겨운 음악에 맞춰 뉴욕(New York)부터 잃어버린 세계(The Lost World)까지 행진한다. 퍼레이드 시간이 유동적이라 홈페이지에서 미리 확인하자. 매주 토 · 일요일과 공휴일 오후 4시 또는 5시에 열린다.

4
거리 공연 즐기기

각각의 테마에 맞춘 거리 공연이 풍성하게 열리는데, 운이 좋으면 등장인물들과 기념사진을 찍을 수도 있다. 공원 곳곳의 입간판에 적힌 시간을 참고하자.

세서미 스트리트 캐릭터 모양의 보틀도 인기 있다.

세서미 스트리트 캐릭터들이 그려진 귀여운 간판

유니버설 스튜디오를 '제대로' 즐기는 8가지 방법!

1 사람이 많은 휴일 및 공휴일, 방학 시즌은 피하고, 개장 시간보다 **평일기준 최소 30분 전에 도착해서 기다리자(휴일은 1시간 전).** 이때 지구본에서 인증 사진을 미리 찍어두자.

2 '트랜스포머 더 라이드', '리벤지 오브 더 머미' 등 **가장 인기 있는 어트랙션부터 섭렵하자**. 개장하자마자 뒤도 보지 말고 **'Sci-Fi City' 쪽으로 전력 질주할 것!**

3 익스프레스권을 이용하자
일반 대기자보다 우선적으로 탑승할 수 있는 '익스프레스권'을 추가 구입하면 시간 절약이 된다. 18개의 지정된 어트랙션당 한 번씩만 이용 가능한 익스프레스권($50~)과 무제한으로 이용할 수 있는 익스프레스 언리미티드권($80~)으로 이뤄져 있으며, 탑승 시 별도의 대기 라인에 들어가면 된다. 특히 주말에는 익스프레스를 추천. 구입은 입구 들어가기 전 우측 편에 있는 'That's A Wrap' 등에서 가능.

4 반시계 방향으로 돌자
'Sci-Fi City'를 기점으로 반시계 방향으로 돌며 어트랙션을 즐기는 것이 가장 효율적이다. 재미있는 어트랙션을 초반에 타고, 마지막에 'Hollywood'나 'New York Area'에서 길거리 공연을 보는 것으로 마무리하는 순서다.

5 점심은 조금 이르게 먹자
점심시간이면 인기 어트랙션 대기 줄만큼 많은 사람들이 줄을 서는 진풍경이 연출되기도 한다. 남들보다 조금 이르게 식사를 하고 남들 식사할 때 대기 줄이 길었던 어트랙션을 공략하는 것이 편하다.

6 원칙적으로 음식물 반입이 금지된다. 적은 양의 마실 물이나 간단한 간식 정도는 눈감아주지만 **외부 음식 반입은 금지**되므로 참고하자. **딱 한 번, 무료 재입장이 가능**한 것을 이용해 스튜디오 밖에서 식사를 해결해도 좋다. 푸티엔이나 말레이시안 푸드 스트리트(2권 P.115) 추천

7 입구에서 전체 지도 팸플릿과 공연 스케줄표를 반드시 챙겨서 이벤트와 공연을 챙겨 보자.

8 물에 젖거나 소지품을 분실할 수 있는 어트랙션은 소지품을 모두 보관함에 맡겨야 한다. 그중 **소지품 보관 비용이 가장 저렴한 리벤지 오브 더 머미에 물건을 맡기고, 머미와 쥬라기파크까지 모두 타고 돌아오는 것이 좋다.**

TIP

물품 보관함 이용하기

1. 유니버설 스튜디오 밖
유니버설 입구를 바라보고 우측 편. 입구 앞에 있는 'That's A Wrap' 기념품점 바로 옆
소형(4시간/1일) – $12, 15
대형(4시간/1일) – $24, 30
대형 사이즈에도 웬만한 짐은 다 들어간다.

2. 유니버설 스튜디오 안
① 쥬라기공원 래피드 어드벤처 탑승장 바로 옆
1, 2, 3, 4시간, 1일 – $4, 8, 12, 16
② 배틀스타 갤럭티카 / 리벤지 오브 더 머미 탑승장 주변 45분 무료 / 20, 40, 60, 80분 추가시 $4, 6, 8, 10 추가
③ 입구로 들어와서 오른쪽 편. 휠체어 대여 부스 바로 옆
소형 4시간, 1일 – $12, 15
대형 4시간, 1일 – $24, 30

유모차 대여하기
위치 입구로 들어와 오른쪽 편
가격 1인용 유모차 $15, 2인용 $20

어드벤처 코브 워터파크! 제대로 즐기자!

가족 여행객 눈높이에 맞춰 지어진 누구나 즐길 수 있는 '가족형 워터파크'다. 어린이들을 위한 어트랙션은 물론, 어린이들과 성인 모두 이용할 수 있는 어트랙션들이 많아 가족 여행객들에게 특히 추천한다. 일반 어트랙션 이외의 특별한 어트랙션은 별도의 요금을 내야 이용이 가능하다.

찾아가기 SE **센토사 익스프레스 리조트 월드(Resorts World) 역**에서 나와 원형광장을 지나 S.E.A. 아쿠아리움 옆길을 따라 걸어가면 어드벤처 코브 입구가 보인다. 역에서 도보 10분 **주소** Adventure Cove Waterpark, 8 Sentosa Gateway **가격** (입장료) 1일 패스 성인 $39, 어린이(4~12세) 및 경로(60세 이상) $31/ 립타이드 로켓과 레인보우 리프를 대기하지 않고 바로 탈 수 있는 어드벤처 익스프레스 추가 시 $15 추가(피크 시즌 때는 $20) 현장 구매만 가능 **MAP** P.108C **2권** P.112

반드시 타봐야 할 어트랙션

립타이드 로켓 입구의 대기줄

1 립타이드 로켓 Riptide Rocket

마치 로켓이 튀어 오르는 것 같은 스릴을 선사하는 슬라이드 코스터형 어트랙션으로, 동남아 최초의 하이드로 마그네틱 코스터(Hydro-magnetic Coaster)다. 묘한 매력이 있어 두 번 세 번은 홀린 듯 그냥 타게 된다. 피크타임 대기 시간이 한 시간을 훌쩍 넘을 만큼 가장 인기 많은 어트랙션! 키 122cm 이상 탑승 가능하며, 122cm 이하의 어린이는 보호자가 동승해야 한다.

2 레인보우 리프 Rainbow Reef

워터파크에서 열대어와 스노클링을 한다? 불가능할 것 같은 상상은 현실이 되었다. 자연 상태 그대로의 모습을 재현하기 위해 동남아 근해의 산호초를 공수해 와 조경했고, 돌이나 모래 등도 감쪽같이 배치해뒀다. 깊이가 다른 물속에는 2만 마리가 넘는 열대어가 유유히 헤엄치는데 '물 반 고기 반'이 이런 곳을 두고 하는 말인가 싶을 정도다. 물 샤워를 한 다음 간단한 스노클링 장비를 갖춰 입고 한 바퀴를 쭉 돌아보는 식으로 진행되며 소요 시간은 넉넉잡아 20~30분가량. 누구나 좋아하는 어트랙션이라 가족 여행객들에게 특히 추천한다. 워낙 인기라 대기 시간이 2시간 이상 넘는 경우도 많다. 키 107cm 이상 체험 가능하며, 122cm 이하의 어린이는 보호자가 함께해야 한다.

3 어드벤처 리버 Adventure River

워터파크를 시계 방향으로 한 바퀴 돌 수 있는 수로. 수심이 얕고 유속이 느린 편이어서 아이들도 쉽게 탈 수 있고, 주변 볼거리도 많아 반응이 좋다. 동굴이나 열대 숲 등의 다양한 테마로 꾸몄는데, 특히 **레이베이(Ray Bay) 가오리 수조** 아래를 지나는 구간은 가오리와 함께하는 인증 사진 촬영 명소로 인기다. 입구에서 구명조끼와 튜브를 무료로 빌려서 탈 수 있다. 키 122cm 이하의 어린이는 보호자가 동승 및 동행해야 한다.

4 파이프라인 플런지 Pipeline Plunge
스파이럴 워시아웃 Spiral Washout
월풀 워시아웃 Whirlpool Washout

전형적인 워터슬라이드 어트랙션 3종 세트. 국내 워터파크에 있는 것과 비슷하다. 아주 특별한 점은 없지만 안 타면 섭섭하다. 키 122cm 이상만 탑승할 수 있다.

5 블루워터 베이 Bluewater Bay

우리나라 워터파크에서도 흔히 볼 수 있는 파도풀장이다. 파도 높이가 높지는 않지만, 수영을 못하는 사람이나 아이들은 입구에서 구명조끼와 튜브를 챙기는 것이 좋다.

SPECIAL PAGE

어드벤처 코브 워터파크, 똑소리 나게 즐기는 열 가지 방법!

1

개장 시간(10시)에 맞춰 입장하자마자 **가장 인기 있는 어트랙션(레인보우 리프 스노클링, 립타이드 로켓 등 슬라이드형 어트랙션)**부터 섭렵해 대기 시간을 최소화하자. 이후에 피크타임 때는 줄을 설 필요가 없는 블루워터 베이나 어드벤처 리버를 타는 계획을 세우자. 참고로 사람이 가장 많은 시간은 12시 30분에서 2시 사이이다.

2

입구 바로 앞의 탈의실과 로커보다는 대부분의 어트랙션과 접근성이 좋은 **안쪽 로커(립타이드 로켓 맞은편)를 이용할 것.** 로커 바로 옆에 탈의실과 화장실, 샤워실이 있어 이용하기 편리하다. 대형 로커가 몇 개 없기 때문에 짐이 많다면 서두르는 것이 좋다.

3

로커 비용은 소형 $10, 대형 $20. 추가 요금 없이 계속 열었다 닫을 수 있어서 귀중품을 보관하기 편리하다. 4인 기준 짐이 많지 않다면 소형으로도 충분하다. 비용 결제는 이지카드, 신용카드, 현금으로 가능하다. 로커는 생년월일과 좋아하는 색깔을 입력해서 사용(유니버설과 동일)하고 한국어 서비스도 가능하다.

4

기본적으로 음식물은 반입이 금지된다.(유아식, 의료용 제외) 입구에서 가방 검사를 하기도 하는데, 간단한 간식이나 500ml 정도의 마실 물 정도는 눈감아준다. 워터파크 내에 식당이 있는데 비용대는 조금 비싼 편이다.

한국어를 포함한 10개 언어로 이용할 수 있는 로커. 터치식이다.

5

워터파크 내에서 튜브 및 구명조끼를 무료로 대여해준다.

6

물놀이를 오래 하다 보면 추울 수 있으니 얇은 카디건이나 긴 티셔츠를 준비하자. 그늘에서 쉬고 싶다면 립타이드 동굴 라운지(Riptide Lounge)가 좋다.

조용히 쉴 수 있는 동굴 라운지

7

샤워 시설이 우수하지만 수건을 대여해주지 않으니 호텔이나 게스트하우스에서 수건을 빌려 올 것. 샤워용품도 기본적인 것은 필요하다(비치된 것은 물비누뿐!).

8

어트랙션 중 일부는 별도 요금을 내야 하는 것들이 있다. 4시간 정도면 모든 어트랙션 섭렵이 가능하다. 재입장이 가능하지만, 옷을 다시 갈아입어야 하고, 많이 걸어야 해서 추천하지는 않는다.

9

키 122cm 이상이면 웬만한 어트랙션은 모두 탈 수 있다. 7~8세 이상 추천.

10

레인보우 리프, 어드벤처 리버를 탈 때 방수 카메라가 있다면 반드시 휴대하자. 잊지 못할 순간을 사진으로 남길 수 있다.

MANUAL 30

센토사

매력 만점 센토사

'놀랄 노' 자다. 해안경비 포대가 들어선 작은 섬이던 센토사는 개발을 시작한 지
고작 40여 년 만에 싱가포르 관광 산업을 이끄는 주역으로 성장했다.
개장 초기 연 60만 명에 불과하던 방문자 수는 어느덧 연 2000만 명을 넘어서려 하고,
2012년에는 누적 방문자 수가 1억 5000만 명을 돌파했다. 센토사에 가거든 정신 줄 꽉 붙들자.
다양한 어트랙션들과 즐길 거리에 마음을 빼앗기다 보면 하루가 어떻게 지나갔는지도 모를 정도니까.
도무지 시간이 모자란 섬, 그 섬을 낱낱이 파헤쳐본다.

취향에 맞게 골라 가자!

A TYPE

센토사를 전부 즐기고 싶어

센토사 대표 어트랙션

B TYPE

남과 다른 센토사를 즐기려면

센토사의 색다른 경험

C TYPE

싱가포르의 더위를 날리고 싶다면

센토사의 매력 만점 해변

[special]

센토사 섬을 좀 더 똑똑하게 둘러보는 방법

Sentosa Guide

1 무료 교통수단을 적극 활용하자

센토사 내의 버스, 비치트램, 모노레일은 모두 무료로 운영된다. 교통수단을 잘 이용하면 걸어 다닐 일이 거의 없으니 될 수 있으면 이용하도록 하자. 자세한 교통 정보는 홈페이지에서 확인.

2 갈아입을 옷을 준비하고, 무료 샤워장을 이용하자

에어컨 바람을 쐴 만한 곳이 거의 없기 때문에 조금만 움직여도 금방 땀에 젖는다. 센토사의 해변가에는 누구나 이용 가능한 무료 샤워장이 있는데, 너무 더울 때는 이곳에서 샤워해도 좋다. 무료인 대신 수건이나 샤워용품은 모두 준비해 가야 한다. 카지노, 파인 다이닝 레스토랑에 갈 예정이라면 드레스 코드에 맞춘 복장과 여권(카지노)을 챙겨 가는 것이 현명하다.

3 마실 물은 넉넉히 챙겨 오자

싱가포르의 대표적인 관광지답게 센토사는 물조차 다른 곳보다 비싸다. 게다가 편의점을 쉽게 찾을 수 없는 경우도 많아 마실 물을 적당히 챙겨 오는 것이 좋다.

4 로커 이용, 이렇게 하자!

1) 센토사 해변

해변의 무료 샤워장 입구마다 크기별 로커가 설치되어 귀중품을 보관하기 좋다. 대금 지불은 현금으로만 할 수 있으니 미리 동전을 챙길 것! 소형 $1, 중형 $2, 대형 $3

2) 리조트 월드 센토사

센토사 익스프레스 워터프런트 역 앞의 더 포럼(The Forum) 쇼핑몰 지하 1층

토스트 박스(Toast Box) 옆에 위치. 소형 캐리어가 들어갈 크기의 대형 로커와 소형 로커로 나눠져 있다.

소형 2, 4시간, 1일/$6, $9, $15

대형 2, 4시간, 1일/$12, $24, $30

[가족 여행자들을 위한 꿀팁]

● 접이식 유모차가 유리

: 날씨도 더운데 아이까지 안고 있으려면 찜통이 따로 없죠. 아이가 어리거나(8세 이하) 체력이 약한 경우 경량 접이식 유모차는 필수. 아이가 힘들어할 때마다 태워서 다니기도 좋고, 무거운 소지품을 넣을 수 있어 엄마 아빠가 덜 고생스러워요. 야외 활동이 많거나 일정이 빡빡한 날은 무조건 유모차를 갖고 나가는 것이 속 편한데요. 센토사뿐 아니라 싱가포르 어딜 가나 유모차 끌기에 좋은 환경이며 심지어 비치트램이나 시내버스, MRT 등에도 유모차를 실은 채 이동할 수 있어요 (테마파크 안에서 유모차를 대여할 수 있지만 가격이 비싼 편이라 비추천).

+TIP 유모차에 부착할 수 있는 휴대용 선풍기나 자전거 열쇠도 챙겨가면 좋아요. 레인커버는 비추천. 비가 오면 실내로 잠깐 들어가면 되니까요. 유모차는 굳이 비싼 것을 살 필요는 없고 버릴 각오하고 저가형을 가져가는 것이 가성비로는 최고인데요. 등받이 조절이나 햇빛 가림 기능 등의 추가 성능은 꼼꼼히 따져보고 구입하세요.

● 식사 해결, 어디가 좋을까?

센토사의 웬만한 음식점들은 음식 가격이 비쌉니다. 워낙 임대료가 높아서 거대 푸드 체인점 이외의 특색 있는 음식점을 발견하기가 쉽지 않죠. 허나 그중에서 가장 추천할 만한 곳은 모노레일 '리조트 월드(Resorts World)역 앞 '더 포럼(The Forum)'에 입점 되어 있는 '딘타이펑(Din Tai Fung)', '토스트박스(Toast Box)', '푸티엔(PUTIEN)'.

● 시원한 음료를 마시고 싶다면

편의점에서 판매하는 슬러시가 가성비로 최고. 모든 편의점에 다 있는 것은 아니고요. 규모가 큰 곳에서만 취급하고 있어요.

해변마다 있는 화장실, 샤워실

샤워실 입구에 설치되어 있는 보관함

A 센토사 대표 어트랙션 BEST 4

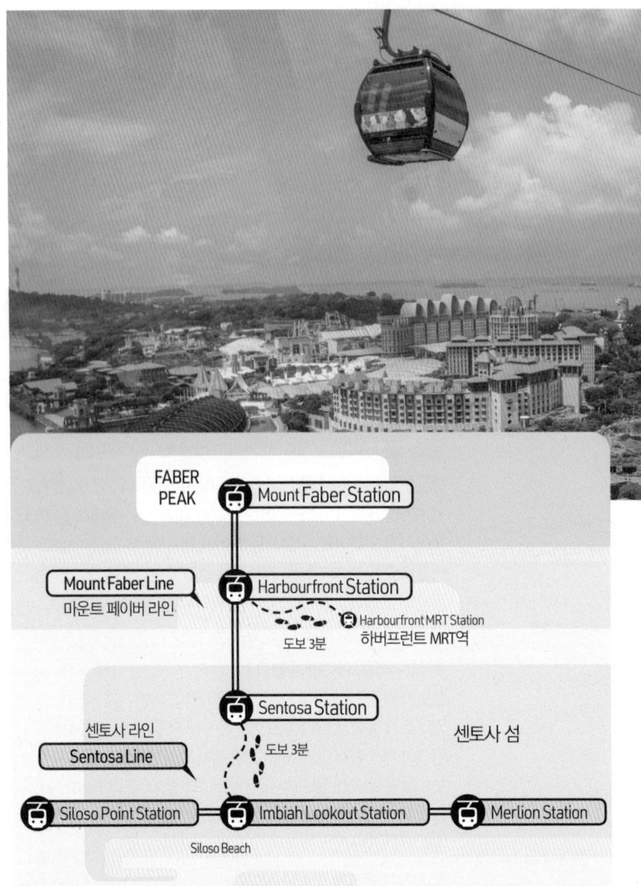

01 센토사 케이블카
Sentosa Cable Car

센토사와 주변을 한번에 잇는 관광용 케이블카. 노선은 마운트 페이버, 하버프런트, 센토사를 잇는 **'마운트 페이버 라인'**과 센토사 섬 내의 멀라이언, 임비아 룩아웃, 실로소 포인트를 잇는 **'센토사 라인'**으로 운영되고 있는데 각기 다른 풍경을 마주할 수 있다. 통합티켓 한 장만 있으면 2개의 노선을 모두 탑승할 수 있다.

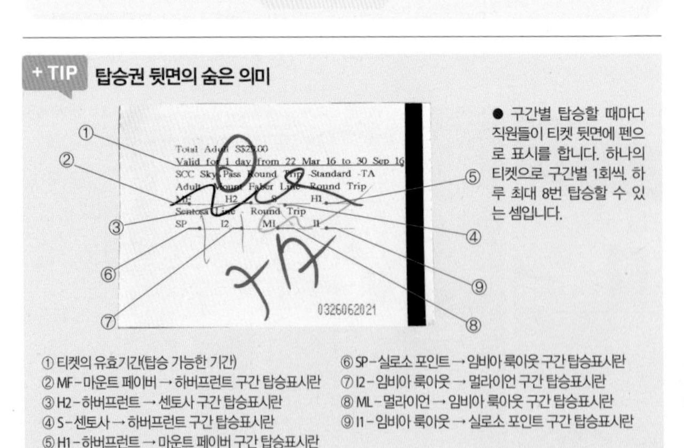

+ TIP 탑승권 뒷면의 숨은 의미

● 구간별 탑승할 때마다 직원들이 티켓 뒷면에 펜으로 표시를 합니다. 하나의 티켓으로 구간별 1회씩, 하루 최대 8번 탑승할 수 있는 셈입니다.

① 티켓의 유효기간(탑승 가능한 기간)
② MF-마운트 페이버 → 하버프런트 구간 탑승표시란
③ H2-하버프런트 → 센토사 구간 탑승표시란
④ S-센토사 → 하버프런트 구간 탑승표시란
⑤ H1-하버프런트 → 마운트 페이버 구간 탑승표시란
⑥ SP-실로소 포인트 → 임비아 룩아웃 구간 탑승표시란
⑦ I2-임비아 룩아웃 → 멀라이언 구간 탑승표시란
⑧ ML-멀라이언 → 임비아 룩아웃 구간 탑승표시란
⑨ I1-임비아 룩아웃 → 실로소 포인트 구간 탑승표시란

찾아가기 CC NE MRT 하버프런트(Harbourfront) 역 B출구로 나와 링크브리지를 건너 하버프런트 타워2로 들어가면 1층에 매표소. 탑승 플랫폼은 15층
주소 Harbourfront Tower2
가격 성인 $35, 어린이(3~12세) $25, 3세 미만 무료 **MAP** P.108A **2권** P.112

02 루지 & 스카이 라이드 Luge & Sky Ride

1인용 무동력 카트를 타고 정글 속 트랙을 질주하는 어트랙션으로, 센토사에서 가장 인기 있다. 조작법이 아주 쉽고 코스의 난이도도 높지 않아 누구나 탈 수 있는 것이 인기 요인. 루지를 처음 타는 사람들에 한해 탑승 직전에 조작법을 간단하게 배우는 시간이 별도로 있다. 코스는 드래곤 트레일(Dragon Trail)과 정글 트레일(Jungle Trail), 최근에 생긴 쿠푸쿠푸 트레일(Kupu Kupu Trail), 익스페디션 트레일(Expedition Trail)로 나뉘어지는데, 드래곤 트레일이 가장 재미있다. 생각보다 금방 완주하므로 한 번만 타기에는 아무래도 아쉽고, 두세 번 정도 타는 것을 추천한다. 어스름이 지는 무렵이 최적의 탑승 타이밍이다. 매표소 두 곳 모두 매표가 가능하며, 6세 이상 키 110cm가 되어야 루지를 혼자 탈 수 있다. 큰 짐을 소지한 경우, 도착 플랫폼 매표소에 있는 로커에 짐을 맡겨야 한다.(소형 로커 기준 $5 부과)

찾아가기 SE **센토사 익스프레스 비치(Beach) 역** 바로 옆 **주소** 45 Siloso Beach Walk Sentosa **가격** 요금에는 루지와 스카이 라이드가 모두 포함되어 있다. 루지 & 스카이 라이드 콤보 2회 $31, 4회 $37 ※키 110cm 이하의 어린이가 보호자와 동승할 경우 횟수당 $3 추가 부과
MAP P.108C **2권** P.116

TIP 티켓은 날짜와 시간은 지정해서 예매하는 **'픽스드(Fixed)'**와 지정하지 않고 예매하는 **'플렉시(Flexi)'**로 나뉘는데, 가격이 조금 비싸더라도 플렉시 티켓을 구입하는 것이 마음이 편하다. 픽스드 티켓이 지정된 날짜와 시간에만 사용할 수 있고, 예약 변경도 불가능한 반면 플렉시 티켓은 구매일로부터 90일 이내에 사용하기만 하면 되기 때문

TIP **스카이 라이드, 똑똑하게 이용하기!**

스카이 라이드를 '이동 수단'으로 이용하면 동선 정리가 쉬워진다. 루지에서 내려 해변이나 주변 구경을 한 다음에 스카이 라이드를 타고 올라가는 방법을 이용하면 시간과 힘을 덜 들이는 여행이 가능하다. 스카이 라이드 탑승 횟수를 한 번 남겨놨다가 케이블카를 타러 갈 때 이용하면 편하다.

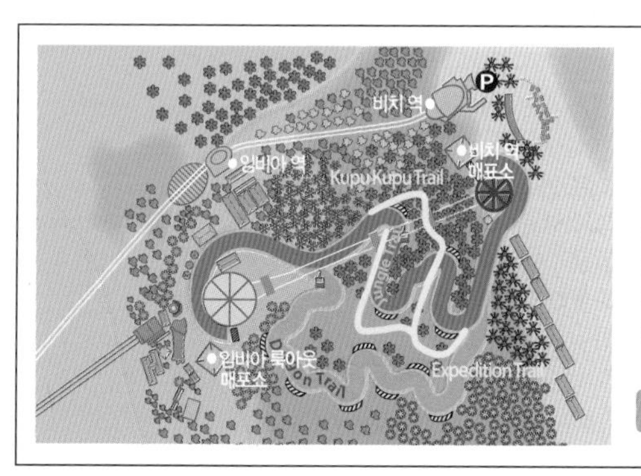

매표소와 플랫폼이 두 군데에 나눠져 있습니다. **임비아 룩아웃(Imbiah Lookout) 언덕 위.** 그리고 **모노레일 비치 역(Beach Station) 옆**인데요. 어느 매표소로 입장하느냐에 따라 탑승 순서가 바뀝니다. 임비아 룩아웃으로 입장한 경우 루지부터 탑승하게 되고요. 반대로 비치 역 매표소로 처음 입장을 했다면 스카이 라이드(스키장 리프트라 생각하면 이해가 빠릅니다)를 먼저 타야 하는 것이죠. 꿀팁 하나 더 드리자면 비치 역 쪽의 대기 줄이 더 짧은 경우가 많습니다. 대기 시간을 줄이려면 비치 역 매표소로 입장하세요.

TIP 스카이 라이드를 탈 때는 쿨토시를 꼭 착용하세요. 뜨거운 직사광선에 피부가 상하기 십상이랍니다.

03 S.E.A. 아쿠아리움 South East Asia Aquarium

무려 10만 마리, 1000종의 해양 생물을 만날 수 있는 세계적인 규모의 아쿠아리움. 해양 실크로드의 현장을 그대로 재구성한 '마리타임 뮤지엄'을 둘러본 다음 수족관 관람을 하게끔 되어 있다. 지하 1층의 아쿠아리움에서는 자바 해, 믈라카 해협 등 바닷속 세상을 총 7개 테마 존으로 나눠 전시한다. 하이라이트는 가오리와 골리앗 그루퍼, 상어를 비롯한 수천 마리의 물고기 떼를 볼 수 있는 **Open Ocean과 전 세계에서 가장 큰 돔형 수족관 Ocean Dome**. 두 곳 모두 바닷속에 들어와 있는 듯한 착각이 들어 가장 인기다. 다양한 해양 생물들을 직접 만질 수 있는 'School of Fish'는 아이들의 발목을 꽉 붙잡고, 몽실몽실 해파리들이 유영하는 'Ocean Diversity'도 볼 만하다. 제대로 보기 위해서는 2시간 정도는 잡아야 한다. 1회에 한해 무료 재입장이 가능한데, 입장권과 손등에 찍힌 스탬프를 보여줘야 한다.

TIP 왜 이곳이 좋나요?

더우면 만사가 다 귀찮고 짜증나는 법이다. 아쉽게도 센토사 어트랙션들 대부분이 더위에 노출되어 있어 여행자들 입장에선 좋든 싫든 귀찮은 몸을 꾸역꾸역 끌고 다닐 수밖에. S.E.A 아쿠아리움이 좋은 가장 큰 이유는 '시원하다'는 것. 가족 여행자나 한창 더울 오후 시간 동안 갈 만한 곳을 찾고 있는 여행자들에게 추천하는 것도 이런 이유에서다.

TIP 이벤트 스케줄은 홈페이지를 체크하자.

물고기에게 먹이를 주는 Dive Feeding 등의 이벤트가 매일 열린다. 홈페이지에서 시간과 장소를 공지하니 방문 전에 체크하자.

찾아가기 SE **센토사 익스프레스 리조트 월드(Resort World) 역**에서 하차 후 원형광장을 지나 안내표지판을 따라 도보 3분
주소 S.E.A. Aquarium, 8 Sentosa Gateway, Sentosa Island **가격** 성인 $41, 어린이(4~12세) 및 60세 이상 $30 **MAP** P.109 **2권** P.112

04 윙스 오브 타임 Wings of Time

형형색색의 조명과 레이저, 분수, 폭죽 등 다양한 특수효과와 웅장한 음악으로 이뤄진 쇼. 여수 엑스포의 빅오(Big O)를 탄생시킨 프랑스의 문화예술 기획사 'ECA2'에서 기획과 설계를 맡아 화려한 밤을 책임지게 된 것. 선사시대부터 아프리카 사바나까지, 세 친구의 시공간을 넘나드는 여행을 다룬 유치한 줄거리지만, 시선을 한시도 뗄 틈 없이 퍼붓는 화려한 특수효과들을 보고 있노라면 줄거리쯤이야 중요한 것이 아니라는 생각이 절로 든다. 선착순으로 좌석 배정을 하므로 원하는 자리에 앉고 싶으면 서둘러 입장하는 것이 좋다. 예약 필수. 특히 주말(금, 토요일)은 미리 예약하는 것이 좋다. 티켓 구입 후 받은 예약번호를 보여주고 입장한다. 바다에 저녁놀이 진하게 깔리는 밤 7시 40분 공연이 더욱 로맨틱하다. 날씨에 따라 공연이 취소되는 경우도 있다. 20분 소요.

찾아가기 SE **센토사 익스프레스 비치(Beach) 역**에서 바다 방향으로 도보 2분
시간 19:40, 20:40 **가격** 일반석 $18, 프리미엄석 $23 **MAP** P.109 **2권** P.116

TIP

01. 밤에도 바람 한점 불지 않아 덥고 습하다. 휴대용 선풍기 필수.

02. 어린 아이나 어르신이 있다면 조금 비싸더라도 프리미엄석을 예매하자. 시야가 좋고 등받이가 있어 덜 불편하다.

03. 쇼가 끝난 뒤에 일시적으로 인파가 몰려 복잡하다. 주변 산책을 조금 더 하다가 센토사 익스프레스를 타면 고생을 덜한다.

B 색다른 경험을 하고 싶다면?

메가집 어드벤처
Megazip Adventure

높이 75m, 450m 길이의 로프에 몸을 의지한 채 내려오는 고공 어트랙션. 생각보다 구간이 짧고 속도도 빨라서 금방 도착 지점에 내려오는 것은 조금 아쉽다. 온라인 예매 및 싱가포르항공 탑승권을 보여주면 10% 할인 혜택이 있다. 몸무게 30kg 이하 어린이는 보호자와 동승해야 하며, 120cm 이상이 되어야 혼자 탑승할 수 있다. 몸무게 30~140kg만 탑승 가능. 소지품들은 해변 도착 지점까지 옮겨줘서 편리하다. 매표소는 트라피자 바로 옆에 있다. 짐보관 $50에 가능

찾아가기 SE **센토사 익스프레스 비치(Beach) 역**에서 하차 후 도보 10분 **주소** Megazip Adventure Park Imbiah Hill Road, Sentosa Island
가격 메가집 $59 **MAP** P.108C **2권** P.117

고그린 세그웨이, 사이클
Gogreen Segway , Cycle

1인용 전기 스쿠터의 일종인 세그웨이는 조작법이 쉬워서 누구나 탈 수 있는데 생각보다 훨씬 재미있다. 탑승 시간 및 거리에 따라 요금이 달라지며 탑승 시간에 비하면 가격대가 비싼 것이 아쉽다. 스태프가 동승하는 펀 라이드(Fun Ride)를 제외하고는 10세 이하 어린이의 탑승이 불가하다. 또한 서약서를 쓸 때 여권번호가 필요하다. 키 105cm 이상, 몸무게 120kg 이하 탑승 가능.

찾아가기 SE **센토사 익스프레스 비치(Beach) 역**에서 좌회전하면 바로 보인다. **주소** 50 Beach View, #01-K5 Segway Hub, Beach Station, Sentosa Island **가격** 자전거 대여 1시간 $17, 1일 $68 실로소 세그웨이 어드벤처 $79.9 **MAP** P.109 **2권** P.117

아이플라이 싱가포르
iFly Singapore

실내 스카이다이빙 체험장. 가격이 비싸지만 아무곳에서나 할 수 없는 경험을 할 수 있다. 현장에서 티켓을 구입하는 것 보다 여행사 등에서 할인 티켓을 구입하면 훨씬 저렴하며 미끄럼 방지 기능이 있는 양말을 신어야 체험 진행이 되기 때문에 미리 준비해가면 양말 구입비용을 줄일 수 있다. 사전 교육을 받은 뒤 45초 체험을 진행하는데, 최소 3번은 타야 아쉬운 마음이 덜하다.

찾아가기 SE **센토사 익스프레스 비치(Beach) 역** 바로 옆 **주소** 43 Siloso Beach Walk, #01-01 **가격** $89~ **MAP** P.109 **2권** P.117

이미지 오브 싱가포르 라이브+마담투소
Image of Singapore LIVE + Madame Tussauds Singapore

비싼 입장료 때문에 외면을 받고 있지만, 센토사에서 몇 안 되는 실내 즐길 거리며 독특한 경험을 할 수 있는 이색 박물관. 싱가포르의 역사를 다양한 특수 효과와 배우들의 실감 나는 연기를 통해 직접 경험해 볼 수 있는 '이미지 오브 싱가포르 라이브'는 영어로 진행되는 것이 아쉽지만 관람 후반의 '더 스피릿 오브 싱가포르 라이드'가 괜찮은 편. 유명인들의 실제 체형은 물론 표정, 몸짓, 심지어는 주름살까지 밀랍 인형으로 완벽 재현한 '마담투소'는 다양한 즐길 거리가 마련되어 있어 색다른 경험이 된다. 이미지 오브 싱가포르 라이브와 마담투소는 콤보티켓만 이용 가능 하며, 할인 티켓이 시중에 나오지 않아 비싼 편. 온라인 예약 시 $10 할인 혜택이 있다.

찾아가기 SE **센토사 익스프레스 임비아(Imbiah) 역**에서 하차 후 맞은편에 보이는 에스컬레이터를 타고 끝까지 올라가면 바로 보인다. 도보 5분
주소 40 Imbiah Look Out Sentosa **가격** 콤보티켓 성인 $46.5, 어린이 $34 **MAP** P.109 **2권** P.112

리조트 월드 센토사 카지노 Resort World Sentosa Casino(RWS)

2010년 개장한 싱가포르 최초의 카지노. 들어서자마자 13만 2000개의 스와로브스키 크리스털 장식이 촘촘히 박힌 6.4m의 초대형 샹들리에가 방문객을 반긴다. 4개 층으로 구성된 영업장 내에는 650여 대의 테이블 게임과 1500대 이상의 슬롯머신, 프라이빗 게임룸을 갖췄고, 레스토랑과 품격 있는 바 등 즐길 거리도 다양하다. 구경만으로도 재미있지만, 재미 삼아 슬롯머신 한두 판 정도 해보는 것도 새로운 경험이 될 듯.

찾아가기 SE **센토사 익스프레스 리조트 월드(Resorts World) 역**에서 하차 후 안내표지판을 따라 도보 5분
주소 8 Sentosa Gateway, Sentosa Island **가격** 입장 무료 **MAP** P.109 **2권** P.116

TIP 필독! 카지노 규정

21세 이상 입장 가능. 드레스 코드가 있어 비치 웨어, 슬리퍼, 플립 플롭 등의 복장은 출입이 금지된다. 또 얼굴을 가릴 수 있는 선글라스, 모자 등은 착용이 금지되며, 카메라, 노트북 등의 전자 기기와 짐은 입구에 맡긴 다음 입장이 가능하다. 실내에서는 녹화 및 사진 촬영이 엄격히 금지된다. 외국인의 경우는 여권이 반드시 필요하다.

Do you know?

싱가포르에 단 두 곳뿐인 카지노(마리나베이 샌즈, 센토사)의 2022년 매출이 무려 7조 7600억 원이라는 사실. 너무 큰 금액이라 감이 오질 않는다면 강남구 1년 예산(1조 2000억)의 약 6.5배를 가볍게 뛰어넘는다고 하면 어떨지? 면적은 리조트 월드 센토사(RWS)의 3%에 불과하지만, 총수익의 80%가 카지노에서 발생한다.

C 센토사의 매력 만점 해변

실로소 비치 Siloso Beach

해변가 모래 위에 알록달록한 '실로소(SILOSO)' 조형물로 유명한 해변. 주변에 레스토랑과 편의시설, 어트랙션이 밀집해 있어 현지인과 여행자 모두의 사랑을 독차지하고 있다. 특히 비치발리볼이나 수영을 하러 모여든 젊은이들 덕분에 다른 곳보다 활기 넘치는 분위기가 특징. 젊음을 느끼려거든 실로소 비치가 정답이다.

찾아가기 SE **센토사 익스프레스 비치(Beach) 역**에서 실로소 포인트 방향 비치트램을 타고 종점에서 하차. 5분 소요
주소 Siloso Beach Walk **가격** 없음
MAP P.108C **2권** P.113

TIP **실로소 비치를 제대로 즐기려면 바로 이곳!**

트라피자 Trapizza
가격 대비 괜찮은 피자를 판매하는 곳. 에어컨 바람을 쐴 수는 없지만 이 인근에서 가성비가 가장 높다.
→ 2권 P.114 참조

코스테스 Coastes
실로소 해변가에 있는 비치 카페. 모노레일 비치 역에서 천천히 걸어 3분여 거리지만 번잡하지 않아 좋고, 파도 소리를 살짝 들을 수 있어 좋다. 이만한 분위기면 음식 맛도 좋을 거라 생각했던 것과 다르게 맛은 평범한 정도. 가격까지 비싼 편이라 제대로 된 식사보다는 허기만 때운다는 생각으로 주문하는 것을 추천. 카페 인근 해변은 실로소 비치에서도 그나마 바다 빛깔이 고운 곳. 수심이 얕고 파도도 높지 않아 수영하기에도 딱 좋다. 선베드를 대여해 망중한을 즐기는 것도 좋은 생각이다. → 2권 P.115 참조

팔라완 비치 Palawan Beach

옥빛의 바닷물과 흔들다리, 고운 모래사장이 있는 이국적인 해변. 두 사람이 겨우 지날 수 있는 좁은 흔들다리를 건너가면 작은 섬이 있는데, 이곳이 동남아시아 대륙의 최남단 지점이다. 끝 지점에 나란히 서 있는 전망대에 올라 화물선 수백 척이 떠 있는 풍경을 감상하는 것도 잊지 못할 경험이 될 듯. 특히 이곳은 센토사 해변들 가운데 물결이 잔잔하고 수심도 그리 깊지 않아 아이들이 놀기에 더없이 좋고, 현지인들의 피크닉 장소로도 인기 있다. 2023년 7월, '더 팔라완 앳 센토사(The Palawan @ Sentosa)'라는 체험형 어트랙션도 새로 개장해 좋은 반응을 얻고 있다. 인피니티 풀장과 비치 바, 전기 고카트 서킷 등 온 가족이 함께 즐길 수 있는 어트랙션으로 이뤄져 있다.

찾아가기 SE **센토사 익스프레스 비치(Beach) 역**에서 하차 후 탄종 비치 방향으로 비치트램 탑승 후 2~3 정거장
주소 Palawan Beach Walk **가격** 없음
MAP P.108F **2권** P.113

탄종 비치 Tanjong Beach

조용하고 한가로운 분위기 덕분에 여행자들보다는 현지인들에게 인기 있는 해변. 특히 센토사의 해변 중 유일하게 반려견의 출입이 가능해 애견인들이 주로 찾는다. 모래사장이 넓어서 비치발리볼을 하거나 요가 클래스가 열리는 모습을 심심찮게 볼 수 있는 곳이기도 하다. 작은 수영장과 선베드가 딸린 탄종 비치 클럽(P.313)도 이곳을 매력적이게 하는 요인.

찾아가기 SE **센토사 익스프레스 비치(Beach) 역**에서 하차 후 비치트램을 타고 탄종 비치에서 하차. 5~10분 소요
주소 Tanjong Beach Walk **가격** 없음
MAP P.108F **2권** P.113

MANUAL 31

동물원

동물과 어울리는 하루

싱가포르를 '도시국가', '무역국가' 등의 이미지로만 기억하는 것은 슬픈 일이다. 도시화가 진행된 남쪽 해안을 제외하고는 태고의 자연을 그대로 간직한 곳이 많은데, 북부의 WRS(Wildlife Reserves Singapore: 야생동물보호구역) Parks가 대표적이다. 이곳에 싱가포르 동물원, 나이트 사파리, 리버 원더스, 버드 파라다이스가 이웃지간으로 모여 있다.

동물원 vs. 리버 원더스 vs. 나이트 사파리 vs. 버드 파라다이스 우리 가족에게 맞는 곳은?

구분	동물원	리버 원더스	나이트 사파리	버드 파라다이스
주요 특징	울타리 없는 동물원, 다양한 멸종 위기종. 아이들 눈높이에 맞춘 체험과 쇼	전 세계 주요 강에 서식하는 민물어류와 동물. 주로 '보는 것'에 국한된 체험 거리	밤에 만나는 동물원, 한밤중 정글 트레일 누비기. 아이들과 함께할 수 있는 거의 유일한 밤 즐길 거리. 호불호가 가장 갈리는 곳	'새'로만 이뤄진 동물원. 어른과 아이가 함께 즐길 수 있는 다양한 체험 프로그램과 쇼
환경	더위를 피할 만한 곳이 거의 없고, 면적이 너무 넓어서 체력 관리가 힘듦	야외 관람이기는 하지만 관람로 위에 차광막이 설치되어 있어 그늘 아래에 머물게 됨. 유모차를 끌기에도 편하고 체력 소모가 적음	밤 시간대라 시원하지만, 다른 곳보다 모기가 많은 편. 운영 시간이 짧은 만큼 관람객이 한꺼번에 몰려 복잡할 때가 있음	면적이 아주 넓고, 더위를 피할 만한 공간 부족
예상 지출 및 소요 시간 ※예산은 아이 2, 어른 2 기준, 식대 포함	최소 $200~ 3시간 이상	최소 $180~ 2시간	최소 $240~ 3시간 이상	최소 $160~ 2~3시간
추천 연령대 (아이 기준)	5~10세	6세 이상	8세 이상	4세 이상

찾아가는 법 (2권 P.146)

❶ **MRT+시내버스 이용**
- **NS** **MRT 앙모키오(Ang Mo Kio) 역** C출구와 바로 연결된 버스 인터체인지 또는 **TE** **MRT 스프링리프(Spring Leaf) 역** 3번 출구에서 138번 버스 탑승 후 종점에서 하차.
- **NS** **BP** **MRT 초아추캉 역**과 바로 연결된 버스 인터체인지에서 927번 버스 탑승 후 종점(Singapore Zoo)에서 하차.

❷ **MRT+셔틀버스 이용**
- **NS** **MRT 카티브 역(Khatib) 역**에서 출발하는 셔틀버스가 생겼다. 요금은 1인당 $1, 이지링크카드로 지불할 수 있다. 아침 8시부터 밤 11시 40분까지 10~20분에 한 번꼴로 출발.

❸ **택시 · 그랩카 이용**
- 시내 주요 지역에서 평일 17:00~20:00시간대, 요일별 할증이 붙으면 $30 정도. 3명 이상이나 아이들이 있다면 추천

ⓒWRS parks

싱가포르 동물원 Singapore Zoo

그간의 동물원이라 생각했다면, 분명 잘못 짚었다. 이곳은 달라도 한참 다르다. 우선 울타리와 조형시설물이 없다. '방목'까지는 아니지만, 동물들의 복지를 최우선으로 한 열린 동물원이다. 동물과 사람 사이의 간격이 가까운 것도 이곳만의 매력이다. **먹이 주기**, **함께 사진 찍기** 등의 체험과 **쇼**를 통해 동물들에게 조금 더 가까이 다가갈 수 있다. 4200여 마리, 멸종 위기 40여 종 포함 300여 종의 동물들을 서식 지역에 따라 11개 구역으로 나눠 배치하고 있다. 구석구석을 열대우림으로 재현해 밀림 속에 들어와 있는 듯한 착각을 불러일으킨다. 늦은 오전부터는 많이 덥고 습한데 더위를 피할 곳이 마땅치 않다. 최대한 이른 시간부터 관람하고, 중간중간 트램을 타는 것을 추천한다.

찾아가기 2권 P.146 참고
주소 80 Mandai Lake Road
가격 성인 $48, 어린이(3~12세) $33
MAP P.149 **2권** P.148

유모차 대여 $15, 유아용 웨건 대여 $18,
짐 보관 $10(3시간 이후 시간당 $2),
휠체어는 입구 바로 앞 인포메이션에 비치

White Tiger

→ 백호

전 세계적으로도 희귀종인 백호가 서슬 퍼런 눈으로 숲 속을 어슬렁댄다. 다른 동물들과는 다르게 관람 지점과 멀리 떨어져 있지만 오싹하리만큼 무섭다! 먹이 주기 프로그램도 운영한다.(시간은 현장에서 확인)

Orangutan

→ 오랑우탄

동물원의 마스코트답게 조경부터가 남다르다. 커다란 정글짐을 연상케 하는 나무들 사이로 보이는 오랑우탄 가족은 가족 여행자들에게 인기 만점! 오랑우탄과 아침 식사를 하거나 사진을 함께 찍을 수 있다.

Polar Bear

→ 북극곰

열대지방 최초로 번식에 성공한 것으로 유명한 북극곰을 만날 수 있다. 북극곰과 너구리, 울버린이 있는 프로즌 툰드라(Frozen Tundra)는 항상 시원해서 더위를 피하기에도 제격!

쇼 / SHOW

동물 친구들 쇼 Animal Friends Show

개, 고양이, 생쥐 등 작고 귀여운 동물들이 등장하는 쇼로, 관객이 쇼에 참여할 수 있어 아이들이나 가족 여행자들에게 특히 인기 있다. 쇼가 끝난 후에는 등장했던 동물들과 기념사진을 찍는 시간이 마련되어 있다.

찾아가기 키즈월드 원형극장 **시간** 13:30, 16:00(15~20분간 공연)

스플래시 사파리 쇼 Splash Safari Show

물속에서 헤엄치는 캘리포니아 바다사자의 묘기를 볼 수 있는 쇼. 수족관에서 보는 것에 미치지는 못하지만, 쇼가 끝난 뒤 바다사자의 물세례를 온몸으로 맞을 수 있는 의외의(?) 매력도 있다.

찾아가기 쇼 원형극장 **시간** 10:30, 17:00(15~20분간 공연)

레인포레스트 파이트백 쇼 Rainforest Fight Back Show

환경 파괴로 집을 잃은 동물들이 힘을 합쳐 싸우는 내용의 쇼. 수달과 오랑우탄, 뱀, 원숭이 등 15종의 동물들이 출연해 온갖 묘기를 선보인다. 쇼가 끝난 다음에는 출연한 동물들과 사진을 찍는 시간이 있어 기념사진 촬영하기에도 좋다.

찾아가기 쇼 원형극장 **시간** 12:00, 14:30(20분간 공연)

체험 / EXPERIENCE

1. 물놀이장

물놀이장(Wet Play Area)
활동적인 아이들을 둔 부모들 주목! 동물을 테마로 한 어린이 전용 물놀이장에서 시간을 보내자. 음식 및 음료 반입이 되지 않고, 안전을 위해 물놀이장 안에서는 신발 착용이 금지된다.
찾아가기 레인포레스트 키즈월드 내 **가격** 무료

2. 먹이 주기 체험

온순한 동물들은 직접 먹이를 줄 수 있어 아이들에게도 인기가 높은 편. 홈페이지에서 날짜와 시간, 원하는 동물을 지정해 예약해야 한다.. 준비된 먹이가 한정적이고, 동물이 배가 부르면 더 이상 먹지 않기 때문에 최대한 일찍 가는 것을 추천. 먹이를 줄 수 있는 시간대가 수시로 변동되기 때문에 입장 시 다시 확인해보자.

© wrs parks

직접 먹이를 줄 수 있는 동물 리스트

코끼리	09:30, 11:45, 16:30
기린	10:45, 13:50, 15:45
염소	11:30, 15:30
코뿔소	13:15
코끼리 거북	13:15
얼룩말	10:15, 14:15

동물원 안에서 어떻게 다닐까?
트램(Guided Tram Ride)
독도의 1.5배 면적이라는 동물원! 덥기도 덥지만 엄청 습해서 돌아다니기가 여간 어려운 일이 아니다. 좀 더 효과적인 관람을 하려거든 '트램'에 주목하자. 동물원을 크게 한 바퀴 도는 트램에 탑승하면 걷는 수고로움을 조금은 덜 수 있는데, 2.2km 구간에 총 4개의 정류장이 있어 걷는 것보다 훨씬 효과적으로 둘러볼 수 있다. 또, 설명을 들을 수 있도록 '오디오 가이드'도 지원한다. 무제한으로 탑승할 수 있다.
시간 08:30~17:30
가격 무료

3. 동물들과 사진 찍기

동물들과 기념사진을 찍을 수 있어 항상 긴 대기 줄이 생긴다. 잊지 못할 기념사진을 찍고 싶다면 놓치지 말 것!
조랑말(Pony) → 10:00~12:00, 13:00~17:00
오랑우탄(Orangutan) → 11:00, 15:30, 16:30
코끼리(Elephant) → 13:30~14:00, 16:30~17:00

리버 원더스 River Wonders

'세계의 강'을 배경으로 하는 이색 동물원이다.5개 대륙, 10개 유역으로 이뤄져 있으며, 강에 기대어 사는 300여 종, 5000여 마리의 대표 어류와 동물들이 그 주인공이다. 평범한 수족관과는 다르게 어퍼 셀레타 저수지(Upper Seletar Reservoir)와 열대우림을 곁에 끼고 야외에 나와 있는 것이 특징. 그렇기에 대부분이 비슷한 기후대에 서식하는 동물들로 채워져 있고, 좀 더 현실감 있는 관람이 가능하다. 다른 테마파크형 동물원에 비해 관람로가 상당히 단순하고 효율적이라 체력적인 부담 없이 둘러볼 수 있다.

찾아가기 2권 P.146 참고
주소 80 Mandai Lake Road
가격 성인 $42, 어린이(3~12세) $30
MAP P.149 **2권** P.148

유모차 대여 $15, 물품 보관함 대여 $5 – 입구 앞 비지터 서비스(Visitor's Service)

체험 / EXPERIENCE

아마존 리버 퀘스트 보트 라이드 Amazon River Quest Boat Ride

플룸라이드 비주얼의 배를 타고 아마존 강을 재현해놓은 수로를 따라 30여 종의 동물들을 만나는 체험형 라이드 기구. 어른들에게는 시시하지만 아이들의 반응은 나쁘지 않은 편. 햇볕이 강할 때는 동물들이 그늘에 숨는 경우가 많으니 될 수 있으면 햇볕이 강하지 않을 때를 노리자. 리버 사파리 입구 매표소에서 미리 티켓을 구입해야 하며, 키 106cm 이상부터 탑승이 가능하다.

찾아가기 뷰잉 데크(Viewing Deck)를 지나 바로 보이는 보트 플라자(Boat Plaza)에 위치
시간 11:00~18:00 **가격** $5(환불 불가)

원스 어폰 어 리버
Once Upon a River

강가에 사는 동물들이 등장하는 쇼. 일반적인 동물 쇼가 아니라 '환경 보전의 필요성'을 쇼 전반에 녹여내 아이와 어른 모두 흥미롭게 즐길 수 있다. 쇼 시작 2시간 전부터 홈페이지에서 선착순 예약을 받고 있으며 예약을 하지 않았더라도 자리가 남을 경우 들여보내 주기도 하니 현장 직원에게 문의하자.

찾아가기 보트 플라자(Boat Plaza)
시간 11:30, 14:30, 16:30 1일 3회

Indian Gharial
갠지스 강

➔ 인도 가비알
갠지스 강에 주로 서식하는 악어류로, 세계적으로 1500마리밖에 남지 않은 멸종 위기종이다. 인도인들이 갠지스 강의 수호신으로 여기고 있고, 인도 정부 차원에서도 꾸준하게 보호하고 있어 개체수가 늘어나고 있다.

Mekong Giant Catfish
메콩 강

➔ 메콩 자이언트 메기
최대 몸길이 3m에 육박하는 초대형 민물고기로 메콩 강 중상류에 서식하는 멸종 위기종이다. 천천히 헤엄치는 메기 떼를 배경으로 기념사진을 찍는 사람들이 많다.

Alligator Gar
미시시피 강

➔ 앨리게이터 가
미국 남동부의 늪지에서 주로 서식하는 초대형 담수어. 악어의 주둥이에 물고기의 몸통을 가진 '괴물 물고기'로도 유명하다.

Arapaima & Pacu
아마존 강 아마존 플러디드 포레스트

➔ 아라파이마(피라루크) & 파쿠
최대 길이가 5m 이상까지 자라는 '세계 최대의 담수어' 아라파이마의 느린 유영에 취해보자. 우리가 잘 알고 있는 '피라냐'와는 다르게 초식성 물고기지만, 알몸으로 수영하는 남성의 고환을 먹이로 착각해 공격하는 물고기 파쿠(Pacu)도 놓쳐서는 안 된다.

Manatee
아마존 강 아마존 플러디드 포레스트

➔ 매너티
리버 사파리의 하이라이트. 너비 22m, 깊이 4m, 담수량은 200만 L(이는 올림픽 규격의 수영장에 들어가는 물의 양과 같다.)에 달하는 세계 최대 규모의 담수 수조다. 비가 많이 오는 우기의 아마존 강은 수심이 16m까지 높아져서 물고기들도 나무 열매를 먹을 수 있을 정도의 침수림이 생긴다는 것에서 착안했다.

Giant Panda & Red Panda
양쯔 강 자이언트 판다 포레스트

➔ 자이언트 판다 & 레드 판다
중국인들이 가장 사랑하는 판다를 만날 수 있다. 잠자는 시간이 대부분이고, 나머지도 대나무를 열심히 먹는 모습뿐이지만, 그마저도 귀엽다. 이곳을 나가면 한동안 시원한 실내 공간이 없다. 땀을 식힌 후 나가자! 마지막 입장 시간은 오후 6시까지.

식사 / EAT

마마 판다 키친 Mama Panda Kitchen
판다 모양 찐빵을 판매하는 유명한 캐주얼 레스토랑. 생김새도 귀엽지만 맛도 있어서 인기몰이를 하고 있다. 판다가 그려진 라테아트 커피를 곁들이면 금상첨화! 이 외에 대나무 밥 같은 음식들도 인기 있다. 인증 사진 필수!
찾아가기 자이언트 판다 포레스트(Giant Panda Forest) 앞에 위치 **전화** +65 6360 8560 **시간** 10:30~18:30 **가격** 판다 찐빵 $3.5~, 자이언트 판다 카푸치노 $6.5~

나이트 사파리 Night Safari

세계 최초로 개장한 밤에만 열리는 동물원. 2500여 마리가 넘는 야행성 동물들을 만나볼 수 있는데, 싱가포르 동물원과 마찬가지로 최대한 자연 상태 그대로의 모습으로 꾸몄다. 동물들을 비추는 불빛은 달빛과 최대한 비슷한 조도와 색을 쓰고, 울타리나 철창도 일절 찾아볼 수 없다. 정글 사이를 누비는 트램도 최대한 소리를 죽이고 운행한다. 여행자들이 이곳에서 할 수 있는 것은 크게 세 가지다. 야행성 동물들의 귀여운 애교를 볼 수 있는 '쇼'를 관람하거나 트램을 타고 정글 속을 누비며 야생동물을 관찰하는 것. 또는 직접 밀림 속 트레일 코스를 헤쳐가며 동물들을 찾아 나서는 것. 동물들이 눈에 잘 띄지 않는 곳에 숨어 있거나 잠들어 있는 경우가 많아 여행자들 사이에선 호불호가 심하게 갈리지만, 캄캄한 밀림 속을 헤매다 보면 싱가포르가 언제 더웠냐는 듯 온몸이 서늘한 기분마저 든다. 적어도 싱가포르 안에서는 이보다 더 확실한 피서법은 없을 듯! 어디에서도 해볼 수 없는 경험이라서 충분한 가치가 있다는 것이 개인적인 평가다.

찾아가기 2권 P.146 참고 **주소** 80 Mandai Lake Road
가격 성인 $55, 어린이(3~12세) $38
MAP P.149 **2권** P.148

유모차 대여 $8, 물품 보관함 대여 소형 $5, 대형$10
티켓팅 부스 (Ticketing Booth)에서 문의

워킹 트레일 걷기!

우거진 밀림 속을 걸으며 동물들을 만날 수 있는 워킹 트레일은 나이트 사파리의 백미다. 숲 속에서 들리는 바스락 소리, 동물들의 미묘한 움직임에 촉각을 곤두세우며 걷다 보면 마치 밀림 탐험가가 된 듯한 느낌마저 든다. 총 4개의 트레일 코스가 있으며 서로 연결되어 있기 때문에 길 잃을 염려도 없다.

피싱캣 트레일 Fishing Cat Trail

사파리 입구로 들어서자마자 좌측에 보이는 트레일 코스. 전 세계 최초로 사육에 성공한 말레이천산갑(Sunda Pangolin)을 비롯해, 쥐보다 조금 더 큰 크기의 아기 사슴(Mouse Deer)이나 인도 가비알, 수달 등도 만날 수 있다. 자주 목격되는 것은 아니지만 '피싱캣'이 물고기를 잡아먹는 모습을 지척에서 볼 수도 있다.

레오파드 트레일 Leopard Trail

딱 하나의 트레일만 걸어야 한다면 단연 '레오파드 트레일'을 추천하고 싶다. 가장 스릴 넘치는 트레일답게 숨죽인 채 사람들을 쏘아보는 표범의 날카로운 눈매를 1m도 안 되는 거리에서 볼 수 있다. 하이라이트는 과일박쥐(Fruit Bat)와 날다람쥐(Giant Flying Squirrel)다. 방심하고 걷다가 그 푸드덕거림에 필자 역시 혼비백산해서 달아난 곳. 다른 트레일보다 코스가 복잡해서 반드시 지도가 필요하다. 이스트 로지 트램 정거장에서 바로 연결되어 접근성도 좋은 편.

이스트 로지 트레일 East Lodge Trail

열대 지역과 사바나 지역의 경계에 서식하는 동물들을 만나볼 수 있는 트레일. 멸종 위기종인 말레이호랑이(Malayan Tiger)를 비롯해 하이에나, 사슴멧돼지의 일종인 바비루사 등의 동물들이 있다.

태즈매니아 데빌 트레일 Tasmanian Devil Trail

가장 최근에 생긴 트레일로, 호주와 뉴질랜드, 뉴기니에 서식하는 동물들이 주인공이다. 캥거루의 사촌쯤 되는 '왈라비'와 올망졸망한 눈망울이 귀여운 슈거 글라이더(Sugar Glider), 세계에서 가장 큰 육식 유대류인 '태즈매니아 데빌'이 주요 볼거리.

트램 탑승하기

40분간 트램을 타고 나이트 사파리를 크게 한 바퀴 돌며 동물들을 관찰할 수 있다. 동물 관찰도 재미있지만, 한밤중에 숲 속을 드라이브하는 기분도 제법 독특한 느낌이다. 특히 가이드가 동물들에 대한 간략한 설명도 해주지만 영어로 진행되는 것은 조금 아쉽다. 탑승장은 사파리 입구와 사파리 북쪽의 '이스트 로지'에만 있다.

매력 만점 '쇼' 관람하기!

©WRS parks

나이트 쇼
Creatures of the Night Show

야행성 동물들이 등장해 온갖 애교와 재주를 부리는 공연. 관객들이 공연에 참여할 수 있어 아이들이 정말 좋아한다. 워낙 인기 있는 공연이라 사파리에 입장하자마자 줄을 서는 것이 좋다.

주소 원형극장(Emphitheater)
시간 19:15, 20:30, 21:30, 금 · 토요일, 공휴일 전날은 22:30 추가 공연
가격 무료

트와일라이트 퍼포먼스
Thumbuakar Performance

오랜 기간 많은 여행자들에게 사랑 받았던 불쇼가 트와일라이트 퍼포먼스로 재단장했다. LED 봉을 요리 조리 돌리는 것이 전부라서 큰 기대는 하지 말자.

©wrs parks

먹이 주기 체험

'먹이 주기 체험'도 인기 있는 체험 프로그램이다. 선착순으로 진행되었지만 최근 홈페이지에서 예약을 하도록 변경되어 경쟁률이 훨씬 줄었다. 대신 예약 시간이 지나서 도착하는 경우 먹이 주기나 환불이 절대 불가능하다. 안전을 위해 키가 120cm 넘어야 진행 가능하다

인도 코뿔소
주소 이스트로지 트레일 내
시간 19:30 (체험은 약 15분간 진행)
가격 $10

4

이브닝 인 더 와일드 Evening in the Wild

나이트 사파리에서 야심차게 내놓은 프라이빗 정글 다이닝 프로그램으로 단순한 식사로 그치는 것이 아니라 다양한 프로그램이 함께 준비돼 있다. 식사를 하기까지의 과정도 특별하다. 전용 트램을 타고 캄캄한 정글 속을 달리다 보면 어퍼셀레타 호수가 보이는 다이닝 장소가 거짓말처럼 나타난다. 정글 한가운데에서 동물들을 차례로 만나다 보면 어느새 4코스의 식사가 준비되는데, 식재료도 특별하다. 친환경 농법으로 재배된 재료만 사용하며 환경파괴를 일으키는 재료는 배제했다고. 크리스마스, 연말, 각종 기념일 등 특별한 날에만 진행한다. 예약은 홈페이지에서 가능.

시간 18:30~21:30
가격 간식 1인당 $280~ (나이트사파리 입장료 포함)

울루 울루 사파리 레스토랑 Ulu Ulu Safari Restaurant

인근에서 가장 큰 규모의 레스토랑으로 간단히 먹을 수 있는 먹거리를 판매한다. 판매하는 음식의 종류에 따라 여러 부스로 나눠 운영하는데, 한식도 다양하게 준비돼 있어 반갑다. 가격대가 비싸고 사방이 뻥 뚫려 있어 냉방이 전혀 되지 않는 다는 것이 단점이다. 단체 여행객들이 주로 찾는 곳이니 사람들이 많이 몰리기 전에 식사를 하는 것이 핵심 포인트.

주소 80 Mandai Lake Rd **시간** 17:30~23:00 **가격** $23~
2권 P.149

TIP
나이트 사파리를 똑똑하게 즐기는 여덟 가지 방법

❶ **관람객이 몰리는 주말은 피하자.** 평일에도 개장 1시간전에 미리 도착해 줄을 서자. 여행사에서 구입한 티켓은 실물 티켓으로 바꿔야 입장할 수 있다.

❷ 동물 사진을 찍고 싶다면 **최대한 이른 시간을 공략**하자. 해가 지고 난 다음에는 사진 찍기란 거의 불가능하다. 플래시 사용이 절대 안 된다.

❸ **나이트 쇼 시작 2시간 전에 홈페이지에서 반드시 예매하자.** 워낙 인기 있는 쇼라서 생각보다 빨리 예약이 마감된다. 예매창이 쇼 시작 2시간 전에 열리므로 시간을 기억해뒀다가 예매하자. 예매확인 메일이 있어야 공연장에 입장할 수 있다. 쇼 시작 시간보다 늦게 도착하는 경우 노쇼로 간주되어 예약이 취소되며 다시 예약할 수 없으니 조심 또 조심

❹ 트램 탑승 대기자가 많다면 **정글 트레일을 먼저** 걸어보자. 시간이 늦어질수록 트램 탑승자가 적어지기 때문에 나중에는 대기 시간 없이도 탑승이 가능하다.

❺ 트램을 타고 한 바퀴 다 돌아도 좋지만, **반 바퀴 정도만 트램**을 타고 돌고, **나머지는 정글 트레일**을 걸으며 출구로 나오는 방법도 좋다. 물론, 힘들 때는 무조건 트램이다.

❻ 싱가포르는 밤에 비가 오는 경우가 많다. **우산이나 우의**를 챙겨 가는 것이 좋다. 비가 많이 오는 경우에는 트와일라이트 퍼포먼스와 나이트 쇼가 취소되는 경우가 대부분이니 일기예보를 확인한 다음 출발하는 것이 현명하다.

❼ **모기가 많다.** 스프레이식 모기 퇴치제를 1~2시간 단위로 뿌리자. 특히 어린아이일 경우 더더욱 중요하다.

❽ **시내로 돌아오는 막차 시간을 반드시 숙지하자.** 138번 버스는 00:15, 927번 버스는 23:48이 마지막이고, 카티브 역까지 가는 셔틀버스 막차는 24:00.

버드 파라다이스 Bird Paradise

400여 종, 3500마리가 넘는 새들을 만날 수 있는 아시아 최대의 동물원들 중 접근성이 떨어졌던 '주롱 새 공원'이 2023년 5월, 나이트사파리 옆으로 이전했다. 공원 명칭도 '새들의 천국'이라는 뜻의 버드 파라다이스로 바꾸었는데, 규모도 한층 더 업그레이드 됐다. 타조나 앵무새 등 우리에게 익숙한 조류는 물론, 멸종 위기종도 곳곳에 둥지를 틀었다. 어린이들이 신나게 물놀이를 즐길 수 있도록 에그 스플래쉬(Egg Splash))라는 물놀이장과 새 둥지 모양의 놀이터 '트리톱 플레이(Treetop Play)'까지 갖추고 있어 가족 단위 관람객도 많다. 문제는 엄청난 습도와 더위다. 공원을 한 바퀴 도는 트램을 이용해 걷는 것을 최대한 줄이는 것이 요령. 욕심을 과감히 버리고 관심이 있는 새장 몇 개만 중점적으로 구경하는 것도 한 방법이다.

찾아가기 2권 P.146 참고 **주소** 20 Mandai Lake Rd
가격 성인 $30, 어린이(3~12세) $20 **MAP** P.149 **2권** P.148

유모차 대여 $9, 유아용 손수레 대여 $15, 물품 보관함(입구, 새들의 놀이) 대여 $5

공원 내에서 어떻게 다닐까?

트램을 타면 좀 더 쉽게 둘러볼 수 있다. 트램은 펭귄 코브 앞과 로리 로프트 앞을 이어주고 있으며 자유롭게 타고 내릴 수 있고, 설명도 들을 수 있다.

시간 정류장별 마지막 출발 시간
펭귄 코브 앞 17:30, 로리 로프트 앞 18:00
가격 무료

체험 / EXPERIENCE

먹이 주기 체험

새들에게 직접 먹이를 주는 프로그램이 다양하게 준비되어 있다. 특히 잉꼬 세상의 경우는 공원 개장 시간 내내 프로그램을 운영하고 있어 가족 여행자들의 필수 코스로 여겨진다. 먹이를 별도로 구입한 다음 체험할 수 있다.

시간	동물	장소
09:30, 14:00	아프리카 새	Heart of Africa
10:00	펠리컨	Kuok Group Wings of Asia
11:00, 15:30	잉꼬	Lory Loft
13:00	화식조	Mysterious Papua

→ 윙즈 오브 아시아 Wings of Asia
인도네시아 발리의 계단식 논을 모티브로 만든 구역으로 사진찍기 좋다. 열대 지역에 서식하는 두루미, 공작새 등을 관찰할 수 있으며 더위를 피하기도 괜찮다.

→ 로리 로프트 Lory Loft
건물 속으로 들어가면 조금 색다른 풍경이 펼쳐진다. 울창한 밀림 속에 나무 전망대가 몇 군데 설치되어 있고, 그 사이는 흔들다리로 이어져 있다. 이곳의 주인은 수십 마리의 잉꼬들이다. 먹이컵은 입구에서 구입할 수 있으며 컵당 $3다. 먹이 주기 체험은 언제든지 가능하다.

→ 크림슨 웻랜드 Crimson Wetlands
버드파라다이스 안에서 유일하게 기둥이 없는 새장으로 저어새, 플라멩고 등 습지에 서식하는 새들을 사실감 있게 관찰할 수 있다. 또, 산책로가 잘 조성돼 있어 걷기에도 좋다. 주변 전망을 볼 수 있는 크림슨 레스토랑도 입점돼 있다.

쇼 / SHOW

프레데터즈 온 윙즈
Predators on Wings

매와 독수리 등 맹금류가 주인공이 되는 쇼. 매사냥꾼 행색을 한 사내가 말을 타고 등장하면 쇼가 시작된다. 어린아이 덩치만 한 매와 독수리가 하늘을 호위하다 조련사의 수신호에 맞춰 근사한 비행을 선보이기도 하며 관객들의 시선을 한 몸에 받는다. 팔 위에 독수리를 올릴 수 있는 체험 지원자를 구할 때는 역시 스피드가 관건이다. 얼른 손을 들자!

주소 원형극장(Sky Amphitheatre)
시간 10:00, 14:30

윙즈 오브 더 월드
Wings of the World

수백 마리 새들이 등장해 화려한 묘기를 부리는 공연. 앵무새가 탁구공을 부리로 물어 나르기도 하고, 수십 마리 홍학과 펠리컨이 나와 '칼군무'도 보여준다. 걸쭉하게 한 곡조 뽑아내는 앵무새는 숨은 슈퍼스타로 통한다. 쇼의 하이라이트는 좁은 링 사이를 곡예 비행하듯 통과하는 앵무새 쇼와 공연장 곳곳에서 새들이 날아드는 피날레 부분. 관객들의 참여를 많이 유도하고 있어 아이들의 묘한 신경전도 의외의(?) 볼거리. 하고 싶은 체험이 있다면 무조건 빨리 손을 들고 볼 일이다. 쇼가 끝난 이후에는 홍학들과 사진을 찍을 수 있는 시간이 주어진다.

주소 원형극장(Sky Amphitheatre) **시간** 12:30, 17:00

MANUAL 32

나이트라이프 스폿

술이 술술, 흥이 흥흥 밤의 싱가포르

싱가포르의 밤을 즐기지 않는 것은 싱가포르의 절반을 보지 못한 것과 같다.
예사롭지 않은 분위기, 달콤 쌉싸름한 슬링 한 잔이면 비싼 술값쯤은 눈 감게 된다.

TIP 싱가포르의 밤, 조금 더 똑똑하게 즐기자!

1 **드레스 코드! 너무 부담 갖지 말자!** 덥고 습한 날씨를 감안해 반팔 티셔츠나 반팔 셔츠, 청바지, 운동화, 정도는 눈감아준다. 슬리퍼와 플립 플롭, 비치 슈즈나 남성의 경우 민소매 티셔츠와 짧은 바지만 피하면 된다.

2 **여성이라면 수요일과 목요일 시간을 비우자!** 수요일이나 목요일, 여성에 한해 입장료를 면제해주거나 무료 음료가 제공되기도 하니 여성이라면 수요일과 목요일 밤의 레이디스 나이트를 노리자!

3 **신분증이나 여권을 챙기자 신분증을 챙겨 가자** 없으면 입장할 수 없는 곳이 많다.

4 **좋은 자리에 앉기 위해서는 예약이 필수!** 소위 '명당자리'로 불리는 좋은 자리에 앉기 위해서는 미리 예약하는 부지런함이 필요하다. 특히 금~일요일의 주말이나 해가 지는 시간대는 예약이 필수다. 예약은 대부분 인터넷이나 이메일, 전화로 가능하다.

5 **큰 짐은 반입이 금지되거나 제한되는 경우가 많다** 큰 짐은 반입이 안 되는 경우가 종종 있다. 카운터나 별도의 스태프룸에 맡겨두기도 하지만, 애초부터 짐은 최소화하는 것이 현명하다.

[special]

싱가포르에서 태어난 칵테일

Sling

술값이 비싸기로 유명한 싱가포르. 취할 때까지 마셨다가는 패가망신하기 딱 좋은 이곳에서
반드시 마셔야 할 술이 있다. 술 이름부터가 예사롭지 않은 '싱가포르 슬링'이다.

슬링, 그 100년의 역사

영국 식민지였던 1915년, 슬링은 래플스 호텔의 '롱 바(Long Bar)'에서 탄생했다. 세상 모든 '처음'이 그러하듯, '슬링의 처음' 역시도 우연한 결과물이었다. 슬링을 처음 만든 것은 '니암 통분'이라는 바텐더지만 그 역시 손님에게서 레시피를 받아 만들었다는 사실처럼 말이다. 그 '우연의 역사'이자 슬링 탄생의 기원이 된 '레시피 책'은 래플스 호텔 박물관 안에 보관되어 있다.

노을을 담은 칵테일, 슬링

세계에서 가장 아름답다는 싱가포르의 노을을 슬링 한 잔에 담아냈다. 영국의 문호 서머셋 몸(Somerset Maugham)은 '동양의 신비'라는 극찬을 아끼지 않았을 정도다.

슬링, 어떻게 만들까?

드라이진(30ml), 체리브랜디(15ml)와 레몬 주스(15ml)를 셰이커에 넣어 흔든 다음, 글라스에 따른다. 그 위에 얼음을 넣고 소다수를 채워 넣으면 끝. 첫맛은 달콤하지만 점점 더 쌉쌀한 맛이 강해진다.

그러면, 마시는 방법은?

일반적인 칵테일보다는 알코올 도수가 높다.(17도) 특히 술의 비중이 다른 점을 이용하여 층을 쌓는 '플로팅 칵테일'의 일종이라 마시는 방법도 따로 있다!

1 **절대로 급하게 마시지 말 것!**
첫맛이 달콤하다고 해서 주스 마시듯 마셨다가는 나중에 훅! 하고 들어오는 알코올 향에 정신을 놓을지도 모를 일. 절대로 급하게 마시지 말자. 천천히 얼음을 녹여가며 마시는 것도 좋은 방법이다.

2 **술이 약하다면? 빨대로 저어 마시자**
아래쪽으로 갈수록 알코올 함량이 높아진다. 방심하고 마셨다가는 저절로 술기운이 오를 가능성도 있다. 빨대로 유리잔의 바닥을 천천히 저어 마시는 것이 좋다. 물론, 애주가라면 층마다의 맛 차이를 느껴가며 마시는 것이 가장 좋은 음용법이다.

3 **바텐더에게 알코올 도수를 물어보고 주문하자**
슬링 중에서도 재료에 따라 알코올 도수에 차이가 있는 만큼 바텐더에게 알코올 도수를 물어본 다음 주문하는 것이 현명하다.

싱가포르 슬링을 처음 만든 곳!

롱 바 Long Bar

싱가포르 슬링을 처음 만든 곳으로 알려지며 이제는 관광지화되었다. 1915년 당시의 **오리지널 슬링(Original Sling)**이 베스트셀러지만, 계절 과일이나 시럽을 더 넣어 달콤한 맛이 좀 더 강한 **시즈널 슬링(Seansonal Slings)**류도 인기 있다. 술을 못한다면 알코올이 전혀 들어 있지 않은 **버진 슬링(Virgin Sling)**을 추천한다. **땅콩은 얼마든지 무료로 먹을 수 있으며, 땅콩껍질을 바닥에 그대로 버리는 것이 옛날부터 내려오는 전통!** 슬리퍼나 플립 플롭 등의 신발은 입장이 불가하다.

찾아가기 NS EW **MRT 시티홀(City Hall) 역** A출구와 바로 연결된 래플스시티 쇼핑센터로 들어가 정반대 방향으로 나온다. 브라스바사로드를 건너 래플스 호텔 2층 **주소** 1 Beach Road, 2F Raffles Hotel **가격** 슬링 $31~, 스낵 $15~ **MAP** P.037B **2권** P.045

저렴한 가격에 수제 맥주를 마실 수 있는 곳

레벨33 Level 33

맥주 좀 마신다 하는 사람들이라면 이곳을 주목할 것! '브루어리 수제 맥주'를 비교적 저렴한 가격에 마실 수 있어 인기 있는 곳이다. 세련된 분위기의 실내로 들어오면 커다란 양조기계가 줄지어 서 있는데, 전 세계에서 가장 높은 곳에 위치한 맥주 브루어리라고. 또 하나의 자랑거리는 마리나베이의 숨 막힐 듯 아름다운 전경이 한눈에 들어오는 테라스석이다. 이곳에서 바라보는 노을 지는 풍경과 '스펙트라'가 아름답기로 소문난 덕분에 테라스석은 항상 예약이 꽉 차 있을 정도다. 이 때문에 최소 한달 전에는 미리 예약해둬야 한다. 스마트 캐주얼의 드레스 코드가 있다. 테라스석 1인 주문 최소 금액이 $1000이니 참고하자.

찾아가기 DT MRT 다운타운 (Downtown) 역 B출구와 바로 연결된 마리나베이 링크몰로 들어가 스무디킹 맞은편 지하도로 우회전. 1층으로 올라가면 레벨33 전용 엘리베이터가 있다. **주소** #33-01, 8 Marina Blvd, MBFC Tower 1 **가격** 맥주류 (12:00~20:00) 300ml $9.9~ /(20:00 이후) 300ml $12.9~ **MAP** P.048I **2권** P.057

마리나베이를 품에 안은 곳

랜턴 Lantern

층수 자체는 높지 않지만, 전망 하나는 끝내주는 곳. 고급스럽고 조용한 분위기이며 연인이나 젊은 층에게 특히 인기다. 테이블 수가 많지 않고, 자리에 따라 보이는 풍경에 큰 차이가 없는 것이 이곳만의 특징. 마리나베이 샌즈 건물을 정면에서 볼 수 있어 스펙트라 감상하기에도 최고! 비교적 저렴한 가격으로 분위기를 느끼고 싶다면 칵테일이나 맥주류를 추천한다. 7종류의 시그니처 칵테일 중 가장 눈에 띄는 것은 멀라이언(Merlion). 이 외에도 클래식 모히또(Classic Mojito)나 테마섹(Temasek)도 인기 있다. 스마트 캐주얼의 드레스 코드가 있으며 매주 수요일 '레이디스 나이트'를 운영한다. 매일 11시~ 18시 해피아워 운영

찾아가기 NS EW MRT 래플스 플레이스(Raffles Place) 역 J출구에서 도보 5분. 풀러턴 베이 호텔 옥상 층에 위치 **주소** 80 Collyer Quay, The Fullerton Bay Hotel(Rooftop) **가격** 맥주$18~, 모히또 및 칵테일류 $25~ **MAP** P.036F **2권** P.042

전망 하나 끝내주는 곳

스모크 앤 미러 Smoke & Mirrors

내셔널 갤러리 개장 후 가장 주목받는 루프톱 바. 비교적 저층(6층)이지만 파당과 마리나베이 샌즈, 도심의 마천루가 어우러진 멋진 풍경을 볼 수 있다. 주목해볼 만한 주류는 위치 대비 합리적인 가격대의 '핸드크래프트 칵테일'. 특히 헤드바텐더 'Yugnes'가 내놓는 칵테일들이 인기다. 주류 리스트와 메뉴는 자주 변동되며 오후 7시 이후부터 만 18세 미만의 청소년은 출입 불가. 드레스코드는 캐주얼이지만 슬리퍼와 플립플롭, 반바지(남성)는 입장이 불가능하다. 술에 취미가 없다면 무료 전망 데크로 가자.

찾아가기 NS EW **MRT 시티홀(Cityhall) 역** B출구로 나와 좌회전. 사거리가 나오면 다시 좌회전 후 신호등을 건너 내셔널 갤러리 입구로 들어가 엘리베이터를 타고 6층에서 내린다. **주소** #06-01 National Gallery Singapore 1 St. Andrew's Road **가격** 핸드크래프트 칵테일 $20~28 **MAP** P.036A **2권** P.041

싱가포르를 발아래에 두다!

쎄라비 Cé La Vi

인기 루프톱 바였던 '쿠데타'가 있던 자리에 새로 들어선 바. 황홀한 전망과 분위기만큼은 예전 그대로라는 평가가 많다. 다만 그 이름만큼이나 엄청나게 많은 사람들이 몰려들어 연일 만석을 이루기 때문에 약간의 혼잡함과 어수선함을 감수해야 한다는 점이 아쉽다. 이곳의 인기는 상상을 초월하는데, 최소 5일 전에는 예약을 해둬야 괜찮은 자리에 앉을 수 있을 정도다. 멋진 야경을 보기 위해서라면 차라리 한 층 아래에 있는 '스카이파크 전망대'로 가는 것이 훨씬 나을 수 있다. 저녁 6시 이후부터는 시크 & 스타일리시 드레스 코드를 지켜야 한다.

찾아가기 DT CE **MRT 베이프런트(Bayfront) 역** B, C, D출구로 나와 도보 2분. 마리나베이 샌즈 호텔 타워3에서 엘리베이터 이용 **주소** MBS Tower3, 1 Bayfront Ave **가격** 생맥주 $16~, 칵테일 $25~ **MAP** P.049D **2권** P.057

수제 버거와 칵테일의 기막힌 만남

포테이토 헤드 Potato Head

케옹색 로드 한가운데 자리한 캐주얼 바. 수준급의 수제 햄버거와 칵테일, 목테일 등을 선보이며 현지인들 사이에서 '핫 스폿'으로 떠올랐다. 맛도 맛이지만 2층 캐주얼 다이닝 룸부터 4층의 루프톱 가든까지, 층마다 다른 분위기와 독특하고 트렌디한 인테리어가 마음을 완전 홀렸다. 모든 버거 메뉴가 맛있지만 그중에서도 양고기 특유의 노린내 없이 부드럽고 달콤한 맛이 일품인 **람보버거(Rambo Burger)**가 가장 인기다. 칵테일은 바텐더가 직접 개발한 **레드 벨벳(Red Velvet)이나 스매쉬 댓 몽키(Smash That Monkey)**정도면 무난하며, 분위기를 즐기고 싶지만 술을 잘 못한다면 무알코올의 목테일인 **레몬 앤드 라임 쿨에이드(Lemon and Lime KooL Ade)**를 추천.

찾아가기 TE MRT **맥스웰(Maxwell) 역** 3번 출구에서 케옹색로드로 진입. **주소** 36 Keong Saik Road **가격** 람보버거 $19~, 칵테일 $16~23, 목테일 $12~ **MAP** P.091G **2권** P.099

밤이면 거리 전체가 펍으로 바뀌는 곳

클럽 스트리트 Club Street

해가 쨍쨍한 낮 시간동안 조용히 숨 죽이고 있다가 주말 저녁만 되면 트렌디한 나이트라이프 스폿으로 바뀌는 곳이 있다. 거리명부터 예사롭지 않은 '클럽 스트리트(Club Street)'다. 350미터 남짓 짧은 거리지만 분위기 좋은 바와 펍, 핫한 레스토랑과 부티크 숍이 구석구석 자리하고 있다. 1900년대 싱가포르식 숍하우스를 그대로 보존한 채 인테리어만 현대식으로 한 곳들이 많아 색다른 분위기를 내는 것이 이곳만의 자랑거리. 금요일과 토요일 저녁 7시부터 새벽 두시까지는 차량을 통제하고 도로 위에 노상 펍이 들어서 분위기를 돋운다. 일부 펍은 옥상을 개방해 루프톱 바로 운영하고 있어 여행 온 기분을 제대로 느낄 수 있다. 온갖 잡상인과 호객꾼 때문에 그 좋은 분위기를 다 망치는 다른 동남아시아 유흥가와 달리 비교적 조용하고 차분한 편이고, 퇴폐적이지 않아 가족 단위 여행자들이 호기심에 들르기도 좋다. 나이트라이프에 큰 관심이 없다면 해가 질 무렵에 한 번 찾아가보자. 실시간으로 거리 전체가 노을 빛으로 물드는 풍경을 만나게 될 지도.

찾아가기 TE MRT **맥스웰(Maxwell) 역** 2번 출구로 나와 우회전. 언덕길을 올라간다 **MAP** P.123G **MAP** P.090A **2권** P.099

싱가포르 베스트 바

아틀라스 Atlas

이국적 분위기의 바. 2023년, 아시아의 50개 베스트 바 중에 27위를 차지하기도 하였다. 건물의 1층 전체가 바라 규모가 상당하여 압도당하는 느낌이다. 금색을 많이 사용하여 웅장하고 화려한 느낌을 준다. 천장이 높아 음악이 잘 퍼지고 분위기가 좋다. 저녁에는 사람이 많아서 기다린다. 호텔은 아니지만 약간 호텔 바같은 분위기가 있고 복장에도 유의하자. 오후 5시부터는 스마트 캐주얼의 드레스코드가 있으며 반바지와 슬리퍼는 입장 불가. 애프터눈 티는 이틀 전에 예약하는 것이 좋다. 낮에도 추천한다.

찾아가기 EW DT MRT **부기스(Bugis) 역** 출구 E로 나오면 바로 앞에 보인다 **주소** 3Parkview Square, 600 North Bridge Road **가격** 아틀라스 마티니 $26~, 와인 $18~, 칵테일 $25~ **MAP** P.137G **2권** P.143

수준 높은 타파스와 칵테일

안티도트 Anti:dote

입소문이 파다한 칵테일 & 타파스 바. 2만 6000개의 크리스털 샹들리에와 페라나칸 문양으로 치장한 바닥이 세련되고 스타일리시한 분위기를 풍긴다. 칵테일, 타파스 재료를 바 뒤편의 작은 텃밭에서 직접 키운 것으로 쓰는 것은 물론, 메뉴판도 헤드 바텐더 톰이 직접 그린 것으로, 모든 과정을 최근 트렌드인 '수제(Craft)'를 따랐다. 추천 타파스로 스낵 스타일의 '파마산피자'와 참치 살 위에 그린애플, 카피르라임, 아브루카 캐비아를 얹은 '참치타파스' 정도면 무난하다. 한국인 직원이 있어서 메뉴 선택에 도움을 받을 수 있다는 점이 의외의 매력. 스마트 캐주얼의 드레스 코드가 있다. 전체적으로 가격대가 비싸다는 것이 아쉽다.

찾아가기 NS EW MRT **시티홀(City Hall) 역** A출구와 바로 연결된 페어몬트 호텔 1층 **주소** Level 1, 80 Bras Basah Road **가격** 타파스 $12~26, 칵테일 $23~ **MAP** P.037D **2권** P.045

해변의 달콤한 휴식

탄종 비치 클럽 Tanjong Beach Club

센토사 섬 탄종 비치 바로 옆에 자리한 해변 카페 & 바. 야외 수영장과 선베드가 해변을 마주하고 들어서 있어 센토사에서 가장 로맨틱한 장소로 손꼽힌다. 분위기만큼 부담스러운 가격대는 각오해야 하지만, 평일에는 $100이상 음료와 식사 주문 시 수영장과 선베드를 무료로 이용할 수 있어 겸사겸사 들를 만하다.(주말에는 1인 $40에 이용 가능) 풍경이 가장 아름답다는 일몰 즈음 찾아가는 것이 이곳을 최대한 즐기는 방법이다. 주말에는 비치 파티나 댄스파티 같은 다양한 이벤트가 열려 흥겨운 밤을 보낼 수도 있다. 예약 추천.

찾아가기 SE **센토사 익스프레스 비치(Beach) 역**에서 탄종 비치 방향 비치트램 탑승 후 종점에서 하차 **주소** 120 Tanjong Beach Walk, Sentosa **가격** 스타터 $15~26, 탄종버거 $30~, 칵테일 $22~25, 맥주 $15~17 **MAP** P.108F **2권** P.117

싱가포르의 와인 공급을 책임지는

와인 커넥션 Wine Connection Tapas Bar and Bistro

클락키에서 10분 정도 걸어가면 로버트슨키가 나온다. 강을 따라 걷다보면 애주가들이 모이는 바가 나타난다. 350여석의 실내외 좌석과 30가지의 하우스 와인, 10여가지의 생맥주 등 종류도 풍부하다. 안주 종류가 다양하고 식사부터 가볍게 한 잔 하고 싶을 때 들리기 좋다. 다른 관광객과 달리 잠시라도 거주자의 일상 속에 섞이고 싶다면 가보자. 덥지만 걸어갈만한 가치가 있다. 비보 시티에서는 센토사섬을 바라보며 와인을 마실 수 있다.

찾아가기 DT **MRT 포트 캐닝(Fort Canning) 역** A출구로 나와 길을 건너 좌회전한 후 강을 따라 도보 3분 후 유니티 스트리트로 들어간다. **주소** #01-19/20, 11 Unity Street, Robertson Walk **가격** 하우스 와인 $10~ **MAP** P.121C **2권** P.114, 124

뮌헨을 대표하는 수제 맥주

파울라너 Paulaner

싱가포르에서 22년 된 맥주 전문 회사로, 1층은 바, 2층은 레스토랑, 3층은 맥주 공장이다. 독일의 전통 식음료 문화를 전파하는 역할을 하고 있다. 모든 레시피를 독일 본사에서 관리하며 직원을 파견해 정기적으로 검사한다. 라거, 둔켈, 바이스비어로 이루어진 맥주 테스터로 취향에 맞춰 고를 수 있다. 슈바인학센(돼지 족발)과 소세지가 맛있고 양도 많다. 이메일로 미리 신청하면 4~5명 정도에 한해 3층에 있는 맥주 공장을 보여준다. 투어는 영어로 이루어진다. 바에서 음악을 연주하는 날도 있다.

찾아가기 DT CC MRT 프로미나드(Promenade) 역 A출구에서 밀레니아 워크로 연결된다. **주소** #01-01, Millenia Walk, 9 Raffles Boulevard **가격** $30~, 생맥주 $14~ **MAP** P.060D **2권** P.063

정통 이탈리안 바

카페 퍼넷 Caffe Fernet

이탈리안 카페 앤 바로 모든 음식과 술이 이탈리아에 맞춰져 있다. 사람들이 북적이고 한눈에 봐도 인기를 알 수 있다. 높은 좌석과 낮은 일반 좌석이 있고 소파나 일반 테이블이 있다. 시그니처는 진과 버무스, 캄파리가 들어간 이탈리안 칵테일인 네그로니(Negroni)인데 모양도 예쁘고 맛도 좋다. 보통 식전주로 마신다고 하는데 직원에게 물어보면 친절히 설명해 준다. 밖에 나가 앉으면 마리나베이샌즈를 마주 보며 마실 수 있다.

찾아가기 NS EW MRT 래플스 플레이스(Raffles Place) 역 I출구로 나와 도보 1분 후 교차로에서 대각선 방향으로 길을 건넌 후 첫 번 째 골목에서 우회전한다. **주소** #01-05, Customs House, 70 Collyer Quay **가격** 클래식 네그로니 $23~, 와인 $20~, 맥주 $16~ 칵테일 $20~ **MAP** P.036E **2권** P.042

싱가포르 클럽의 역사

주크 Zouk

싱가포르의 클럽이라고 하면 가장 먼저 떠올리는 곳이다. 1991년에 시작된 유서 깊은(!) 주크는 아시아 지역에서 클럽을 선정할 때 항상 10위권에 들어간다. 또한, 하우스 음악을 소개한 최초의 클럽이기도 하다. 최근에 25년 간 있던 지아 킴 스트리트를 떠나 클락키에 새 둥지를 틀었다. 이사하면서 레스토랑 겸 바의 이름도 레드 테일로 바꾸었고 타깃층도 어려졌다. 주크 아카데미에서 디제잉 레슨도 하고 있다. 클러버는 20대 초반부터 30대 초반 등으로 다양하다. 힙합, 브레이크 breaks, 드럼 앤 베이스 drum 'n' bass, 누재즈 nu-jazz 및 실험적인 음악을 선보이기도 한다. 호불호가 상당히 갈리는 편이지만, 사람이 많다는 것만은 공통된 감상.

찾아가기 NE **MRT 클락키(Clark Quay)역** E출구로 나와 콜맨 브릿지를 건너 리버 밸리 로드를 따라 도보 5분 후 블록 C **주소** 3C River Valley Road, The Cannery **가격** $40~(음료 포함, 이벤트별 가격 상이) **MAP** P.121D **2권** P.125

싱가포르 최대 공연장

내셔널 스타디움 National Stadiu

현재까지 싱가포르에 있는 공연장 중 가장 큰 곳으로 최대 수용 인원은 5만 5천 명이다. 그러나 공연 목적뿐만 아니라 스포츠와 관련된 행사도 한다. 인터내셔널 챔피언스컵이 싱가포르에서 축구 경기를 할 때 이곳에서 한다. 방탄소년단도 공연한 적이 있고 콜드 플레이 및 에드 시런 등 팝스타가 콘서트를 했다.

찾아가기 CC MRT 스타디움(Stadium) 역 A출구에서 지하로 연결 주소 1 Stadium Drive 가격 이벤트별 상이

다양한 행사가 열리는

인도어 스타디움 Indoor Stadium

말 그대로 싱가포르의 실내 체육관. 다목적 대형 홀로, 공연은 물론 스포츠 경기도 개최된다. 4,000명에서 최대 12,000명까지 수용할 수 있다고 하여 탄력적인 운영이 가능한 공연장임을 알 수 있다. 많은 케이팝 아이돌과 팝스타의 월드투어에 싱가포르가 포함되어 있다면 보통 인도어 스타디움이라고 보아도 무방하다.

찾아가기 CC MRT 스타디움(Stadium) 역 A출구에서 연결된다. 주소 2 Stadium Walk 가격 이벤트별 상이

MANUAL 33

호텔

여행을 즐기는 새로운 방법

호텔을 더 이상 '잠자는 곳'으로만 생각하는 시대는 끝났다. '머무는 곳' 그 이상, 이젠 여행의 일부분이 된 듯한 느낌이다. 계산기를 두드리기 전에 여행의 색다른 낭만을, 여행을 즐기는 새로운 방법을 찾아보는 것은 어떨까? 싱가포르의 이색적인 호텔들을 짚어본다.

취향에 맞게 골라 가자!

A TYPE
전망 좋은 호텔

B TYPE
로맨틱 호텔

C TYPE
가족과 함께하면 좋을 리조트

D TYPE
감각이 남다른 호텔

E TYPE
가성비가 좋은 호텔

전망 좋은 호텔 Best 4

**싱가포르의 풍경을 논할 때 어깨를 나란히 하는 마천루 숲은 빠질 수 없는 부분.
고개를 돌릴 때마다 '싱가포르에 온 게 맞구나'를 느낄 수 있는 호텔 네 곳을 소개한다.**

마리나베이 샌즈 호텔 Marina Bay Sands Hotel

높이가 무려 200m. 하늘 위에서 수영하는 기분의 수영장과 쇼핑몰, 박물관, 카지노 등의 부대시설까지 더해진 랜드마크 호텔. 중심업무지구와 마리나베이 전체를 조망할 수 있는 '시티 뷰(City View)'와 가든스 바이 더 베이, 싱가포르 해협을 볼 수 있는 '시 뷰(Sea View)' 객실은 오로지 MBS 호텔에서만 만날 수 있다. 추가 비용을 내야 하는 타 고급 호텔들과 다르게 무료로 와이파이를 이용할 수 있지만 리셉션이 어수선하고 특히 수영장이 혼잡해 휴식에 방해받는다는 점이 아쉽다. 비싼 숙박비에 비해 시설이나 서비스는 살짝 떨어지는 감도 있지만, '상징성'만으로도 한 번은 묵어볼 만하다. 한국인 직원이 있다.

찾아가기 DT CE MRT **베이프런트(Bayfront) 역**과 바로 연결
주소 10 Bayfront Ave
가격 디럭스 룸 $750~
MAP P.048F **2권** P.052

TIP 좀 더 똑 부러지는 사용서!

❶ **조식이 포함되지 않는 룸을 예약하자** 조식에 대한 만족도가 낮고, 가격도 비싼 편.
❷ **객실 내의 냉장고 사용에 주의하자** 냉장고 안에 들어 있는 물건을 꺼내는 즉시 자동으로 결제되는 시스템이다. 냉장고 안에 물건을 넣을 때도 마찬가지.
❸ **보증금(현금)을 준비하자** 대부분의 호텔 보증금($100)과 다르게 체크인 시 보증금 $200 또는 본인 명의의 신용카드가 필요하다. 결제 사고가 생길 수 있는 신용카드보다는 현금을 추천.
❹ **수영장은 한가한 때를 노리자** 제대로 즐기려면 시간대를 맞추는 것이 중요하다. 오전 6시 오픈 즈음을 노리면 여유롭게 수영을 즐길 수 있고, 오후 11시 폐장 직전에는 신나고 로맨틱한 분위기가 연출된다. 수영장 뒤편의 자쿠지 역시 뷰가 좋으니 반드시 이용해볼 것! (수영장 운영 시간 06:00~23:00)
❺ **리프레시 룸(Refresh Room)을 신청하자** 수영장 이용은 물론 샤워 시설, 간단한 음료까지 마련되어 있어 공항 가기 직전에 이용하면 좋다. 리셉션에 문의하자.
❻ **숙박비는 공식 홈페이지가 가장 저렴하다** 주기적으로 웹 프로모션 이벤트가 있는 공식 홈페이지에서 예약하자. 빨리 예약할수록 가격이 싼 편. 며칠간 가격 동향을 살핀 뒤 예약해도 좋다.

MANDARIN ORIENTAL

스위소텔 더 스탬퍼드 Swissotel the Stamford

개인적 잣대로 전망 면에서는 MBS보다 한 단계 더 높은 점수를 주고 싶은 호텔. MRT 시티홀 역과 바로 연결되어 있어 공항에서 땀 한 방울 흘리지 않고도 객실까지 도착할 수 있다. 비즈니스나 아이를 동반한 가족 단위의 여행자, 여행 기간이 짧은 사람들에게 특히 인기 있다. 잔 레스토랑, 안티도트 등 싱가포르 최고의 다이닝, 나이트라이프 스폿들이 입점해 있고, 저층부에는 래플스시티 쇼핑몰과 푸드코트가 들어서 있어 건물 안에서 모든 것을 해결할 수 있다. 최근 리노베이션 공사를 진행해 현대식으로 재단장했다. $100의 보증금이 있다.

찾아가기 NS EW MRT 시티홀(City Hall) A출구와 바로 연결
주소 2 Stamford Road **가격** 클래식 룸 $400~ **MAP** P.037D

TIP

좀 더 똑 부러지는 사용서

❶ **룸은 반드시 하버 뷰(Harbor View)로 배정받을 것** 환상적인 야경을 보려면 하버 뷰로 배정받도록 하자. 객실 수가 한정되어 있기 때문에 조금 서두르는 것이 좋을 듯.
❷ **투숙객 할인 혜택을 알아 가자!**
❸ **아코르(ACCOR) 유료 멤버십에 가입하자.** 아코르플러스 유료 멤버십에 가입하면 다양한 혜택을 받을 수 있다. 그 중 실버등급 가입 혜택인 무료 숙박권 혜택이 인기 있다. 인기가 좋은 하버뷰는 추가 요금이 발생한다.
❹ **체크아웃 후 샤워하려면?** 리셉션 데스크에서 게스트 룸을 신청하자. 샤워할 수 있는 룸을 이용할 수 있다.
❺ **차를 마시려면?** 객실에 TWG 차가 있다.

만다린 오리엔탈 싱가포르 Mandarin Oriental Singapore

마리나베이 호텔들 가운데 등급 대비 숙박비가 가장 저렴한 편으로 실속 여행자들에게 인기 있다. 비교적 저층임에도 보이는 뷰가 압권이다. 수영장 역시 호평을 받는데, 이용객이 거의 없어 한적하고, 어린이용 풀장도 작게나마 갖추고 있다. 유료로 이용하는 것이 대부분인 다른 호텔과 다르게 카바나 대여를 무료로 해주고 있어서 아이들을 동반한 여행객들에게 특히 인기 있다. 2023년 9월 대대적인 리노베이션 후 객실이 전보다 훨씬 깔끔하고 현대적으로 바뀌었다는 평이 많다. 체크인 시 $100의 보증금이 있고, 리셉션과 조식 뷔페에 한국인 직원이 있다.

찾아가기 DT CC MRT 프로미나드(Promenade) 역 A출구로 나와 도보 3분
주소 5 Raffles Avenue, Marina Square **가격** 디럭스 룸 $360~ **MAP** P.060D

TIP

좀 더 똑 부러지는 사용서

❶ **얼리 체크인을 공략하라** 지정된 체크인 시간보다 일찍 도착했을 때는 얼리 체크인을 요청하자. 객실 여유가 있다면 웬만해서는 받아주는 편이다.
❷ **수영장 카바나는 선착순** 투숙객이라면 누구나 무료로 이용할 수 있는 수영장 카바나는 선착순이다. 최대한 일찍 자리를 맡는 것이 좋은데, 직원이 룸넘버와 이름을 물어볼 수 있으니 참고하자.
❸ **하버 뷰(Harbor View) 룸이 진리** 마리나베이 풍경이 한눈에 들어오는 하버 뷰 룸을 제외하곤 이 호텔을 논할 수 없을 정도다. 고층으로 예약하자.(추가 요금이 붙지만 후회는 없을 것이다.)

팬 퍼시픽 싱가포르 Pan Pacific Singapore

세계적 체인 호텔 본사답게 고객 응대나 서비스가 명성에 걸맞는다. 숙박비도 합리적인 편. 지어진 지는 오래되었지만 최근 리노베이션을 끝마쳐 현대적이고 깔끔한 룸 컨디션을 자랑하며, 일부 객실에는 발코니가 설치되어 있다. 특히 조식 뷔페가 맛있는 것으로 유명한데, 음식의 종류가 상당히 다양하고 퀄리티와 맛 역시 보장된다. 리셉션과 조식 뷔페에 한국인 직원이 있고, 객실 무료 와이파이가 지원된다. 호텔 주변에 볼거리나 즐길 거리가 다소 부족하다는 점과 호텔 시설 대비 수영장에 대한 만족도가 낮은 편이다. 신혼여행이나 연인끼리의 여행에 추천.

찾아가기 DT CC MRT 프로미나드(Promenade) 역 A출구로 나와 도보 3분. 마리나스퀘어 쇼핑센터와 연결 **주소** 7 Raffles Boulevard, Marina Square
가격 디럭스 룸 $380~ **MAP** P.060D

TIP

좀 더 똑 부러지는 사용서

❶ **얼리 버드(Early Bird)를 노리자** 예약을 서두르는 만큼 숙박 가격도 내려가는 일명 '얼리 버드' 행사를 정기적으로 진행한다. 비싼 방일수록 할인 폭이 더 크다. 비수기 기준 최대 40~50% 할인되는 편이다.
❷ **고층 룸의 전경이 훨씬 좋다** 저층부는 주변 건물에 시야를 가릴 수 있으니 20층 이상의 고층 룸을 예약하면 시원한 전경을 볼 수 있다. '하버 뷰' 객실을 잡는 것이 좋다. 이런 기준을 모두 만족시키는 룸이 하버 스튜디오 룸(Harbor Studio Room)이다.
❸ **미니바 사용에 주의하자** 미니바는 물건을 들면 자동으로 결제되는 시스템이다.

로맨틱 호텔 Best 3

보는 눈은 다 비슷한지, 어딜 가나 사람 참 많다. 호텔도 마찬가지다.
사람들의 눈이 미처 닿지 않는 곳. 싱가포르에서 로맨스를 찾는다면 이곳이다.

리츠칼튼 밀레니아 The Ritz-Carlton Millenia

로맨틱함으로는 이곳을 따라올 호텔이 그리 많지는 않을 듯싶다. 마리나베이의 환상적인 전경을 객실뿐 아니라 욕조 옆 팔각형 모양의 창문을 통해서도 바라볼 수 있도록 했다. 반신욕을 즐기며 마리나베이의 화려한 야경을 굽어보는 호사와 동급 호텔들 대비 객실 크기가 크고, 현대적인 인테리어와 가구의 배치도 단연 돋보이는 부분. 아쉬운 수영장 뷰와 살짝 애매한 위치는 편리한 여행과는 거리가 있지만, 로맨틱하고 조용한 분위기, 멋진 뷰 때문에라도 묵을 만한 호텔임은 분명하다. 리셉션 데스크에 한국인 직원이 있다.

찾아가기 DT CC **MRT 프로미나드(Promenade) 역** A출구로 나와 길을 건넌다.
주소 7 Raffles Avenue **가격** 스탠다드 룸 $450~ **MAP** P.060D

TIP

좀 더 똑 부러지는 사용서

❶ 엑스트라 베드(Extra Bed)보다는 소파베드를! 예약한 인원보다 더 많은 인원이 룸에 머물 경우, 엑스트라 베드보다는 객실 내 소파를 침대처럼 쓰는 '소파베드'를 요청하자. 소파베드는 무료로 제공한다.

❷ 예술 작품에 시선 고정! 케빈 로시가 디자인한 호텔 곳곳에서 앤디 워홀, 프랭크 스텔라 등 무려 4200점이 넘는 현대미술 작품들을 만날 수 있다. 미술관에 온 듯 작품 하나하나 만나는 재미도 남다른 곳.

❸ 시티 뷰보다는 역시 마리나 뷰가 진리! 추가 요금이 더 붙긴 하지만 마리나 뷰 룸을 예약하자. 절대 후회하지 않는다.

카펠라 싱가포르 Capella Singapore

싱가포르에 몇 안 되는 6성급 리조트로, 가장 넓고 럭셔리한 곳으로 손꼽힌다. 무시무시한 숙박요금만큼 격 있는 서비스와 시설을 자랑한다. 모든 숙박객들에게 개인 비서가 지정되어 있어 불만 사항 해결과 서비스 제공은 물론, 센토사 골프 클럽을 우선적으로 이용할 수 있다. 정글 속에 갇혀 있는 듯한 분위기의 계단식 야외 수영장은 이곳의 자랑거리로, 프라이빗함 때문에 유명 인사나 연예인들이 주로 찾는다고. 숙박객이라면 누구나 무료로 이용할 수 있는 '라이브러리'에서 과일, 쿠키, 차 등을 먹으며 책을 읽거나 담소를 나누는 것도 색다른 경험이 될 듯. 휴양과 쉼에 비중을 둔 만큼 휴식형 여행객들과 골프 여행객들에게 독보적으로 인기 있다. 최근 북미정상회담 장소로 쓰여 전세계의 이목을 집중시키기도 했다.

찾아가기 SE **센토사 익스프레스 임비아(Imbiah) 역**에서 도보 10분
주소 1 The Knolls, Sentosa Island
가격 프리미엄 룸 $850~ MAP P.108F

비치 빌라 오션 스위트 Beach Villas Ocean Suites

바닷속에서의 하룻밤. 인어공주나 되어야 경험해볼 것 같은 허무맹랑한 이야기로 들리겠지만, '돈'만 있으면 그리 어려운 일은 아니다. 객실 한쪽 벽면이 수조로 변신하는 것. 바닥을 들어내면 숨어 있던 욕조가 나타나 바닷속에서 반신욕을 하는 호사를 누릴 수 있다. 위층으로 올라가 자쿠지와 테라스를 갖춘 프라이빗한 휴식을 즐길 수도 있다. 침구류와 어메너티 역시 최상급이다. 한 가지 아쉬운 점이 있다면 역시 비싸도 '너무 비싼' 숙박비다. 허니문이나 특별한 여행을 준비하고 있다면 한 번쯤은 큰 맘먹고 묵어볼 만하다. 객실이 11개밖에 없기 때문에 서둘러 예약할 것.

찾아가기 SE **센토사 익스프레스 리조트 월드(Resorts World) 역** 호텔 마이클 로비에서 무료 셔틀버스를 타고 에쿠아리우스 호텔에서 하차. 체크인 후 셔틀버스 또는 버기 차량을 타고 이동
주소 8 Sentosa Gateway, Sentosa Island
가격 $1,760~ MAP P.108C

가족과 함께하면 좋을 리조트 Best 5

아이들을 대동한 여행, 쉽지 않다. 특히 하루의 절반을 보내야 할 '머물 곳'을 찾는 일은 더욱 그렇다. 가족들에게 인기 만점 리조트들만 모아봤다.

페어몬트 싱가포르 Fairmont Singapore

최근 리노베이션을 끝내 훨씬 깔끔하고 현대적으로 변모하였다. 가격 대비 객실이 넓고 룸 컨디션도 좋아 가족 단위 여행자들에게 특히 인기 있다. '스위소텔 더 스탬퍼드' 야외 수영장을 함께 쓴다. 등급 대비 부대시설이 다양하지 않지만 이곳의 '위치적 조건'은 이런 단점을 상쇄하고도 남는다. MRT 시티홀 역과 바로 이어져 싱가포르 최고의 입지를 자랑하는 것은 물론, 주위에 푸드코트, 쇼핑몰, 관광지가 밀집해 있어 부대시설의 부족함을 두 배, 세 배로 채워준다. 객실에 널찍한 업무용 책상이 놓여 있어 노트북을 놓고 업무를 보기에도 굉장히 좋다.

찾아가기 NS EW **MRT 시티홀(City Hall) 역** A출구에서 바로 연결
주소 80 Bras Basah Road **가격** 디럭스 룸 $300~ **MAP** P.037D

TIP

좀 더 똑 부러지는 사용서

❶ **전망이 중요하다면 '하버 뷰' 룸을 선택할 것** 대부분의 객실이 스위소텔 더 스탬퍼드 건물에 가려 조금 답답한 느낌이 든다. 그나마 하버 뷰(Harbor View) 객실 뷰가 좋다.

❷ **조식이 포함되지 않은 룸을 선택하자** 가격 대비 조식의 만족도가 높지 않다. 아침 일찍 조식을 챙겨 먹을 것이 아니라면 건물 지하의 마켓 플레이스 푸드코트에서 식사를 하는 것도 좋은 방법.

❸ **무료로 와이파이 이용하기** 원래는 1일 1만 5000원 정도의 추가 요금을 내야 하는데 홈페이지 회원 가입 후 멤버십 번호만 알려주면 무료로 와이파이 이용이 가능하다.

샹그리라 라사 센토사 리조트 & 스파
Shangri-La's Rasa Sentosa Resort & Spa

싱가포르 리조트 중 유일하게 전용 해변이 딸려 있다. 숙박객 전용 해변에서는 해상 스포츠도 즐길 수 있으며, 싱가포르에서 가장 큰 규모의 키즈클럽-쿨존(Cool Zone)과 어린이용 워터슬라이드와 풀장을 갖춰 가족이 함께 물놀이를 즐길 수 있다. 숙박비 대비 객실은 아주 좁은 편이지만, 전 객실에 널찍한 발코니가 있어 갑갑함을 덜어준다. 조식이 맛있다고 입소문 난 만큼 메뉴와 맛 모두 나무랄 데가 없다. 무료 셔틀버스나 비치트램을 이용하면 여행하기에도 편하다. 한국인 직원이 없고 전반적인 시설이 낡았다는 점만 빼면 가족 휴양으로는 나쁘지 않은 선택일 듯.

찾아가기 CC NE **MRT 하버프런트(Harbourfront) 역**과 연결된 비보시티 로비에서 리조트 셔틀버스로 환승 **주소** 101 Siloso Road, Sentosa **가격** 디럭스 룸 $470~m **MAP** P.108C

TIP

좀 더 똑 부러지는 사용서

❶ 조식 불포함 객실로 예약하자
조식 메뉴가 다양하지 않고 등급 대비 맛도 썩 훌륭하지는 않다. 비싼 요금을 내고 조식을 먹느니 차라리 밖에 나가서 사 먹는 편이 좋다.
❷ 프로모션을 노리자 주기적인 프로모션 기간을 잘만 이용하면 훨씬 저렴한 가격에 묵을 수 있다.
❸ 제빙기가 있다? 각 층마다 제빙기가 설치되어 있어 주스를 넣어 시원하게 먹을 수 있다.
❸ 욕실용품을 챙겨 가자 객실 내에 비치된 욕실 어메니티의 품질이 좋은 편이 아니다. 이 부분에 민감한 사람이라면 욕실용품을 챙겨 가는 것이 좋다.

©WRS

하드 록 호텔 Hard Rock Hotel

센토사 한가운데 위치한 5성급 체인 호텔. 센토사의 주요 관광 스폿에서 가깝고, 리조트 월드 센토사(RWS)의 호텔과 리조트를 연결하는 '무료 셔틀버스'도 이용이 가능해 교통편에 대한 부담도 거의 없다. 가족 여행객들이 많은 점을 고려해 객실 여유 상황에 따라 얼리 체크인/레이트 체크아웃 서비스를 제공하는 것도 매력적인 부분. 호텔 수영장이 넓은 편인데, 특히 몸에 달라붙지 않는 백사장으로 이뤄진 인공 해변을 조성해 아이들과 물놀이 하기 정말 좋다. 다만 객실이 살짝 노후된 느낌이고, 시설이 낡았다. 또, 와이파이는 유료로 제공한다는 점도 아쉽다. 연인이나 친구끼리는 비추천. 가족 단위라면 추천할 만하다. 한국인 직원이 있다.

찾아가기 SE **센토사 익스프레스 리조트 월드(Resorts World) 역**에서 하차 후 원형광장 쪽으로 직진. 광장 맞은편에 위치
주소 8 Sentosa Gateway, Sentosa Island
가격 $235~ **MAP** P.109

호텔 마이클
Hotel Michael

©WRS

포스트모던 건축의 선두주자 마이클 그레이브스(Michael Graves)가 디자인한 호텔. 호텔 이름 역시 그의 이름을 딴 것이다. 세련되고 독특한 객실 인테리어는 호텔의 최대 자랑거리로, 마이클의 작품 세계를 엿볼 수 있는 대목. 대체적으로 룸 컨디션이 좋고, 객실 크기도 동급의 센토사 내 호텔들에 비하면 넓은 편이다. 차광막이 드리워진 페스티브 워크(Festive Walk)를 통해 유니버설 스튜디오, 아쿠아리움 등 센토사의 대표적인 테마 어트랙션까지 쉽게 걸어갈 수 있고, 지하에는 센토사 카지노와 식당가가 있어 편리하다. 수영장이 작아서 투숙객 대부분이 인근의 하드 록 호텔 수영장을 이용하는 편이다. 무료 와이파이를 지원하지 않고, 유료 서비스는 비싼 감이 있다. 카지노 이용객에게는 최상의 선택이 될 수 있겠지만, 가족이나 친구, 연인과 함께라면 고민해봄 직한 호텔이다.

찾아가기 SE **센토사 익스프레스 리조트 월드(Resorts World) 역**에서 하차하면 바로 보인다. **주소** 8 Sentosa Gateway, Sentosa Island **가격** $290~ **MAP** P.109

빌리지 호텔 센토사
Village Hotel Sentosa

센토사 중심부에 자리한 호텔. 이곳을 거쳐간 모든 사람들이 입을 모아 칭찬하는 수영장이 압권이다. 수영장이 넓고 워터파크처럼 꾸며져 아이들과 물놀이를 하기에는 최고다. 계단식 수영장 너머로 센토사가 발 아래 보이는 풍경도 여행 온 기분 제대로 난다. 객실이 좁은 편이고 주변에 편의시설이 없다는 점은 아쉽다. 1층에 무료 스낵이 있으니 참고하자.

찾아가기 SE **센토사 익스프레스 임비아(Imbiah) 역**에서 도보 5분 이내. 비보시티까지 무료 셔틀버스도 운행한다. **주소** 10 Artillery Ave, #02-01 Palawan Ridge **가격** $280~ **MAP** P.109

TIP 좀 더 똑 부러지는 사용서

물놀이 준비를 꼼꼼히 하자!
수영장 시설은 좋지만 디테일이 부족하다는 평이 많다. 튜브와 물놀이 도구는 각자 챙겨가야 한다는 점만 봐도 그렇고, 미니바가 없어서 간단한 마실거리도 챙겨가야 한다.

감각이 남다른 호텔 Best 4

누군가 "어느 호텔에 머물고 계세요?" 물어보면 자신 있게 대답하자. "파크로열 온 피커링에 묵는다"고. 감각으로는 빠지지 않는 호텔 네 곳을 소개한다.

파크로열 온 피커링
Parkroyal on Pickering

파도가 치는 듯한 건물 전면의 파사드와 초록색 식물로 치장한 외부는 이곳만의 독특한 콘셉트다. 호텔 전체를 도심 속 휴식 공간으로 만들겠다는 취지처럼 모든 공간이 '휴식과 쉼'에 최적화되어 있는 느낌마저 든다. 넓지는 않지만, 건물 전체의 콘셉트와도 잘 어울리는 인피니티 풀은 도심 속 자연을 만끽하기 가장 좋다. 등급 대비 객실이 작은 편이지만 갑갑한 느낌은 없다. 연인이나 가족 단위, 호캉스 여행객들에게 강추! 조식이 푸짐한 편이고, 기타 서비스도 준수하다. 한국인 직원이 있어서 도움을 받을 수 있다.

찾아가기 NE DT **MRT 차이나타운(Chinatown) 역** E출구 또는 클락키(Clarke Quay) 역 A출구에서 도보 5분 **주소** 3 Upper Pickering Street **가격** $590~ **MAP** P.091D

JW 메리어트 호텔 싱가포르 사우스비치 JW Marriott Hotel Singapore South Beach

정석적인 5성급 호텔의 매력을 보여주는 호텔. 호텔 곳곳에 국내외 유명 작가들의 작품들이 전시되어 있어 갤러리를 구경하는 것 같고, 트렌디한 인테리어는 눈길을 잡는다. 직원들의 세심한 서비스도 묵어 본 사람들이 입을 모아 칭찬한다. 호텔 규모대비 크기는 작지만 싱가포르의 스카이라인이 한 눈에 보이는 인피니티 풀도 빼놓을 수 없는 자랑거리. 6층과 18층에 수영장이 있는데, 풀장이 건물 안쪽으로 들어와 있는 구조라 햇빛을 싫어하는 우리나라 사람 취향에도 딱이다. 이그제큐디브 라운지가 포함된 숙박플랜을 잡았다면 라운지로 달려가자. 급한 허기만 채우려다 식사를 하고 있는 나를 발견할지도 모른다.

찾아가기 CC **MRT 에스플러네이드(Esplanade) 역** F출구에서 바로 연결
주소 30 Beach Road, Nicoll Hwy **가격** $460~ **MAP** P.060A

TIP
MRT 이용 꿀팁
에스플러네이드 역이 호텔에서 가장 가깝지만 에스플러네이드 역에서 지하로 연결된 시티링크몰을 거치면 금세 시티홀(City Hall) 역에 닿는다. 시티홀 역의 교통편이 조금 더 좋으니 참고하자.

©싱가포르 관광청

W 싱가포르 센토사 코브 W Singapore Sentosa Cove

특급 리조트답게 객실에 들어서면 주변 요트 선착장의 이국적인 풍광이 가장 먼저 반기고, 극강의 룸 컨디션과 젊고 펑키한 감각의 인테리어는 사람을 홀리게 한다. 이곳의 자랑거리는 바로 수영장. 그네처럼 흔들리는 스윙베드, 선베드, 다양한 물놀이용품들을 마음껏 쓸 수 있고, 성인용, 어린이용, 유아용 풀이 각각 나눠져 있어 가족 모두가 함께 이용하기 좋다. 센토사 끄트머리라 위치가 다소 불편할 수 있지만, 쉼을 위한 여행이라면 이 역시 최고의 장점이 될 듯하다. 투숙객들에게 센토사 모노레일 탑승권이나 센토사 입장권 등을 제공하고 단지 내에서 쓸 수 있는 쿠폰들도 준다. 또, 리조트를 잇는 셔틀버스 서비스도 제공하고 있다. 젊은 연인이나 신혼부부에게 강추!

TIP
좀 더 똑 부러지는 사용서

❶ **얼리 버드(Early Bird)를 노리자** 최소 3주 전에 예약하면 숙박비가 할인되는 얼리 버드 행사가 주기적으로 열린다.
❷ **자전거 무료 대여** 숙박객에 한해 자전거를 무료 대여한다. 자전거 대수가 얼마 없으니 서두르는 것이 좋다.

Ⓢ **찾아가기** CC NE **MRT 하버프런트(Harbourfront) 역**에서 택시 이용 **주소** 21 Ocean Way Ⓢ **가격** $510~ **MAP** P.108F

©싱가포르 관광청 ©싱가포르 관광청 ©싱가포르 관광청

디 호텔 D' Hotel Singapore

지구에 불시착한 UFO처럼 생긴 외관이 독특한 부티크 호텔. 기존에 있던 건물을 최대한 보존한 채 알루미늄 자재를 덧대어 만들었다고. 외관만큼이나 실내 인테리어도 독특해 둘러보는 재미도 갖췄다. 각각의 객실은 작가의 손을 거쳐 탄생한 것으로, 동식물이 콘셉트다. 가격 대비 객실이 넓은 편이고, 깔끔한 룸 컨디션도 만족스런 부분. 단점은 MRT 역과 멀어서 택시를 자주 타야 한다는 것. 다른 호텔에 비해 교통비가 더 나올 수 있다는 점을 감안하는 것이 좋다. 주변 볼거리나 마땅히 식사를 해결할 만한 곳도 많지 않아 아쉽다.

Ⓢ **찾아가기** EW NE TE **MRT 오트램 파크(Outram Park) 역** A출구로 나와 택시로 3~5분
주소 231 Outram Road Ⓢ **가격** $250~

©D' Hotel Singapore

가성비가 좋은 호텔 Best 4

여행에 들인 돈이 얼만데, 숙소에 돈을 또 쓰려니 여간 아까운 게 아니다. 최소한의 비용으로 최대한 만족할 만한 곳이 어디 있는지 속 시원하게 밝힌다.

칼튼 호텔 Carlton Hotel

항공사 승무원들이 많이 묵는다. 뿐만 아니라 서류가방을 든 비즈니스맨이나 캐리어를 끌고 다니는 여행자들도 심심찮게 보인다. 그만큼 가성비가 좋고 교통이 편리하다는 반증이다. MRT 시티홀 역에서 도보 2분 거리에 위치해 교통이 편리하고, 주변에 관광지가 많아 여행하기에 편한 것은 물론, 동급 호텔들 대비 조식 식사가 만족스럽다는 것이 이곳을 거쳐간 사람들의 공통된 의견. 리셉션 데스크에 한국인 직원이 있어 편리하고, 여유 객실이 있으면 얼리 체크인 서비스도 해주고 있어 지정 체크인 시간보다 일찍 들어가서 쉴 수 있다. 다만 와이파이 속도가 느리고, 호텔 규모 대비 수영장이 좁다는 것은 아쉬운 대목. 위치적 조건을 주로 따진다면 이곳이 정답.

TIP
좀 더 똑 부러지는 사용서

❶ **구관보다 신관!** 구관과 신관 건물로 나눠져 있는데, 오래되고 낡은 느낌의 구관보다는 신관 객실을 달라고 요청하자. 신관 객실에 대한 평이 훨씬 좋다.

❷ **주소를 반드시 적어두자** 비슷한 이름의 호텔들이 많아서 택시를 탔는데 엉뚱한 곳에 내릴 위험이 있다. 주소를 반드시 적어두자.

❸ **보증금 지불은 현금으로!** 보증금을 카드로 지불하면 환불 처리가 조금 늦다는 것이 공통된 의견이다. 현금으로 지불하고 체크아웃 때 돌려받자.

찾아가기 NS EW MRT 시티홀(City Hall) 역 A출구와 바로 연결된 래플스시티 쇼핑몰로 들어가 브라스 바사 방향으로 나와 길을 건넌다. **주소** 76 Bras Basah Road **가격** 디럭스 룸 $270~ **MAP** P.037A

오아시아 리조트 센토사
Oasia Resort Sentosa

비싸디 비싼 센토사 내의 호텔들 중 가장 합리적인 가격대를 자랑하는 호텔. 센토사의 대표적인 어트랙션과 가깝지만 사람이 많이 몰리는 RWS(리조트 월드 센토사) 내의 호텔들과는 다르게 조용하고 정돈된 분위기가 강점이다. 때문에 가족 단위의 여행자들보다는 커플이나 신혼부부들이 많이 머문다. 룸 컨디션이나 시설이 깨끗한데, 일본의 유명 디자인 회사 슈퍼 포테이토(Super Potato)가 디자인해 세련되고 편안한 느낌을 잘 살렸다. 혼자만의 온천욕을 즐길 수 있는 프리미엄 온센 자쿠지도 인기 있는 편. 호텔 건물 자체가 저층이기 때문에 멋진 뷰는 기대하면 안 된다. 한국인 직원이 있다.

찾아가기 SE 센토사 익스프레스 임비아(Imbiah) 역 바로 맞은편 **주소** 23 Beach View, Sentosa **가격** 디럭스 룸 $360~ **MAP** P.109

TIP
좀 더 똑 부러지는 사용서
복층의 로망을 원한다면? 우리나라 펜션에서나 볼 법한 복층 객실을 원한다면 윔지컬(Wimsical) 룸을 예약하자. 콘셉트에 따라 벌(Bee), 나무(Tree), 타자기(Typewriter) 등으로 나눠져 있다.

원더러스트 호텔 Wanderlust Hotel

이곳에 소개한 호텔들 중 지리적 조건은 이곳이 가장 열악하다. 그럼에도 이곳을 소개하는 이유는 지리적 단점도 기꺼이 감내할 만큼 감각적이고 매력적인 인테리어 때문이다. 단 29개 객실로만 이뤄져 있는데, 객실마다 다른 콘셉트와 디자인이 특징이다. 이미 서구권 여행자들에게도 입소문이 파다하게 난 곳이다. 기본적인 룸 컨디션과 부대시설이 알찬 편인데, 다른 호텔들과는 다르게 수영장 대신 자쿠지가 있어 쉬어 가기 좋다. 1층의 프랑스 시골 가정식 전문점 꼬꼬떼(Cocotte)가 인기 있으며, 가까이에 푸드 센터도 위치해 있다.

찾아가기 DT **MRT 로처(Rochor)역** B출구로 나와 퍼렉로드(Perak Rd)를 따라 직진 후 딕슨로드(Dickson Rd)로 우회전. 도보 5분 **주소** 2 Dickson Road **가격** $170~ **MAP** P.128J

파크 레지스 호텔 Park Regis Hotel

클락키와 싱가포르 강과 가까워 나이트라이프를 즐기기엔 제격인 중급 호텔. 물가와 전체 조건 대비 숙박비가 저렴한 편이라 여행자들의 사랑을 독차지하고 있다. 룸 컨디션은 좋지만 객실이 좁고, 화장실이나 세면대가 거의 오픈된 공간에 설치되어 있어 정말 친한 사이가 아니라면 사용하기 민망할 수 있다. 나 홀로 여행자 또는 사귄 지 오래된 연인이나 친구와 가기엔 더없이 좋은 곳. 한국인 직원이 많고 아주 친절해서 이런저런 도움을 받기 편하다. 보증금 $100가 있다.

찾아가기 NE **MRT 클락키(Clarke Quay) 역** B출구로 나와 우회전 **주소** 23 Merchant Road **가격** $240~ **MAP** P.121G

TIP
좀 더 똑 부러지는 사용서
❶ **얼리 체크인 신청** 다른 호텔에 비해 정해진 체크인 시간보다 빨리 체크인할 수 있는 '얼리 체크인'에 관대한 편이다. 객실 여유에 따라 복불복이기는 하지만 웬만하면 가능한 편이니 밑져야 본전!
❷ **웬만하면 조식이 포함된 객실을 예약하자** 호텔 주변에 일찍 문을 여는 식당이 거의 없으니 조식이 포함된 객실을 예약하자.
❸ **호텔 주소를 적어 가자** 비슷한 이름의 호텔이 많아 호텔 이름을 적어놓는 것이 좋다. 특히 택시를 탈 예정이라면 필수!

MANUAL 34

호스텔

호텔 비용이 부담된다면 저렴한 호스텔이 답이다

숙박비가 만만찮은 곳이 싱가포르다.
'나 한 몸 누울 공간만 있으면 오케이'라면 호스텔로 시선을 돌려보자.
호텔에 비해 반 정도 저렴한 숙박 요금에
호텔 못지않은 서비스를 누릴 수 있는 곳들이 많다.

어느 곳에 숙소를 정하면 좋을까?

5개 만점 기준

특징 \ 숙소	시티홀 City Hall	마리나베이 Marina Bay	차이나타운 Chinatown	부기스 Bugis	프로미나드 Promenade	클락키 Clarke Quay	오차드 Orchard
접근성	★★★★★	★★★★☆	★★★★☆	★★★★☆	★★★☆☆	★★☆☆☆	★★☆☆☆
볼거리	★★★★☆ 박물관, 도심	★★★★★ 마리나베이 샌즈, 가든스 바이 더 베이	★★★★☆ 불아사, 스리 마리암만 사원	★★★☆☆ 아랍 스트리트, 술탄 모스크	★☆☆☆☆ 플라이어	★★★★☆ 클락키 거리, 리버 크루즈	★☆☆☆☆ 에메랄드힐
먹을거리	★★★★★ 다양한 범위의 맛집	★★★★☆ 가격대가 있는 음식 위주	★★★★★ 다양한 음식 문화, 맛집 즐비	★★★☆☆ 이색적인 중동 요리, 체인점	★☆☆☆☆ 이렇다 할 먹을거리가 없음	★☆☆☆☆ 점보와 송파 바쿠테가 끝	★★☆☆☆ 체인점이나 브런치 위주
쇼핑	★★☆☆☆ 래플스시티 쇼핑몰, 시티링크몰	★★★☆☆ 명품 위주	★★☆☆☆ 소소한 기념품 위주	★★★☆☆ 카펫 등의 이색 상품, 하지 레인	★★☆☆☆ 선텍시티, 마리나스퀘어, 밀레니아 워크	★☆☆☆☆ 쇼핑의 불모지	★★★★★ 쇼핑으로 시작해 쇼핑으로 끝나는 곳
나이트라이프	★★☆☆☆ 평범	★★★★☆ 원더풀 쇼, 쎄라비	★★★★☆ 클럽 스트리트, 루프톱 바 등 다양한 선택지	★☆☆☆☆ 노천 식당이나 카페	★★★☆☆ 마리나베이 산책	★★★★★ 성지	★★☆☆☆ 펍이나 바 위주
숙박비 (점수가 높을수록 저렴)	★☆☆☆☆ 고급 호텔 위주	★☆☆☆☆ 마리나베이 샌즈	★★★★★ 호스텔 밀집	★★★★☆ 호스텔 밀집	★☆☆☆☆ 최고급 호텔 밀집	★★★☆☆ 호스텔과 중급 호텔이 섞여 있음	★★☆☆☆ 중급, 고급 호텔이 대부분

시크 캡슐 오텔

Chic Capsule Otel

호텔과 호스텔의 장점만을 모아놓은 캡슐 호텔. 건물의 층간 높이 차가 큰 것을 감안하여 캡슐을 제작해 공간이 넓다. 개인 사생활이 완벽 보장되는 캡슐 안에는 헤드폰과 대형 벽걸이 TV가 설치되어 있는데 지상파와 종편 등 10개 가까운 한국어 채널은 물론, 유튜브와 영화 감상도 가능해 나 홀로 여행객에겐 최적의 조건을 갖췄다. 갖고 다니기 번거로운 카드키 대신 팔찌형 스마트키를 주는 점도 색다르다. 수건이 무료로 제공되며 헤어드라이어, 다리미 등도 비치되어 있다. 매일 아침 시리얼이나 직접 만든 샌드위치, 열대과실을 제공하며 시원한 물을 언제든 공짜로 마실 수 있다. 1일 2회(10:15, 15:15) 창이공항까지 셔틀서비스를 무료로 제공하며 엘리베이터가 없고, 규모 대비 샤워실이 적다는 점이 아쉽다. 나 홀로 여행자나 조용한 분위기를 선호하는 여행자들에게 추천. 여성 전용 객실이 따로 마련되어 있어 여성들이 묵기도 좋다. 숙박비는 현금 결제만 가능. 20싱달러의 보증금이 있다.

찾아가기 NE DT MRT **차이나타운(Chinatown) 역** A출구로 나와 뒤돌아 걷는다. 큰길이 나오면 우회전 후 모스크 스트리트(Mosque Street)로 진입. 역에서 도보 3분 **주소** 13 Mosque Street **가격** 아래 침대 $50~, 위 침대 $58~ (기간별 숙박 요금 다름) **MAP P.090A**

더 포드 부티크 캡슐 호텔
The Pod Boutique Capsule Hotel

여성들이나 나 홀로 여행자들에게 인기 있는 호스텔. 침대마다 두꺼운 개별 칸막이가 설치되어 있고, 침대 출입구는 블라인드를 칠 수 있게끔 되어 있어 사생활을 지키기 좋다. 수건 및 마실 물을 제공한다는 점도 눈여겨볼 만한 부분. 개별 캐빈 내부에 노트북이나 책을 올려놓을 수 있는 받침대가 설치되어 있고, 호스텔 출입 카드키로 작동되는 물품 보관함 등 숙박객들의 편의성에 제법 신경을 쓴 듯 보인다. 뷔페식 아침 식사가 제공되며, 샤워부스가 설치된 화장실, 엘리베이터가 있다는 것도 자랑거리 중 하나. 이곳의 단점이라면 '위치'다. 부기스 외의 지역으로 이동할 때는 발품을 많이 팔아야 한다. 또, 체크아웃 시간이 빠른 편이라는 것도 아쉽다.

찾아가기 EW DT **MRT 부기스(Bugis) 역** B출구로 나와 직진. 아랍 스트리트로 우회전 후 비치로드로 좌회전. 육교 앞에 위치. 역에서 도보 10분가량 **주소** 289 Beach Road Level 3 **가격** 1인 POD $36~, 2인 POD $75~ **MAP** P.137H

멧 어 스페이스 포드
MET A Space Pod

언뜻 우주 비행사의 비행선을 연상케 하는 캡슐 안에는 소형 TV와 콘센트, 조명 등 숙박객 편의 시설이 잘 갖춰져 있다. 4층은 부엌 겸 공용 공간으로 이용되고 있으며 물과 스낵은 얼마든 공짜로 먹을 수 있다. 조식(07~10시)은 평범한 수준으로 토스트와 삶은 달걀이 주로 나온다. 얼리체크인/레이트 체크아웃은 불가. 리셉션 데스크가 아침 10시부터 밤 10시까지만 운영되지만 미리 이야기하면 셀프 체크인이 가능하도록 조치를 취하고 있다. 침구류의 질이 좋고 두 종류의 수건이 제공된다는 것도 장점. 하지만 엘리베이터가 없고 캡슐 안에서 움직일 때마다 캡슐 전체가 흔들린다는 점, MRT 역에서 그리 가깝지 않아 접근성이 애매하다는 점이 아킬레스건.

찾아가기 NS EW **MRT 래플스 플레이스(Raffles Place) 역** G출구로 나와 싱가포르 강변을 따라 클락키 방향으로 걷는다. 자칫 지나치기 쉬우니 눈을 크게 뜨고 찾아보자. 역에서 도보 5분 **주소** 51 Boat Quay **가격** $60~, 리버뷰 캐빈은 $5 더 비쌈(기간별 가격 차이 있음) **MAP** P.036C

그린 키위 백패커 호스텔
Green Kiwi Backpacker Hostel

동양인보다는 젊은 서양인들의 인기를 독차지하고 있다. 분위기 역시 개방적이고 활발한데, 특히 여행자 간 커뮤니티는 이곳의 자랑거리. 자체적으로 실시하는 시티투어 프로그램이 아주 다양하고, 참여율도 높은 편이다. 트윈 룸, 믹스 · 여성 전용 도미토리 등의 룸 타입이 있으며, 방마다 자동 잠금장치가 되어 있어 안전하다. 물품 보관함이 객실 내부에 있는 것이 아니라 리셉션 앞에 있고 크기가 조금 작은 편이다. 딱 하나 아킬레스건이 있다면 '접근성'이다. 도심에서 멀고, MRT 역에서 10분 정도 걸어야 한다. 현금 결제만 가능하다.

찾아가기 NE MRT 분켕(Boon Keng) 역 C출구로 나와 직진. 라벤더 스트리트가 나오면 좌회전 후 벤더미어로드와 만나는 교차로에 위치. 도보 5~10분 **주소** 280A Lavender Street **가격** 6인/10인 믹스 도미토리 $32/$24, 10인 여성 전용 도미토리 $24, 2인실 $99 **MAP** P.129C

코지 롯지 백패커스 호스텔
Coziee Lodge Backpackers Hostel

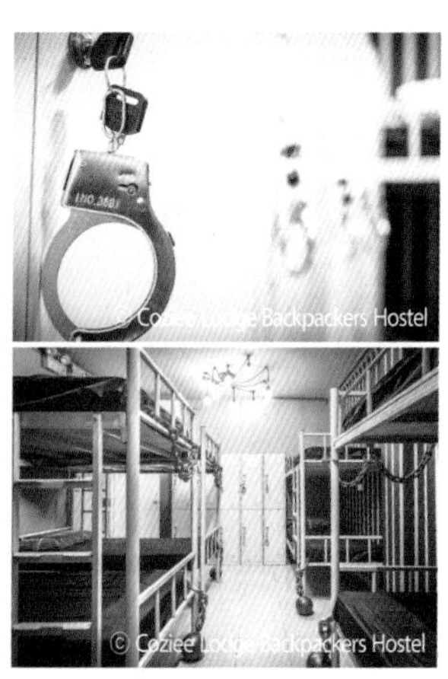

© Coziee Lodge Backpackers Hostel

감각적이고 산뜻한 인테리어로 여성들에게 특히 인기 있는 호스텔. 믹스 · 여성 전용 도미토리와 2인실 등 다양한 타입의 룸을 보유하고 있는데, 그중 빅토리아, 감옥, 바다 등 색다른 테마로 꾸며져 있는 방은 일찌감치 예약을 해둬야 할 만큼 인기 있다. 침대마다 커튼이 달려 있어 사생활 보호에 용이하고, 일부 객실 안에는 샤워부스가 설치되어 있는 것도 특징. 창문이 없어 답답한 느낌이 들기는 하지만, 전체적인 분위기가 상당히 조용한 편이고, 방음도 잘된다. 리셉션은 8시부터 자정까지 운영되며 체크인 시 $20의 보증금을 내야 한다. 숙박비 계산은 현금으로만 가능하다. 가까운 MRT 역까지 걸어서 3분 거리지만 호스텔 주변에 이렇다 할 볼거리나 식사할 만한 곳이 없고, 체크아웃 시간이 조금 이르다는 점은 아쉽다.

찾아가기 EW MRT 칼랑(Kallang) 역 A출구로 나와 겔랑로드가 나오면 우회전. 도보 3분 **주소** 77A & 79A Geylang Road **가격** 2인실 $60, 1인 도미토리 $24

레드 도어즈 호스텔
Red Doorz Hostel

한국인이 가장 많이 찾는 호스텔 중 하나. 침대마다 개인용 독서등과 콘센트가 설치되어 있어 편리하다. 무료로 이어플러그와 수건을 제공하며, 샤워 시설 및 소음 문제 역시 완전히는 아니지만 상당 부분 해결했다. 이곳의 최대 장점은 색다른 서비스다. 체크아웃 시 즉석사진을 찍어주는데, 사진에 스티커를 붙이고 글을 써넣어 기념품 삼아 가져갈 수 있도록 했다. 매우 친절한 직원들 때문에라도 다시 한 번 묵고 싶은 곳. 또, 24시간 리셉션을 운영하며 체크인 시 $20의 보증금을 내야 한다. MRT 이용하기에 불편한 게 아쉽다.

찾아가기 EW DT MRT 부기스(Bugis) 역 B출구로 나와 아랍 스트리트가 나오면 우회전 후 직진. 비치로드가 나오면 좌회전. 도보 10분 **주소** 285 Beach Road **가격** 6인/8인/10인 도미토리 $33/$30/$28, 디럭스 프라이빗 더블 룸 $110, 4인/6인/8인 도미토리(여성 전용) $38/$33/$30 **MAP** P.137H

OUTRO

무작정 따라하기 : 여행 떠나기 전 준비할 것

싱가포르 여행 필수 준비물 체크하기

많은 사람들이 사용하는 것은 다 이유가 있는 법. 싱가포르 여행을 훨씬 쉽고 저렴하게 즐길 수 있는 준비물들만 하나씩 해결해도 여행의 절반은 성공한 셈이다. MBTI가 J인 사람은 걱정도 안 한다. P로 끝나는 사람들! 계획세우는 게 귀찮더라도 이 페이지만큼은 읽어주세요. 제발요 Please!

1 Travel Wallet 트래블 월렛

계좌연동 충전식 체크카드 + 후불 교통카드

트래블 월렛 어플리케이션을 이용해 간단하게 전 세계 38개 외화를 미리 충전하고 충전된 외화로 수수료없이 해외 결제 및 현금 인출을 할 수 있는 서비스로 요즘 해외여행의 필수품으로 자리매김하고 있다. 실시간 환율이 적용되어 환율이 저렴할 때 미리 충전할 수 있어 경비 절감이 되고 원하는 만큼 충전해 사용하고 남은 금액은 환불받을 수 있다는 장점도 있다.

홈페이지 www.travel-wallet.com

회원가입 및 카드 발급 방법(신규 가입자)

Step 1. 스마트폰에 트래블 월렛 어플리케이션을 다운받는다.
Step 2. 어플리케이션을 실행 후 간단한 본인인증 과정을 거친다.
Step 3. 모바일카드 및 실물 카드와 연동할 계좌 정보를 입력한다.
Step 4. 카드발급 버튼을 터치한 뒤 발급에 필요한 정보 (여권과 동일한 영문 이름, 연락처, 직업, 수령 주소 등)을 입력한다.
Step 5. 카드 발급이 완료되었다는 메시지가 뜨면 발급 절차 끝! '즉시 충전하기'버튼을 눌러 충전을 진행하면 된다.

충전 방법

어플리케이션 기본화면(페이)에서 현재 선불 충전금이 얼마인지 조회할 수 있고, 충전도 이곳에서 가능하다. 충전을 원하는 외화(싱가포르 SGD)를 선택한 뒤, 충전 금액을 입력하면 자동으로 한국 원화로 얼마인지 나온다. 마지막으로 '충전하기'버튼을 누르면 충전 완료.

ATM 인출 방법

비자카드에 한해 수수료없이 인출할 수 있다. (OCBC, DBS, POSB는 수수료 발생/ UOB, MayBank, HSBC, ICBC는 수수료 없음) 시내 주요 MRT(지하철) 역이나 대형 쇼핑몰 등에 ATM기기가 있어 찾기 쉽다. 인출은 ATM기기마다 조금 차이는 있지만 Cash Withdrawals 〉 Saving Account 〉 비밀번호 입력(6자리 입력을 해야하는 경우 비밀번호 4자리 뒤에 00을 붙이면 된다.) 해외 현지에서만 출금 서비스를 이용할 수 있고, 출금 통화와 현지 통화는 일치해야 한다.
예시) 우리나라에서 싱가포르 달러 출금 불가능. 싱가포르에서 싱가포르 달러가 충전된 카드를 이용해 싱가포르 달러를 출금하는 것만 가능

교통카드 사용 방법

우리나라에서 티머니 카드를 이용하듯 대중교통 탑승시 실물 카드를 태깅하면 된다. 최소 1일에서 최대 2주 뒤에 후불 결제가 되기 때문에 결제 당일에 카드에 잔액이 없을 경우 카드 이용이 막힐 수 있으니 잔액 확인을 미리 해두자. 카드 한장으로 한명만 탑승 가능.

주의 사항

- 호커센터나 푸드센터는 현금 결제만 되는 곳이 많다. 또, 택시의 경우 수수료가 비싸서 비추천. 현금 결제를 하는 편이 나을 수 있다.
- 활성화 on 상태를 유지해야 카드 이용이 가능하다.
- 카드 잔액을 미리 확인해두는 습관을 들이자. 잔액 부족이나 카드 분실 등 돌발 상황에 대비해 여행 중 항상 무선 인터넷에 연결해두자.
- 실물 카드를 사진 찍어 sns등에 올리는 것은 NO! 카드 정보가 노출되어 부정사용을 당할 수 있다.

2 Tickets 관광지 할인티켓 구입하기

해도해도 너무 비싼 싱가포르 관광지 입장료. 매표소에서 제돈 다 주고 입장권을 구입하는 것 만큼 안타까운 일이 없다. 적게는 10%에서 많게는 30%이상 할인된 가격으로 싱가포르 대부분의 관광지 입장권을 판매하기 때문에 할인 티켓만 잘 사도 여행 경비 압박이 훨씬 줄어든다.

이용방법

바로 사용할 수 있는 티켓과 바우처나 QR코드를 발급받은 뒤 매표소에서 정식 티켓으로 교환해야 하는 교환권식 티켓으로 나뉜다. 예약 및 사용 방법이 어렵지 않으므로 겁낼 필요는 없다. 이메일로 티켓이 발송되는 경우가 많으니 이메일 기입 시 오타를 조심하자.

유의사항

- **구입처별 가격 비교를 해보자** 같은 상품이라도 일부 판매처에서 기간 한정으로 할인 행사를 하는 등 구입처별 가격 차이가 조금씩 있다.
- **할인코드 입력하고 할인혜택을 받자.**회원 가입 축하, 매달 발급하는 할인 코드 등 다양한 할인혜택이 숨어있다. 플랫폼 이용이 처음이라면 각 플랫폼에서 티켓을 나눠서 구입하는 방법도 좋다. 신규 회원가입 또는 첫 구매시 다양한 혜택이 있기 때문.
- **인기 관광지 예매는 미리 하자.** 유니버설 스튜디오, 가든스 바이 더 베이, 나이트사파리 등 인기 관광지는 예약이 빨리 찬다. 방문 날짜와 시간을 지정해야 하거나 특정 옵션(유니버설 스튜디오의 언리미티드 입장권 등)으로 예약해야 한다면 최대한 서둘러 예매하자.
- **상품 옵션을 확인하자.**같은 관광지 티켓이라도 옵션별로 제공 내용과 가격이 천차만별!
- **콤보 티켓'을 주목하자.** 판매처마다 여러 관광지의 입장권을 묶은 '콤보티켓'을 판매하고 있는데, 일반적인 할인 티켓 가격보다 할인율이 더 크다. 여러 사이트를 돌아다니며 조합을 잘 하는 것이 관건. 최대한 콤보티켓으로 묶어서 구입한 뒤 콤보티켓으로 구입할 수 없는 관광지 입장권만 단품으로 구입하면 된다.
- **날짜 지정 여부를 체크하자.** 티켓 구입시 날짜를 지정해서 구입하는 티켓과 비지정 티켓을 산 뒤 사용 날짜를 직접 지정할 수 있는 티켓으로 나뉜다. 날씨나 일정 등의 사정으로 여행 일정이 바뀔 수 있으므로 비지정 티켓을 구입하는 것이 마음 편하다.
- **관광지마다 바우처 교환 약관이 다르다.** 리버크루즈는 탑승 15분전에 바우처 교환을 완료해야 탑승할 수 있는 등 특수한 약관이 있는 곳도 있다. 판매처에 명시하고 있으니 반드시 참고하자.
- **취소나 환불 여부를 체크하자.**
- **바우처 유효기간을 체크하자.** 날짜 지정 바우처의 경우 유효기간이 있을 수 있다. 예약 전에 확인해보자. 관광지 및 업체에 따라 유효기간을 연장해주기도 하는데, 고객센터 문의가 빠르다.
- **바로 예약확정이 되는 상품인지 확인하자.** 여행중 결제 후 바로 이용해야 한다면 예약확정까지 소요되는 시간이 가장 중요하다. 짧게는 결제 후 바로 확정이 되는 상품도 있지만, 길게는 48시간까지 걸리기 때문.

구입처별 비교

케이케이데이

케이케이데이 KKday

여러 관광지 입장권을 한데 묶은 '콤보 티켓'의 종류가 다양하고 할인율도 큰 편이다. 체험과 미식 상품이 매우 다양하고 상품의 수가 가장 많다. 가격이 저렴한 대신 타 예약처에 비해 취소 수수료가 높거나 취소불가 상품이 많아 예약 시 주의가 필요하다. 케이케이데이 포인트 및 리워드 혜택이 있으며 어플리케이션에서 첫 구매 시 4천원 할인 혜택도 있다.

홈페이지 www.kkday.com/ko

클룩

클룩 Klook

클룩에서 단독으로 판매하는 입장권을 주목하자. 원하는 관광지 및 어트랙션 이용권을 취향에 따라 2가지부터 최대 10가지까지 고를 수 있는 '클룩 싱가포르 패스'가 인기 있다. 또, 동물원 4곳 중 원하는 곳만 골라 이용할 수 있는 '만다이 패스'도 만만치 않은 인기. 만다이 패스의 경우 할인율이 높지는 않다. 취소 수수료 및 환불 절차에 대한 안내가 미흡한 편. 앱에서 첫 구매 시 5%할인 혜택이 있다.

홈페이지 www.klook.com/ko

와그

와그 WAUG

어트랙션 및 관광지 입장권 이외에도 공항 라운지, 스냅사진 투어 등 여행 전반의 다양한 서비스 예약도 가능하다. 대신 비인기 상품의 경우 입장권 인식이 안되거나 입장에 혼선이 빚어지는 등의 사례가 발생하기도 한다. 회원가입시 2만원 쿠폰팩을 증정하고 결제금액의 1%를 포인트로 적립하는 등의 혜택이 있다.

홈페이지 /www.waug.com/ko

3 WiFi
무선 인터넷 서비스 예약

인터넷이 없는 여행만큼 불편한 것이 또 있을까? 구글 지도로 길도 찾아야 하고, SNS도 틈틈이 이용하려면 무선 인터넷 서비스를 이용하자. 심카드, 데이터로밍, 이심, 포켓 와이파이 등 크게 네가지 유형으로 나눠지며 장단점도 명확하니 상황에 맞게 이용하면 된다.

와이파이도시락 할인쿠폰 바로가기

나에게 맞는 무선 인터넷 서비스 타입은?

구분		제공 내용	가격	장단점
한국 통신사 데이터로밍 (SKT 기준)	T로밍 Baro 3/6/12/24GB	최대 30일간 3/6/12/24GB (초과 사용시 속도저하)	3GB 2만 9000원 6GB 3만 9000원 12GB 5만 9000원 24GB 7만 9000원	**장점** 요금제에 따라 한국-해외간 로밍통화 데이터 차감 없이 무료 제공. 한국 통신사 유심을 그대로 이용해 한국에서 오는 전화와 문자 수신 가능. 이용이 간편함 **단점** 통신 환경에 따라 지역별 편차가 심하고 가격이 비싼 편
	T로밍 Baro One Pass	최대 30일간 1일 500MB (소진 시 제한된 속도로 이용 가능)	1일 9900원	
포켓 와이파이 (와이파이 도시락 기준)	1.5GB 와이파이 도시락	1일 LTE 1.5GB 제공 (이후 속도 저하)	1일 4900원	**장점** 현지 통신망을 이용해 속도가 빠르고 안정적이다. 최대 5명까지 추가 요금 없이 동시이용 가능. **단점** 단말기와 보조 배터리를 항상 갖고 다녀야 하고, 분실시 배상 책임이 있다. 사전에 예약해야 이용 가능. 공항 등 사람이 많은 곳이나 실내에서 와이파이가 안잡힐 때가 잦다. 매일 배터리를 충전해야 해 번거롭다.
	3GB 와이파이 도시락	1일 LTE 3GB 제공 (이후 속도 저하)	1일 6900원	
	무제한 와이파이 도시락	1일 LTE 무제한 제공	1일 9900원	
싱가포르 통신사 데이터 유심	싱텔 하이투어리스트 심카드 $15	30일간 100GB	$15	**장점** 가격이 저렴. 제공 데이터 용량이 많음 **단점** 한국에서 오는 전화와 문자수신 불가능. 핫스팟(테더링)으로 여러 명 사용시 속도 저하. 건물 안이나 지하에서 속도 저하. 컨트리락이 설정된 기기는 이용 제한. 불량 유심일 경우 인터넷 연결이 안되거나 속도가 느릴 수 있음.
	스타허브 투어리스트 트래블 심카드 $12	10일간 100GB	$12	
eSIM	싱가포르 이심	1~4일 매일 1/2GB	3200원 ~1만1700원	**장점** QR코드로 간단하게 개통 및 이용 가능. 분실 위험이 없고 저렴함. 기존 한국 유심과 e SIM 을 원할 때 바꿔가며 사용 가능. 실시간으로 데이터 사용량을 체크할 수 있음 **단점** 최신 기종만 이용 가능. 처음 이용하는 사람은 헤맬 수 있음

Option 1. 싱가포르 통신사 데이터 유심 Prepaid Sim

추천 대상 **장기 여행자, 여러 국가를 여행하는 여행자**
알기 쉽게 싱가포르 현지 휴대폰으로 변환한다고 보면 된다. 한국에서 휴대폰 개통 시 끼웠던 한국 통신사의 심카드를 빼고, 그 자리에 싱가포르 통신사의 심카드를 끼워 넣어 현지 전화번호가 임의 개통되는 식이다. 싱가포르 통신사의 유심칩을 끼운 상태라 한국에서 오는 문자와 전화는 수신할 수 없다. 심카드 제품에 따라 동남아 여러 나라에서 공용으로 쓸 수 있는 심카드도 있어 배낭 여행자들도 이용하기 편하다.

구입방법 인터넷 쇼핑몰 : 다양한 업체에서 유심을 판매하고 있다. 국내 공항에서 유심칩을 수령할 수 있는 곳과 싱가포르 창이공항에서 수령할 수 있는 곳으로 나뉘는데, 창이 공항에서 수령하는 유심칩이 싱가포르 통신사 제품이므로 불량률이 적다. 이용 후기가 많은 곳에서 구입하자.
창이 공항 공항 내 창이 레코맨드(Changi Recommends) 부스 등에서 쉽게 구입할 수 있다. 유심 설치는 도와주지 않는다.
싱가포르 시내 치어스(Cheers), 세븐 일레븐 등의 편의점에서 판매한다. 유심칩을 취급하는 편의점은 입구에 Prepaid 스티커를 붙여 두는 곳이 많다.

심카드 종류 싱가포르 현지 통신사인 싱텔(Singtel)과 스타허브(Starhub)가 가장 인기 있다. 싱가포르 이외 지역의 통신사나 사설업체에서 판매하는 심카드는 추천하지 않는다.

로밍도깨비 앱

말톡 앱

Option 2. 이심 e SIM

추천 대상 **최신 휴대폰 보유자, 한국에서 오는 전화와 문자를 받아야 하는 사람**
실물 유심칩을 갈아 끼우는 과정 없이 간단하게 QR코드를 인식하면 설정부터 개통까지 한 번에 되는 서비스다. 휴대전화 기기 하나에 기존 유심과 e SIM이 모두 작동하는 상태가 되기 때문에 유심과 달리 한국에서 오는 전화와 문자를 즉시 받아볼 수 있고, 싱가포르 데이터도 사용할 수 있다. 이심 설정 및 사용 방법은 판매 업체에서 매우 자세히 알려주고 있으며 고객센터도 운영한다.

구입 방법 매우 다양한 업체에서 이심을 판매한다. QR 전송 속도가 빠르고 24시간 고객센터를 운영하는 곳으로 고르자. 말톡과 로밍도깨비 추천.
홈페이지 말톡 https://store.maaltalk.com **로밍도깨비** www.rokebi.com

주의사항 최신 기종만 사용할 수 있는 서비스로 착오에 의한 환불은 불가능한 업체가 많다. 꼼꼼히 확인한 뒤에 구입하자.

Option 3. 포켓 와이파이 Pocket Wifi

추천 대상 **일행이 있는 여행자**
무선망용 인터넷 공유기라고 생각하면 이해가 쉽다. 인터넷 품질이 좋은 대신 부피와 무게가 꽤 나가는 단말기를 항상 가지고 다녀야 하며, 단말기의 배터리 소모가 크기 때문에 보조 배터리를 추가로 대여하거나 매일 충전을 해야 한다는 점이 아쉽다.

예약 방법 홈페이지(P.272 QR코드 이용) 접속 후 방문 할 국가와 옵션을 선택한 뒤 출국 및 입국 날짜와 공항을 지정하면 끝. 예약이 끝나면 카카오톡 메세지로 수령방법에 대한 안내를 받을 수 있다.

D-40
여권 등 필요한 서류 체크하기

1. 준비할 서류 미리 보기

- □ 여권
- □ 여행자보험
- □ 항공권
- □ 국제학생증

2. 여권 만들기

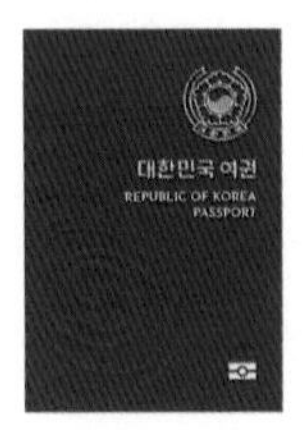

해외여행을 준비하는 데 가장 중요한 것이 '여권'이다. 출입국 시 필요할 뿐 아니라, 해외에서는 신분증의 역할을 하기 때문. 해외여행 인구가 많아진 만큼 여권 없는 사람이 거의 없지만, 여전히 여권을 발급받는 데 짧게는 3일, 길게는 일주일 정도 걸리는 만큼 시간적 여유를 두고 만들어 두는 편이 좋다.

✔ 여권 종류

일정 기간 횟수에 상관없이 사용할 수 있는 '복수여권'과 딱 한 번만 이용할 수 있는 '단수여권'으로 나뉜다. 이번 해외여행이 마지막이라면 모를까, 이왕이면 10년짜리 복수여권을 발급받도록 하자. 성인은 본인이 직접 방문해서 신청해야 하며, 미성년자는 부모나 법정대리인이 대리 신청할 수 있다. 24세 이하의 병역 미필자의 경우 최장 5년 복수여권 또는 단수여권만 발급된다.

✔ 여권 발급 시 필요 서류

① 여권발급신청서
② 여권용 사진 1매(6개월 내에 촬영한 사진)
③ 25~37세 병역 미필 남성의 경우 국외여행허가서 필요
④ 신분증
⑤ 수수료: 10년 복수여권 5만 3000원, 5년 복수여권(8~18세) 4만 5000원, (8세 미만) 3만 3000원, 1년 단수여권 2만 원

✔ 발급 장소

전국의 254개 도, 시, 군, 구청 민원과에서 발급 가능.

✔ 여권 유효기간

일반적으로 여권의 유효기간이 6개월 이상 남아 있어야 출입국이 가능하다. 여권이 있다고 하더라도 유효기간이 얼마 남지 않았을 경우에는 재발급받거나 유효기간을 연장해야 한다. 단, 전자여권만 가능하며, 구 여권은 유효기간 연장이 불가능하다. 이 외의 더욱 자세한 사항은 외교부 여권안내 홈페이지(www.passport.go.kr) 참고.

3. 해외 여행자 보험 가입하기

해외여행을 떠날 때 혹시나 일어날지 모르는 사고 처리를 위해 가입하는 것으로, 장기 여행에는 필수다. 여행을 떠나는 누구나 가입할 수 있으며 보험사 홈페이지나 공항 보험사 부스, 스마트폰 등으로 손쉽게 가입할 수 있다. 여행 중 상해 사고, 질병으로 인한 사망, 치료비를 위한 의료비 보상, 타인에게 손해를 끼친 경우 배상금, 휴대품 도난 및 파손 등 보험마다 약관 내용과 보상 범위가 다르니 꼼꼼히 확인하자.

4. 국제학생증(ISIC) 발급받기

만 12세 이상(만 14세 이상은 체크카드 겸용으로 발급 가능)으로 국내 학생증 소지자라면 누구나 발급받을 수 있다. 관광의 주요 목적이 박물관과 미술관 등의 유적지 관람이라면 입장료 할인이나 무료입장이 가능하다. 학교 홈페이지나 학교 내 커뮤니티 또는 홈페이지(www.isic.co.kr)에서 신청할 수 있으며 최근 1개월 내 발급받은 재학증명서 또는 휴학증명서, 증명사진, 발급비 1만 7000원(현금), 별도의 신청서류 작성 및 지참 후 하나/기업/신한은행 영업점을 방문하면 된다.

Tip 싱가포르는 비자 필요 없나요?
한국-싱가포르 비자협정에 따라 비자는 필요 없다. 한국인이 싱가포르에 비자 없이 체류할 수 있는 기간은 90일. 말레이시아 조호바루나 인도네시아 바탐/빈탄 등 제3국이나 한국에 갔다가 싱가포르로 재입국하는 경우 다시 체류 기간이 90일로 늘어난다.

D-35
예상 여행 경비 얼마나 잡을까요?

1. 예상 경비 계산하기

여행 경비는 체류일이나 여행 스타일, 소비 습관에 따라 천차만별이다. 초저가 배낭여행을 한다면야 1일 $100 선에서 충분히 해결될 것이고, 중급 호텔에 머물며 파인 다이닝을 즐기려면 1일 $400. 럭셔리 여행이라면 현금보다는 신용카드를 함께 쓰는 것이 훨씬 낫다.

① 항공권(50~150만 원)
성수기(방학, 휴가철, 연휴 등)와 비수기 요금 차이가 심한 편인데, 비수기에 외국 항공사의 경유 항공편을 이용하거나 저가 항공편을 이용하면 항공권에 드는 비용을 줄일 수 있다.

② 입장료(1일 $35~)
여행자로서 가장 부담스러운 부분이 입장료다. 인기 있는 테마파크나 어트랙션의 경우 $30가 넘는 경우가 대부분이고, 유니버설 스튜디오 같은 곳은 $60~70는 우습게 넘는다. 평소 관심도 없던 미술관이나 박물관 등을 여행 일정에 넣기보다는 자신의 취향과 관심사에 맞는 곳만 추려서 다녀오는 것이 중요하며, 참고로 한국인들이 주로 선호하는 곳들만 둘러본다 쳤을 때 $130~180 정도를 쓴다고 계산하면 알맞다. 박물관의 경우는 국제학생증을 가져가면 할인 혜택이 있다.

③ 식비(호커 센터/푸드코트 이용 시 1일 $15~, 캐주얼 레스토랑 이용 시 1일 $40~, 파인 다이닝 레스토랑 이용 시 1일 $300~)
여행 스타일에 따라 가장 차이가 많이 나는 항목. 서민들이 주로 이용하는 호커 센터나 쇼핑몰 내의 푸드코트를 주로 이용하면 1일 $15 내에서 식사를 해결할 수 있지만, 캐주얼한 분위기의 식당은 한 끼 식사를 $15 이상 잡는 것이 좋고, 일류 레스토랑은 한 끼 비용이 $150를 넘기도 한다. 현지인들이 많이 찾는 로컬 레스토랑은 한 끼에 $15 정도로 저렴한 데다 맛도 있어 추천한다.

④ 기타 비용(1일 $15~)
워낙 덥고 습해서 중간중간 시원한 주스를 마시거나 카페에서 쉬어갈 시간이 필요한데, 여기에 드는 돈도 만만치 않다. 주기적으로 편의점이나 호커 센터에서 물이나 주스만 사서 마신다고 쳤을 때 하루 $5~10 정도. 지칠 때 카페에 들어가서 간식이나 디저트를 먹을 경우에는 하루 $40 정도는 각오해야 한다.

⑤ 싱가포르 현지 교통비(1일 $8~)
MRT, 버스 등의 대중교통을 이용해서 다니면 하루 $8. 아무리 많이 다녀봐야 $12 넘기가 힘들다. 하지만 택시를 이용해서 다닌다면 1일 $40 정도는 감안해야 한다. 대중교통을 주로 이용할 예정이라면 요금 할인 혜택이 있는 이지링크카드를 발급받도록 하자.

⑥ 기타 비용/여행 준비 비용
일주일짜리 유심칩, 쇼핑 비용 등 기타 비용과 비자 발급, 여행자보험 가입, 공항↔집 교통비, 여행물품 구입 비용 등의 여행 준비 비용도 잘 따져봐야 한다.

2. 1일 체류비

항공편과 숙박비를 제외한 1일 체류비는 대략 $80 선. 이것도 최대한 많이 아꼈을 때의 이야기이고, 좀 더 넉넉히 쓴다면 $100~120 정도는 잡아 두는 것이 좋다. 물론 고급 레스토랑이나 관광지를 많이 다닌다면 이보다 더 많은 비용이 필요하다.

3. 보편적인 4박 5일 총비용

가장 저렴한 항공편을 이용하고, 호스텔 도미토리룸을 쓴다고 가정했을 때의 평균적인 여행 비용이다. 호텔에 묵거나 직항편을 이용하는 경우 비용은 그만큼 더 든다.

항공 요금 70만 원
4박 숙박비(호스텔 도미토리룸 숙박) $160
체류비(교통비+입장료+식비+기타 비용) = 100 X 4= $400
합계 70만 원 + $560 = 124만 원(1SGD=980원)
총비용 124만 원의 10~20% 수준(12~24만 원)은 비상금으로 가져가자.

D-30
항공권 구입하기

여행 비용의 많은 부분을 차지하는 동시에 여행 준비과정 중 가장 먼저 지출되는 것이 '항공권 비용'이다. 항공권을 얼마나 저렴하게 구입하느냐에 따라 전체 여행 비용도 달라지기 마련. 어떻게 하면 저렴한 티켓을 '득템'할 수 있을까?

1. 한국 → 싱가포르 항공편에는 어떤 것이 있나?

직항편(6시간 10분~)은 인천공항과 김해공항에서만 취항하며, 이 외의 공항에서는 환승이나 스톱오버를 해야 하는 경유 항공편(8시간~)을 이용해야 한다. 부산과 가까운 경상도 지역이라면 경유를 하더라도 부산 출발편을 이용하는 것이 시간적으로나 금전적으로나 훨씬 이득이다.

1-1. 인천공항 출발

① **직항** 싱가포르항공, 대한항공, 아시아나항공, 티웨이 항공, 스쿠트
② **경유** 에어아시아(쿠알라룸푸르 경유) / 베트남항공(하노이 또는 호치민 경유) / 중국 국제항공(베이징 경유) / 중국 동방항공(상하이 경유) / 중국 남방항공(광저우 경유) / 캐세이퍼시픽(홍콩 경유) / 티웨이항공, 에바항공, 중화항공(타이베이 경유) / 타이항공(방콕 경유) / 필리핀

항공(마닐라 경유) / 가루다 항공(자카르타 경유)

1-2. 부산 김해공항 출발

① **직항** 싱가포르항공 / 제주항공
② **경유** 에어아시아(쿠알라룸푸르 경유) / 베트남항공(하노이 또는 호치민 경유) / 중국 동방항공(상하이 경유) / 캐세이퍼시픽(홍콩 경유) / 필리핀항공(마닐라 경유)

1-3. 대구공항 출발

① **직항** 없음
② **경유** 중국 동방항공(상하이 경유)

1-4. 제주공항 출발

① **직항** 없음
② **경유** 중국 남방항공(광저우 경유) / 캐세이퍼시픽(홍콩 경유) / 중국 동방항공(상하이 경유)

2. 경유나 환승 항공편을 이용하자

직항 항공편보다 경유하는 항공편이 많게는 20% 이상 더 저렴하다. 게다가 경유지에서 며칠 체류할 수 있는 스톱오버(경유지 체류)를 이용하면 2개국 여행도 가능하다. 항공편마다 스톱오버 조건이 다르기 때문에 요금규정을 잘 살펴보도록 하자. 참고로 스톱오버 여행지로 인기 있는 지역은 하노이/호치민(베트남항공), 홍콩(캐세이퍼시픽), 타이베이(에바항공, 중화항공)이다.

Tip 경유/환승 항공편 이용 시 반드시 확인해야 할 것
공항 대기 시간이 짧은 항공편일수록 편리한 것은 당연지사. 베트남항공, 스쿠트, 에어아시아, 캐세이퍼시픽 항공편이 공항 대기 시간이 짧다. 이 외의 항공사는 편마다 공항 대기 시간이 제각각이기 때문에 반드시 확인해야 한다.

3. 저가 항공편을 이용하자

스쿠트, 에어아시아 등의 저가 항공편이 적게는 10%, 많게는 20% 이상 저렴한 경우도 있다. 하지만 무작정 추천할 수는 없는 것이 위탁수하물, 기내식, 음료 등 거의 모든 서비스를 유료로 제공하는 데다 좌석이 상대적으로 좁고 불편한 경우도 많아서다. 기내수하물 규정(무게 7Kg까지. 크기 에어아시아 36x23x56/스쿠트 가방 세 면의 합이 158cm까지)을 반드시 숙지하도록 하자. 환불이 안 되거나 환불받기 까다로운 경우가 많다는 사실도 염두에 두자.

4. 일찍 예약하자

일찍 예약하면 항공권 가격이 저렴한 경우가 많다. 특히 주말, 연휴, 명절 등의 성수기 항공편은 순식간에 팔리므로 일찍 예약하는 것이 안전하다. 하지만 비수기의 경우에는 무조건 일찍 예약하는 것보다 가격 동향을 살피는 것이 더 저렴한 경우가 많다. 팔리지 않는 항공권의 경우 출발 4~8주 전쯤 가격을 내리므로 이때 구입하면 저렴하다.

5. 프로모션, 이벤트를 노리자

저가 항공사에서 실시하는 프로모션이나 이벤트를 이용하면 훨씬 저렴한 가격에 티켓을 득템할 수도 있다. 하지만 그만큼 경쟁률이 높아서 운이 따라줘야 한다.

6. 땡처리 항공권도 하나의 방법

출발일이 임박한 '팔리지 않은 항공편'에 한해 말도 안 되는 가격으로 팔기도 한다. 하지만 말 그대로 즉흥 여행을 갈 때 이용하는 편이 좋다. 땡처리 항공권을 전문으로 하는 '땡처리닷컴'을 이용하자.

Tip 저렴한 항공권 구매 시 반드시 살펴봐야 할 사항
1. 요금규정을 반드시 살피자
항공권이 저렴한 만큼 요금규정이 이용자에게 불리할 수 있다. 예를 들면 마일리지 적립이 안 된다거나, 여정변경 불가, 스톱오버 불가, 환불 불가 등의 규정이다.
2. 체류 조건을 살피자
항공권에도 체류일이 있다. 짧게는 3일 길게는 3달 이상이나 무제한까지. 여행 일정에 맞춘다면 문제가 없겠지만, 무턱대고 체류 조건이 짧은 항공권을 사는 것은 지양하자.
3. 운항 스케줄을 확인하자
본인의 스케줄이나 취향에 맞는 스케줄이 가장 좋은 스케줄이다. 일반적인 한국인 여행자들에게 가장 인기 있는 출국편은 밤 비행기로 출발해 싱가포르에는 아침에 도착하는 스케줄이고, 최고의 귀국편은 새벽 비행기로 출발해 한국에 아침 일찍 도착하는 스케줄. 싱가포르 체류 시간이 가장 긴 항공편을 찾는 것이 바람직하다.

Tip 항공권 어디에서 구입할까?
각 항공사 홈페이지와 항공권 가격비교 사이트(스카이스캐너, 인터파크 투어 등)를 비교해가며 구입하는 것이 좋다. 에어아시아, 스쿠트 등의 저가 항공사는 공식 홈페이지 가격이 가장 저렴한 경우가 대부분이며, 프로모션과 각종 이벤트도 공식 홈페이지를 통해 진행한다.
인터파크 투어 tour.interpark.com
지마켓 투어 gtour.gmarket.co.kr
스카이스캐너 www.skyscanner.co.kr

D-25
여행 떠나기 전 준비할 것

여행 정보, 모아보기

싱가포르 여행을 앞두고 준비를 하자니 막막하다면? 책과 온·오프라인에서 싱가포르를 만나는 방법들을 소개한다.

1. 싱가포르 사랑

국내에서 가장 많은 회원 수를 보유한 싱가포르 여행 커뮤니티. 따끈따끈한 여행 정보는 물론, 경험담을 나누거나 질의응답으로 궁금증을 해소할 수 있다.

2. 여행 블로그

네이버, 티스토리, 다음 등 포털사이트를 기반으로 하는 블로그를 참고하는 것도 좋은 방법.

3. 싱가포르 관광청

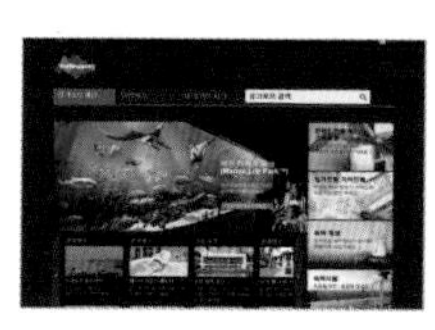

싱가포르 공식 관광청에서 운영하는 블로그(yoursingaporeblog.com)나 홈페이지(www.yoursingapore.com) 에서 여행 정보를 찾거나 싱가포르 관광청 사무소에 직접 방문해서 무료 팸플릿을 얻을 수 있다.

주소 서울 중구 세종대로 136 서울파이낸스센터 3층(광화문역 5번 출구)

4. 관련 TV 방송

① **짠내투어(tvN)** 2018년 3월 3일~3월 24일(14~17회)
② **뭉쳐야 뜬다(JTBC)** 2017년 3월 21일~4월 4일(18~20회)
③ **먹고 자고 먹고(tvN)** 2016년 12월 20일~27일 센토사편
④ **비정상회담(JTBC)** 2016년 6월 13일(102회)
⑤ **배틀트립(KBS)** 2016년 5월 28일(7회), 2017년 9월 16일(68회), 2019년 4월 27일(139회)
⑥ **걸어서 세계속으로(KBS1)** 2021년 12월 18일(722회)
⑦ **다시 갈 지도(채널S)** 2022년 6월 30일(16회)
⑧ **트래블리(iHQ)** 2022년 10월 8일~ 10월 22일(9~11회)
⑨ **다큐멘터리K(EBS1)** 2023년 7월

5. 도움 될 만한 애플리케이션

① **구글맵** 현지에서 지도 대용으로 이용할 수 있어 인기 있는 앱. GPS를 이용해 현재 위치와 방향을 가늠할 수 있으며, 목적지까지의 실시간 교통편도 검색할 수 있다.

② **환율 계산기** 물건을 사고 싶은데, 도저히 환율 계산이 안 된다면? 환율 계산기를 켜자. 전 세계 주요 화폐를 한국 원화로 계산해줘서 편리하다. 오프라인 상태에서도 이용 가능.

③ **싱가포르맵스** 구글맵보다 더욱 정확한 지도 앱. 차량 진행 방향과 택시 타는 곳 등 훨씬 세세한 정보도 확인할 수 있어 편리하다. 단, 배터리 소모량이 만만찮은 게 흠.

④ **익스플로러메트로** 싱가포르 MRT 노선 앱. 노선도는 물론, 이동 방법 조회, 열차 시간 및 역 주변 지도 조회 등 다양한 서비스를 제공한다. 가끔 뜨는 광고 페이지가 짜증난다는 것이 단점.

⑤ **파파고** 네이버에서 야심차게 내놓은 번역 어플. 타 번역어플에 비해 정확도가 높고 사용방법이 간단해 인기몰이중이다.

⑥ **트래블월렛** 실시간 환율으로 충전해서 쓰는 충전형 체크카드. 싱가포르에서도 쉽게 결제가되며 교통카드 대용으로 쓸 수 있어 인기 있다. ATM 기기에서 인출도 된다.

⑦ **그랩** 우리나라의 카카오택시처럼 터치 몇 번으로 택시 호출 및 지불까지 편리하게 할 수 있다. UI가 비슷해서 누구나 쉽게 이용할 수 있다.

D-18
여행 계획 세우기

여행 동선 짜기

✔ **나 홀로 여행자** 싱가포르에서의 이동은 대부분 MRT나 시내버스 등 대중교통을 이용하게 되며, 숙박 역시 접근성이 좋은 호스텔이나 저렴한 호텔에 묵는 것이 유리하다. 유니버설 스튜디오나 센토사 같은 곳에 혼자 가기가 꺼려진다면 '싱가포르 사랑' 등의 인터넷 커뮤니티에서 부분 동행자를 구하는 것도 일종의 요령. 본인의 취향과 관심사에 따라 여행 계획을 세우는 것이 가장 중요하다.

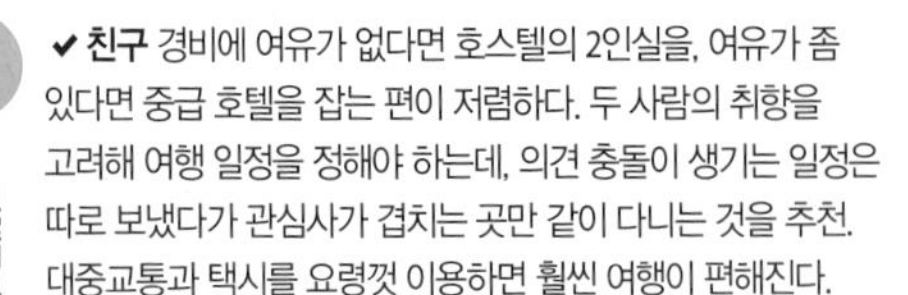

✔ **친구** 경비에 여유가 없다면 호스텔의 2인실을, 여유가 좀 있다면 중급 호텔을 잡는 편이 저렴하다. 두 사람의 취향을 고려해 여행 일정을 정해야 하는데, 의견 충돌이 생기는 일정은 따로 보냈다가 관심사가 겹치는 곳만 같이 다니는 것을 추천. 대중교통과 택시를 요령껏 이용하면 훨씬 여행이 편해진다.

✔ **커플** 한 사람이 주도적으로 여행 계획을 세우는 것보다는 두 사람의 의견을 모두 반영해 여행 계획을 세우도록 하자. 싱가포르가 덥고 습해서 별것 아닌 것에 마음이 틀어지는 커플들이 많다. 야외에서 움직이는 것을 최소한으로 하고 식사는 주로 쇼핑몰 안에서 해결하는 것이 좋을 수 있다. 파인 다이닝 레스토랑의 경우 비용이 천차만별이다. 무조건 비싼 레스토랑을 선택하기보다는 가성비와 분위기를 먼저 따지는 것이 현명하다. 호텔도 마찬가지.

✔ **가족** 아무래도 일정 자체가 아이들 위주로 정해지기 쉽다. 따라서 야외 활동이 많을 수 있다는 것은 감안해야 한다. 테마파크를 가야 하는 경우에는 유모차 대여나 물품 보관 등 실용적인 정보를 꼼꼼히 확인해야 하고, 해충 퇴치 스프레이나 자외선 차단제 등도 꼼꼼하게 준비해야 한다. 아이들이 어린 경우는 센토사 내의 리조트를, 중학생 이상이라면 시티홀 역 주변의 중급 호텔에서 묵는 것이 좋다. 3명씩 짝지어 택시를 이용하면 교통비가 적게 들고 편하다. 일정은 이동거리가 최대한 짧게 정하도록 하자. 일부러 멀리 떨어진 맛집을 찾아가다 보면 가족 전체가 피곤할 수 있다.

D-15
면세점 쇼핑 미리 하기

면세점은 크게 공항 면세점, 기내 면세점, 시내 면세점, 인터넷 면세점으로 나뉜다. 각각 장단점이 다르기 때문에 본인에게 맞는 면세점을 선택해서 이용하도록 하자.

1. 인터넷 면세점

중간 유통비와 인건비 등의 비용이 절감되어 공항 면세점에 비해 10~15% 더 저렴하게 구입할 수 있어서 알뜰 여행객들에게 인기 있다. 모바일을 이용하면 적립금 이벤트나 각종 쿠폰 등을 이용하여 정가보다 훨씬 더 저렴하게 구입할 수도 있다. 또, 인터넷 면세점에서 구입한 다음, 출국 공항 인도장에서 직접 수령하기 때문에 시간 여유가 없는 사람들이 이용하기에도 좋다. 대부분 출발 이틀 전에 구매를 완료해야 하지만 신라/롯데 면세점은 출국 당일 숍이 따로 있어 출국 세 시간 전까지도 구입이 가능하다.

✔ **인터넷 면세점 이용 꿀팁**

인터넷 적립금과 쿠폰을 모아서 한꺼번에 구매한다면 오프라인보다 훨씬 저렴한 가격에 물건을 살 수 있다. 특히 인터넷 적립금은 매일 출석 체크를 하거나, 룰렛 게임 등을 통해 제공되기도 하니 수시로 홈페이지를 들락거리자. 또한 요새는 PC 사이트뿐만 아니라 모바일 페이지용 적립금이 발행되니 꼼꼼히 챙기도록 하자. 마지막으로 물건을 많이 살 예정이라면 조금 불편하더라도 면세점을 분산 이용하자. 적립금 사용한도가 30%밖에 안 되기 때문에 여러 곳에서 나눠 사는 것이 훨씬 이득이다.

신라 www.shilladfs.com

롯데 www.lottedfs.com

신세계 www.ssgdfs.com

워커힐 www.skdutyfree.com

동화 www.dutyfree24.com

2. 시내 면세점

출국 60일 전부터 출국일 전날 오후 5시까지 이용할 수 있어 시간에 쫓기지 않고 쇼핑을 할 수 있어 인기 있다. 대신 주요 도시(서울, 부산, 대구, 대전, 울산, 제주, 창원, 청주, 수원, 아산) 이외의 지역 거주자라면 이용하기가 쉽지 않다는 단점이 있다. 출국 사실을 증명할 수 있는 서류(여권, 출국 항공편 이티켓)를 지참해야 하며, 간단하게 출국일과 시간, 비행기 편명만 메모해 가도 된다. 구입한 면세품은 출국하는 공항 면세점 인도장에 상품 인도증을 내고 수령하면 된다. → 서울, 부산, 신세계, 롯데

3. 공항 면세점

공항 출국장에 위치하고 있어서 탑승 대기 시간 동안 이용할 수 있으며 면세품 수령을 바로 할 수 있다. 방학이나 휴가철, 연휴 등의 성수기에는 여유로운 쇼핑이 어려울 수 있다는 단점이 있다.

4. 기내 면세점

말 그대로 항공기 안에서 면세품을 구입할 수 있다. 품목이 제한적이지만 인기 있는 제품들만 판매하는 경우가 많고, 기내 한정 상품도 있으니 잘 살펴보자.

D-14

관광지 할인티켓 구입하기

관광지 매표소에서 구입하는 것 보다 가격이 훨씬 저렴하고, 이용 방법도 간단하다. 티켓을 사느라 줄을 설 필요가 없으니 시간 절약도 된다. 2권 P.271 참고

D-10

환전하기, 트래블 월렛 실물카드 신청하기,

신용카드 사용이 우리나라만큼이나 일반화되어 있어 웬만한 비용은 신용카드로 계산할 수 있다. 하지만 대중교통 요금, 푸드코트, 호커 센터, 일부 레스토랑, 일부 택시, 소매점 등은 여전히 현금 결제만 고집하고 있는 만큼 현금도 반드시 필요하다. **최근 충전식 계좌연동 체크카드 서비스인 '트래블월렛(P.270)'이 인기를 끌면서 현금 인출에 대한 중요도가 많이 낮아졌다.**

1. 어디에서 환전할까?

1-1. 시중은행

은행마다 현찰 매도율이 제각각 다르기 때문에 무작정 찾아가기보다는 인터넷 커뮤니티나 블로그 등을 참고해서 환율이 조금이라도 좋은 은행을 찾아가는 것이 요령. 은행별 환전 수수료 우대 쿠폰을 발급해주기도 하니, 이왕이면 우대 쿠폰을 반드시 챙기자.

1-2. 사설 환전소

서울, 부산 등의 대도시라면 사설 환전소를 이용하는 것이 이득인 경우가 많다. 서울의 경우 서울역이나 명동, 이태원 등에 사설 환전소가 밀집해 있다.

1-3. 공항 내 은행

미처 환전을 하지 못했을 때 쓸 수 있는 마지막 카드다. 그만큼 공항 내 은행은 시중 은행보다 환전율이 낮아 고액일수록 손해를 많이 본다. 소액 환전은 큰 차이가 없다.

2. 현금과 신용카드 비율은?

분실이나 도난에 대비하기 위해 예상 비용의 10~20%만 환전하고, 나머지는 트래블월렛 카드를 주로 사용하되 만일에 대비해 해외 사용이 가능한 신용카드와 체크카드를 가져가자. 카드사 혜택이 있는 가맹점에서는 현금보다 카드 결제가 훨씬 유리한 경우도 많아 생각보다 요긴하다.

3. 어떤 국제 카드사의 카드가 많이 쓰이나?

가장 폭넓게 쓸 수 있는 것은 '비자카드'다. 카드 결제가 가능한 곳에서 대부분 쓸 수 있다고 보면 되고, '마스터카드'도 이에 못지않게 사용처가 많은 편. 상점 입구에 사용 가능한 카드사 로고가 붙은 경우가 많다.

Tip 해외 이용 가능한 카드 구분하기
카드에 '시러스(Cirrus)'나 '플러스(Plus)' 로고가 있다면 해외 ATM 기기나 카드결제 기기 이용이 가능하다. 좀 더 확실한 방법은 해당 카드사 고객센터에 문의!

D-7

무선 인터넷 서비스 신청하기

싱가포르에서도 스마트폰으로 인터넷을 사용하려면 무선 인터넷 서비스를 신청하자. 종류별, 제공 서비스별로 선택지가 다양하니 상황에 맞게 고르면 된다. P.272 참고

D-3

싱가포르 전자 입국 카드 작성하기

예전에는 기내에서 종이로 된 입국 신고서를 썼지만, 싱가포르 출입국 관리국(ICA) 홈페이지 또는 MyICA Mobile 어플리케이션에서 전자 입국 카드를 작성하는 방식으로 변경됐다. 어플리케이션 호환성이 좋지 않으니 가능하면 홈페이지를 이용하자. 한국어 번역도 꽤 잘 되어있고, 절차도 간단하다. 반드시 영어로만 입력해야 하고 여권번호나 이름 등 중요한 정보는 틀리지 않게 주의하자. 싱가포르 입국 3일전부터 작성 가능.

홈페이지 https://eservices.ica.gov.sg/sgarrivalcard/

Step 1. 홈페이지에 접속 후 **언어를 한국어로** 바꾼다.

Step 2. 첫번째 화면에서 **입국 유형을 선택**한다. 왼쪽은 싱가포르 시민권자, 영주권자, 장기 패스 소지자/ 오른쪽은 외국인 방문자(Foreign Visitors)이므로 대부분의 여행자는 오른쪽을 클릭하면 된다.

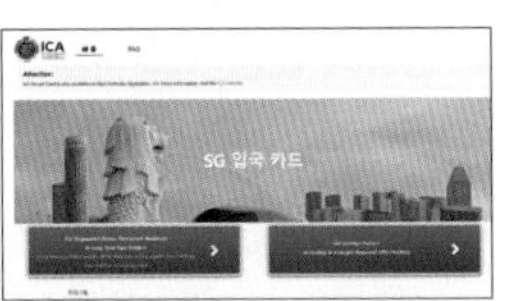

Step 3. **개인(Individual) / 그룹(Group) 방문 중 선택**한다.
나홀로 여행자의 경우 개인, 2명 이상의 단체 여행자는 그룹을 선택한다.

단체 신청은 최대 10명까지 가능하며 출입국 항공편 스케줄이 동일해야 한다.

Step 4. 주요 **개인정보를 기입**한다.
위에서부터 차례대로 이름(여권상 이름으로 성 / 이름 순), 여권번호, 생년월일(일/월/출생 년도), 국적(KOREAN SOUTH)을 입력한 뒤 확인버튼을 클릭한다.

Step 5. **상세 개인정보를 기입**한다.
성별, 여권 만료일(일/월/년), 출생국가 및 지역/거주지를 입력 및 선택한다. 거주지가 검색되지 않을 경우 경상북도, 경기도 등

도만 입력해도 되고, 그냥 서울로 선택해도 문제되지 않는다. 출입국 신청 확인 메일을 받을 이메일 주소를 두 번 작성하고 전화번호를 기입한다. 우리나라의 국가 코드는 +82이고, 휴대전화 번호를 입력할 때는 10 1234 5678 식으로 작성하면 된다.

Step 6. **여행 정보를 기입**한다.
싱가포르 도착(입국) 날짜를 선택한다. 입국 3일전부터 신청서를 제출할 수 있기

때문에 오늘을 포함해 3일치 버튼만 활성화되어 있다. 여행방식은 육상과 배, 항공 중 하나를 선택하면 된다. 말레이시아에서 육로로 입국하는 경우 육상을, 크루즈선 탑승객이거나 인도네시아에서 배를 타고 입국하는 경우 배를, 싱가포르 이외의 국가에서 항공편으로 입국하는 경우 항공을 선택한다.

Step 7. **세부 여행정보를 기입**한다.
여행 유형 일반적인 여행자는 그냥 대중교통(개인/화물 항공사/기타)를 선택한다. 오른쪽의 항공편명에는 이용할 항공사 코드를 입력하면 된다. 대한항공 KE/ 아시아나 항공 OZ/ 스쿠트 항공 TR/ 에어프레미아 YP/ 싱가포르 항공 SQ
싱가포르 숙박유형 싱가포르에서 어떤 유형의 숙소에서 묵을 예정인지 선택한다. 오른쪽의 호텔명을 검색해 상세 호텔명까지 적으면 끝!
싱가포르 입국 전/후 방문 도시 싱가포르 입국 전/후 방문 도시를 적는다. 인천 공항 출발 항공편의 경우 둘 다 인천(INCHEON)으로 적으면 된다. 제 3국으로 입/출국 하는 경우에 해당 지역을 적어야 하니 유의하자. 예를 들어 인천~싱가포르~방콕~인천 순으로 여행하는 경우 싱가포르 입국 전 방문 도시에는 인천을, 방문 후 도시에는 방콕을 써야 한다.
싱가포르 출발 날짜 싱가포르에서 출국하는 날짜를 선택한다.
기타 및 건강상태 체크 – 최근에 열이나 기침, 구토 호흡곤란 등이 있었는지, 입국 6일 전에 아프리카나 라틴 아메리카 방문 이력이 있는지, 싱가포르 입국 시 다른 이름의 여권을 사용한 이력이 있는지 묻는 문항이다. 해당사항이 없으면 '아니요'에 체크한다.

Step 8. 모든 정보를 확인한 뒤 동의란에 체크한 뒤 제출하면 끝.

Step 9. 기입한 이메일로 입국 신청 확인 메일이 온다. 메일을 캡쳐하거나 프린트 해두자.

D-1

짐 꾸리기

여행 준비물 체크리스트

- □ 여권 (여권 복사본 2장, 여권 사진 3장)
- □ 항공권
- □ 여행 경비
- □ 캐리어 또는 여행용 배낭
- □ 작은 가방 또는 가벼운 배낭
- □ 카메라
- □ 여벌 옷과 속옷
- □ 세면도구
- □ 작은 우산
- □ 자외선 차단제
- □ 선글라스
- □ 멀티탭
- □ 여성용품
- □ 상비약

있으면 유용한 물품

- □ 수영복, 비치웨어, 방수팩
- □ 슬리퍼
- □ 자물쇠
- □ 이어플러그
- □ 수면안대
- □ 소형 드라이어
- □ 비닐봉지
- □ 물티슈

당신의 여행을 '깨알같이' 빛내줄 물건 BEST!

✔ 일회용 장갑

칠리크랩을 품격 있게 먹는 데 일회용 장갑만큼 확실한 준비물은 없다. 특히 일행이 많은 경우, 장갑 하나로 자리를 빛내는 '영웅'이 될 수 있다는 사실! 준비성 있고 센스 있는 사람이 되어보자!

✔ 스프레이형 해충 퇴치제

숲이나 야외 활동이 많은 곳은 자연스레 온갖 벌레들의 활동 무대가 된다. 스프레이형 해충 퇴치제를 주기적으로 뿌려주기만 해도 벌레에 물리는 일이 거의 없다는 사실! 아이를 동반한 여행자라면 반드시 챙겨 갈 것. 싱가포르 현지의 '왓슨스' 같은 드러그스토어에서 쉽게 찾을 수 있다.

✔ 마스크 팩

하루 종일 땀범벅이 된 피부를 진정시킬 수 있는 마스크 팩도 필수 준비물.

✔ 플라스틱 부채 또는 휴대용 선풍기

땀을 빨리 식히는 것은 물론 뜨거운 햇빛을 가리는 용도로 쓰면 딱 좋다.

기내에 가져가면 안 되는 물품

- □ 용기 1개당 100ml 초과 또는 총량 1L를 초과하는 액체류
- □ 칼
- □ 인화물질
- □ 곤봉류
- □ 가스 및 화학물질
- □ 가위, 면도날, 송곳 등 무기로 사용 가능한 물품
- □ 총기류
- □ 폭발물 및 탄약

싱가포르 반입금지 품목

- □ 술(개인당 2리터 미만)
- □ 담배(전자담배 및 씹는 담배 포함)
- □ 껌
- □ 폭죽 및 화약제품
- □ 음란물
- □ 총 모양의 라이터

D-DAY

출국하기

1. 공항 이동

공항버스나 공항철도를 이용해서 갈 수 있다. 지역에 따라 이용 교통 수단이 다르니 운행 시간과 요금 정보는 홈페이지를 통해 확인하자.

공항철도 홈페이지 www.arex.or.kr
공항리무진 홈페이지 www.airportlimousine.co.kr

2. 탑승 수속 및 수하물 부치기

최소 출발 2시간, 성수기에는 3시간 전에는 공항에 도착하는 것이 안전하다. 이티켓에 적힌 항공편 명을 공항 내 안내모니터와 대조해 항공사 카운터를 찾아가자. 여권과 이티켓을 제출한 다음, 짐을 부치는 것이 첫 번째 순서. 창가, 복도, 비상구 쪽 등 원하는 좌석이 있을

경우에는 미리 얘기하자. 별도의 요청사항이 없는 경우에는 임의로 자리 배치를 해주기 때문에 뜻밖의 불편함을 겪을 수 있다.

Tip **수하물 규정**
100ml 미만의 용기에 담긴 액체(화장품, 약) 및 젤류는 투명한 지퍼백에 넣어야 반입이 허용된다. 용량은 잔여량에 상관없이 용기에 표시된 양을 기준으로 하기 때문에 쓰다 만 치약이나 화장품의 경우 주의해야 한다. 용량 이상의 물품을 소지했을 경우, 그냥 짐을 부치는 것이 좋다. 부칠 수 있는 수하물 크기와 개수는 항공사와 노선마다 다르므로 반드시 확인하자.

3. 출국 심사

탑승 수속 후 받은 탑승권과 여권을 챙겨 출국장으로 들어간다. 세관 신고 및 보안 검색을 마친 후, 출국심사대로 가서 여권과 탑승권을 보여주면 된다. 출국 심사가 빠르게 진행되지만 대기 시간을 줄이려면 자동 출입국 심사 서비스나 도심 공항터미널을 이용하도록 하자.

Tip **자동 출입국 심사하기**

외국에 자주 나가는 여행자라면 잊지 말고 자동 출입국 심사를 등록하자. 한 번만 등록해두면 그 다음부터는 지문 인식만으로 검사가 끝나기 때문에 시간을 절약할 수 있다. 성수기에 몇 십 분씩 줄 서는 수고를 덜 수 있어 매우 유용하다.
신청 시간 06:30~19:00

4. 면세점 쇼핑/항공사 라운지 이용

출국 심사가 모두 끝나면 면세점 쇼핑을 할 수 있다. 시내 면세점이나 인터넷 면세점에서 구입한 제품이 있을 경우에는 면세품 인도장에 가서 받으면 된다. PP카드 등 멤버십 카드가 있는 경우 항공사 라운지에 가서 휴식을 취하거나 음료나 간식을 먹을 수 있다.

5. 탑승

보통 항공기 출발 시간 20~30분 전부터 시작된다. 탑승 시간에 맞춰 탑승구(Gate)를 찾아가면 되는데, 인천공항에서 출국할 때 에어아시아, 싱가포르항공, 베트남항공 등 외국 항공사의 경우는 셔틀트레인과 연결된 별도의 탑승동에서 출발하므로 시간을 넉넉하게 잡는 것이 좋다.

SPECIAL PAGE

인천공항 똑똑하게 이용하기

1. 외투 보관

겨울에 싱가포르에 갈 경우, 외투 보관 서비스를 이용하면 짐이 줄어든다. 겨울에만 한시적으로 운영하므로 이용 전에 인포메이션 센터에서 문의하도록.

대한항공 이용 고객
[한진택배] 여객터미널 3층 대한항공 카운터 근처(A, B카운터 뒤편)/당일 출발 탑승권과 여권을 제시하면 본인 및 동반 1인 5일 무료 보관. 이후 1일 2500원.

아시아나항공 이용 고객
[크린업에어] 여객터미널 지하 1층 서편. M, L, K 뒤편/당일 출발 탑승권과 여권을 제시하면 5일간 무료 보관. 이후 1일 2000원/일반 고객은 외투 한 벌당 1주일 1만 원. 1일 추가 시 2000원.

2. 수하물 보관소/택배

인천공항에서 집까지 물건을 바로 보낼 수 있어 귀국 시 짐이 많은 경우 이용하면 편리하다. 또, 수하물 보관소를 함께 운영하기 때문에 물건을 보관해 놓고 해외여행을 다녀올 수 있다.

• **한진택배** 택배 접수, 수하물 보관 및 포장
위치 여객터미널 3층 동편(체크인 카운터 A 뒤편)
시간 24시간 영업 **전화** 032 743 5800, 5804

• **CJ대한통운** 택배 접수, 수하물 보관 및 포장
위치 여객터미널 3층 서편(체크인 카운터 M 뒤편)
시간 24시간 영업 **전화** 032 743 5306

3. 샤워실

샤워를 하고 싶다면 이곳이 정답. 수건과 샴푸, 보디클렌저, 드라이어가 완비되어 있는 데다 가격도 아주 저렴해서 인기 있다.
위치 4층 허브라운지 옆 **시간** 07:00~21:30 **요금** 환승 고객 무료, 그 외 1000원

4. 사우나

가격은 조금 비싸지만, 피로를 풀기에 딱 좋다. 시간적인 여유가 있을 때 이용하도록 하자.

• **스파 온 에어(Spa on Air)**
전화 032 743 7042
위치 여객터미널 지하 1층 동편
시간 24시간
요금 주간(06:00~20:00) 1만 5000원, 야간(20:00~06:00) 2만 원

INDEX